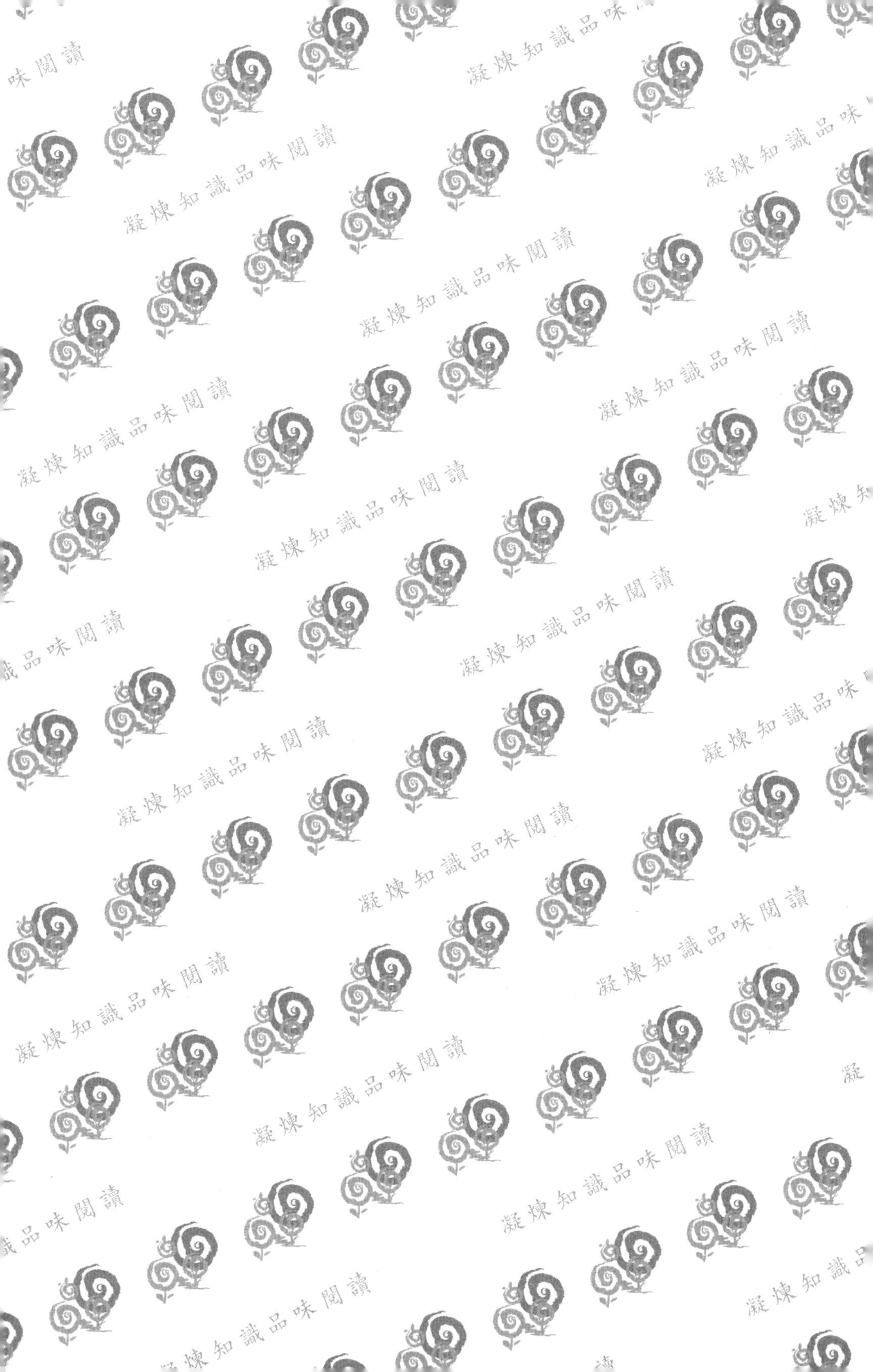

究&方法

銷研究新論 原理與應用

w Vision of Marketing Research: Principles & Practices

林隆儀 著

五南圖書出版公司 印行

推薦序一

實用、好用、易用、活用的行銷研究工具書
——序林隆儀教授大作《行銷研究新論：原理與應用》

摯友林隆儀教授最近將歷年來「行銷研究」的授課教材，整理彙編成一部堪稱為坊間最實用、好用、易用、活用的行銷研究工具書：《行銷研究新論：原理與應用》。我何其榮幸能夠先睹為快，事先拜讀如此精湛、精彩的好書！

本書共分五篇十三章，涵蓋了行銷研究的理論與實務各個面向，從行銷研究原理、資料蒐集方法、抽樣方法與執行、資料整理與統計檢定、到結果呈現與研究倫理共五篇，脈絡清晰，系統完整，內容嚴謹，結構分明，以深入淺出方式，將許多人都認為繁雜難懂的行銷研究之原理與應用，如數家珍般娓娓道來。這種功力與造詣絕非多數人所能成就，但是就浸淫於行銷實務界近四十年，又在學術界奉獻超過十餘年歲月的林隆儀教授而言，卻是信手拈來、遊刃有餘！

林教授於黑松公司任職期間，綜覽行銷業務鉅細靡遺，處理實務案例大小無數，這些豐碩的經驗，如今皆躍然重現於本書的字裡行間；而在真理大學任教期間，投入學術研究更是以平均每兩個月發表一篇期刊論文，每半年出版一本著作的驚人速度產量立言立功，這些寶貴的學術心得與貢獻，也都有系統地建構在本書的章節之中。

有了上述的背景緣由，我可以肯定的說：本書確實是一本實用、好用、易用、活用的行銷研究工具書！

中國文化大學廣告學系系主任
智得傳播與業股份有限公司首席顧問 羅文坤

推薦序二

研究的目的主要在於「解決問題」，而之所以會形成「問題」，就是你現有的知識與技術無法解決才成為「問題」。企業營運最重要的就是創造目標顧客的「加值價值」。所謂加值價值就是超越競爭者所提供的價值，如何提供「加值價值」就是行銷部門的主要問題。因為是「問題」，代表現有資料與能力無法解決，故必須透過行銷研究來解決。

然而，市場上有關行銷研究的書多如牛毛，內容也都大同小異的艱澀難以瞭解，就算是修過這門課的學生，也不一定真的能應用於實務研究上。而且就算依據課本的方法論做成的研究結果，也不一定能解決行銷部門的「加值價值」問題。關鍵就是，作者本身是否具備資深的市場實務經驗，以及受過紮實的方法論訓練，更重要的是有沒有累積實務研究的經驗。唯有具備這些經驗與訓練，撰寫出來的書才是真正對問題的解決有助益、有效用。

本書作者林隆儀博士不但具有競爭激烈之飲料業的生產、行銷等部門主管數十年經驗，也是大學的教授，曾發表數十篇研究論文於各大期刊與研討會，甚至獲得2010年英國Emerald Group出版集團的「最優異論文獎」，多次在國際研討會上榮獲「最佳論文獎」，還有許多論文獎及報章雜誌發表之文章，更是不勝枚舉。同時也出版了數十本行銷與管理相關的實務書或教科書。

以林博士的豐富市場實務經驗與受過紮實的方法論訓練，更具有累積實務研究的經驗。其所撰寫出的《行銷研究新論：原理與應用》，是一本「淺顯易懂」又以「應用導向」的行銷研究書。該書的整體架構完整，是以「讀者導向」從研究基本概念，如何將實務問題轉化成研究問題，如何規劃研究設計、蒐集資料的工具及方法，如何分析資料，以及如何將分析結果應用於實務問題上等，非常有系統地以深入淺出的方式來詳細陳述，必能使入門者、研究生或是企業行銷研發部門的人員，能真正學懂研究方法論及實際應用於解決問題上。據此，本人樂於極力推薦此真正有應用價值的書。

和春技術學院 校長

張威龍 教授

中華民國105年2月4日

推薦序三

當今企業所處的經營環境，受到全球政治、經濟與科技迅速變動的影響，企業的競爭益加劇烈，以往所追求的競爭優勢策略，已經面臨考驗。有學者提出瞬時競爭策略（莉塔·岡瑟·麥奎斯），認為這是快速經濟時代的新常態。也就是企業高階經理人需要經常且快速檢視其行銷環境與策略，這時行銷人員需應用行銷研究，提出妥適因應建議策略。

這本新出版的《行銷研究新論：原理與應用》，來得正是時候。因為，行銷研究是以科學方法蒐集和分析、整理行銷資訊的一門學科。作者以他多年從事行銷管理實務工作，以及大學教學研究經驗，提出具有實務性與可行性的行銷研究方法，以淺顯易懂的文字，闡述行銷研究的基本原理，幫助讀者瞭解應用背後的理論基礎，激起研讀的興趣。尤其重視行銷研究原理的應用，幫助讀者體會「知難行易」的真諦。並且，強調行銷研究的倫理，鼓勵督導員與訪問員務實執行訪問工作，發揮行銷研究價值，因應企業面臨劇變的競爭經營環境。

作者林隆儀教授是我前中興大學企業管理研究所同班同學，認識交往近30年，深知他在國內著名飲料公司黑松企業服務30多年，歷任課長、經理、總廠長、處長等多項管理主管之實務工作。他做學問很認真、嚴謹且深入，在上班期間就利用公餘時間翻譯管理著作，例如，廣告策略精論、動態推銷術、行銷研究、策略行銷管理等。在大學教學研究期間，除認真教學與指導學生研究論文外，積極翻譯更多管理名著。近年來，累積多年教學與以往寶貴實務管理經驗，進行著手寫作工作，譯作與著作累計多達38本（請參閱封面折口作者簡介）。這本《行銷研究新論：原理與應用》是繼以上著作的另一本新作，非常值得企業界與學校學生參考學習應用。

我個人自從離開服務長達11年的台塑關係企業後，從事經營管理顧問工作，以及擔任多家公司專業總經理職務，已有30年以上經驗。深深體會在進行企業經營輔導與執行經營決策時，非常需要有準確的市場研究資訊，作為正確決策的參考依據。近年來，個人在科技大學兼任教學工作，也有指導學生論文寫作經驗，這本《行銷研究新論：原理與應用》也確實值得論文寫作者參考。因為有以上實際體驗，值此新書出版之際，特為之序。

遠通國際經營顧問股份有限公司

董事長 徐政雄 管理博士

中華民國105年2月18日

推薦序四

許多人把行銷工作跟創意畫上了等號，認為創意就是行銷的全部。但是，在行銷教育與行銷科學工作者的心目中，行銷決策更應該是基於紮實知識與充分資訊所做出的嚴謹邏輯判斷。而決策所需的知識及資訊，就必須依靠「行銷研究」來獲得。

雖然行銷研究在實務工作中非常重要，但是這麼多年來，卻很少看到擁有正確科學觀念且能獨立執行研究的行銷人員。檢討是否在行銷教育的哪一個環節沒有拴好螺絲？觀察許久，我覺得應該是：少了一本銜接研究方法原理與第一線應用的教材。

林隆儀博士是國內非常少見具備數十年豐富行銷實務經驗，又同時擁有紮實學術研究背景的專業行銷人。林博士從事品牌行銷工作30餘年，在品牌塑造、促銷規劃、通路管理等專業方面，已是業界頂尖；此外，林博士對於零售賣場管理也是內行，曾負責臺北市知名百貨公司微風廣場的規劃與協調建設。林隆儀教授不只是在品牌經營上戰功彪炳，在國際學術研究發表上更是獲獎無數，並著有專業行銷書籍數十本，且在報章雜誌發表經營管理專業文章1,000多篇，也在臺北大學、淡江大學、真理大學與文化大學教導行銷知識相當長的時間，可見林教授行銷管理功力的深厚，以及其樂於將專業知識與實務經驗分享的熱情。這次林博士親自撰寫《行銷研究新論：原理與應用》，最是能夠將艱澀難懂的研究方法與第一線所需的設計執行做無縫串聯。

本書特色就是以「淺顯易懂」、「應用導向」為原則，務實的帶著讀者從為什麼需要行銷研究開始談起，接著進入科學精神與科學方法的介紹，然後逐步的引領學習各種研究方法、問卷設計、抽樣實務、資料分析，最後更叮嚀讀者最重要的研究倫理議題。相信任何一位沒有行銷研究經驗的生手，只要跟著本書的進度閱讀，就能夠將行銷研究觀念融會內化。綜觀目前實務界與學術界，無論是自學或課堂使用，本書絕對是最佳教材。

中國文化大學行銷研究所所長

駱少康

作者序

「研究」的英文字Research，可以改寫成Re-search，意思是說再蒐尋，精研、再精研，才會有良好的結果。同理，「發現」的英文字Discover，也可以改寫成Dis-cover，意指不斷掀棄覆蓋物，精煉、再精煉，才會有嶄新的發現。行銷研究就是應用科學方法，做行銷領域的研究工作，目的是要將研究結果提供給行銷長及相關主管做為決策的依據，需要本著科學研究精神，持續蒐尋，不斷精研，尋求新發現，孕育新點子，才能竟研究之全功。

研究是指採用嚴密而有系統的方法，探究事理，理出頭緒，使能得到正確而有價值的結果。嚴密而有系統所指的就是應用科學方法，正確而有價值則在凸顯研究發現的意義，這也是研究所要達成的基本目的。但是「研究」與「科學方法」常給人一種刻板印象，認為必須要有深厚的「理論基礎」，而且帶有一定程度的「複雜性」與「困難度」，以致給人一種莫測高深的感覺，令人望而卻步，這一點是從事行銷研究教學者首先要破除的心理障礙。有志竟成，「心不難，事就不難」，其實研究沒有那麼困難，也沒有那麼艱深，只要設法使工作進行得更順利，更有效率，產生更大的效果，哪怕是小小的發現，都是研究的可貴成果。

行銷是真正為企業創造收益的企業功能，成功的行銷活動都不是無緣無故從天而降，而是行銷人員絞盡腦汁，挖空心思，力行行銷研究的結果與貢獻。在整個行銷活動中，行銷研究扮演著先頭部隊的角色，所有的行銷決策都建構在行銷研究上，舉凡經營環境與市場動態的偵測，競爭局勢與競爭者剖析，消費者的慾求與行為的探索，以及公司的產品、價格、通路、推廣等決策方案的發展，都是行銷研究的核心議題。質言之，行銷研究是在探討贏得行銷戰爭的策略。兵法有云「多算勝，少算不勝」，行銷研究既然是在尋求贏得勝算的策略，唯有持續研究，才有贏得勝算的可能，也只有務實研究，才有從激烈競爭中勝出的機會。

作者在企業界服務多年，有機會參與許多行銷研究案，深深體會到行銷研究的重要性與實用性，也享受到行銷研究的貢獻與價值。轉換跑道後，在研究所擔任行銷領域的教學工作，講授行銷研究課程，發現學生們普遍都認為行銷研究是一門「難懂」的學科，甚至將修習行銷研究視為畏途，以致選修的學生都不是很踴躍，究其原因不外乎是理論艱深難懂，以及不知如何應用在實際工作上。為了要破除這種學習障礙，抱持「知難行易」的信念，力行淺顯實用的教學，努力將理論轉換為實用方法，以簡單易懂取代高複雜度的刻板印象，引導學生從實用觀點看待行銷研究，不再將學習行銷研究視為一件苦差事。

以「化繁為簡，淺顯易懂」的講義為藍本，整理成一本應用導向的行銷研究參考書，又可以在課堂上傳授的行銷研究教科

書，一直是我的夢想。此一夢想雖然醞釀很久，實際動手寫作時發現，沒有想像中那麼容易。歷經漫長的歷程，如今完成本書之作，定名為「行銷研究新論：原理與應用」，書名冠上「新論」，旨在呈現簡潔易懂的新面貌，「原理」是在簡潔論述各章節的理論基礎，「應用」則在介紹這些原理在實務上的應用；配合點出要領，輔之以實例印證，尤其是統計顯著性檢定，以實例介紹最常被採用的幾種統計檢定方法，增加應用的臨場感。本書具有下列特點：

1. 按行銷研究程序安排各章節，按部就班，循序漸進的學習歷程。

2. 簡述行銷研究的基本原理，幫助讀者瞭解應用背後的理論基礎。

3. 重視行銷研究原理的應用，幫助讀者體會「知難行易」的真諦。

4. 利用淺顯易懂的文字呈現，讓讀者易讀易懂，激起研讀的興趣。

5. 肯定行銷研究價值，建議將研究報告公開發表，分享研究成果。

6. 強調行銷研究的倫理，鼓勵督導員與訪問員務實執行訪問工作。

本書分為五篇13章，本著以「原理為經，應用為緯」原則，每章都穿插應用實例，希望具有引導應用、增進學習的效果。第一篇闡述行銷原理，介紹科學研究方法，說明行銷研究程序。第二篇探討資料蒐集方法與工具，說明次級資料的來源，初級資料的蒐集方法，指出行銷研究常用的方法，討論問卷設計方法，探討態度衡量方法。第三篇討論抽樣方法與執行，說明抽樣方法與樣本數抉擇，以及介紹訪問作業的執行與管理。第四篇論述資料整理與統計檢定方法，介紹資料整理與分析方法，討論統計顯著性檢定方法及應用實例。第五篇探討研究結果呈現與研究倫理，說明研究結果的呈現方法，討論行銷研究的倫理議題。書末附錄附上作者發表的兩篇論文，說明兩種常用研究方法的應用實例，第一篇採用變異數分析，第二篇使用迴歸分析，一併提供給讀者參考。

完成本書的寫作，要感謝的人很多。首先要感謝修習「行銷研究」課程的學生們，你們的學習態度與敬業精神，激起及增添了我教學的能量，讓我有機會在課堂上闡述行銷研究原理，分享實際應用的經驗。感謝中國文化大學廣告學系主任，同時也是智得傳播興業股份有限公司首席顧問羅文坤先生的相知相惜，讓我有機會重返系上服務，講授行銷領域相關課程，並且為新書惠賜推薦序文，鼎力加持，增加光彩。感謝和春技術學院張威龍校長的長期支持與鼓勵，惠賜推薦序文，增強我的信心，鼓舞我的勇氣。感謝遠通國際經營顧問股份有限公司董事長徐政雄先生，

無論是在企業服務、求學過程、教學歷程上，互相勉勵，獲益良多，惠賜新書推薦序文，情義相挺，光榮之至。感謝中國文化大學行銷研究所駱少康所長的讚賞與肯定，惠賜新書推薦序文，鼓勵有加，沒齒難忘。感謝五南圖書出版公司前副總編輯張毓芬小姐、主編侯家嵐小姐的鞭策與鼓勵，使本書的問世得以美夢成真。我家人的支持與鼓勵，一直是我工作與寫作最大的原動力，感謝你們給我的力量，使本書之作得以順利完成。

林隆儀 謹識

2016年2月9日

目　錄

第二篇　資料蒐集方法......057

第一篇　行銷研究原理

- 第1章　緒論
- 第2章　科學精神與科學方法
- 第3章　行銷研究的規劃與程序

第1章

緒　論

1.1 前言

這是一個超競爭的時代，任何組織都是在超競爭環境之下運作，包括政府機關、營利事業組織，以及學校、醫院、人民團體、慈善機構等非營利組織。組織以往所面臨的是相對穩定的環境，資源取得無虞，經營要素的掌控相對容易，競爭的壓力較小，而且都以國內競爭為主，經營績效的表現相對比較容易達到滿意的境界。今天的經營環境大相逕庭，組織所面臨的是超競爭時代的激烈競爭，競爭局勢完全改觀，資源取得不易，經營要素掌控不如人意，市場存在著高度不確定性，來自國內與國內外的競爭與日俱增，經營的困難度愈來愈升高，管理的挑戰愈來愈嚴峻，過去無往不利的傳統方法已經不再靈光，代之而起的是必須脫胎換骨的變革管理。

企業組織屬於營利事業，追求利潤雖然不是企業經營的唯一目的，但是沒有利潤卻會使企業陷入停擺狀態，這是一項不爭的事實。超競爭時代，企業每天都在上演顧客爭奪戰，而且大家都希望成為競爭的贏家，競爭結果雖然成就許多大贏家，但是輸家也不在少數，如何成為競爭贏家，已經成為企業很重要的一門必修課。

企業要贏得競爭，經營者需要有過人的智慧，超越常人的眼光，發展極其優勢的策略，這些智慧、眼光與策略絕對不是天上掉下來的禮物，而是經營者與其團隊成員長期學習與研究的結晶。質言之，經營智慧是經營者實務經驗的累積，管理的眼光是事業歷練的產物，極其優勢的策略則是應用科學行銷研究方法，所發展出來的一套企業經營哲學。本章介紹行銷研究的意義、目的、範圍、特質、市場調查與行銷研究的關係等基本知識，以及本書各章節的組織架構。

1.2 行銷的意義

探討行銷研究之前，必須先瞭解行銷是什麼。行銷是企業最重要的五大功能（生產、行銷、人力資源、研究發展、財務）之一，卻是爲企業獲取利潤的首要功能，也是企業策略的領先指標，企業所有活動都以行銷爲依歸。沒有行銷就沒有事業的信念，不斷在企業界發酵，不停的在蔓延，許多知名企業紛紛把自己的事業定位爲行銷事業，例如美國百事可樂就特別強調，我們的事業就是行銷事業。

生產觀念時代認爲，行銷就是企業用來銷售產品與服務的技巧，行銷觀念時代認爲，行銷是以廠商有利可圖的方式，滿足顧客需要的技術。美國行銷協會（American Marketing Association, AMA）認爲行銷（Marketing）是爲了創造、溝通、傳遞、交換對顧客、客戶、夥伴、社會大眾具有價值之提供物的活動、一套制度與程序（註1）。Kotler and Keller從宏觀的社會觀點認爲行銷是一種社會程序，個人與群體可經由這個程序，透過彼此創造、提供及自由交換有價值的產品與服務，以滿足其需要與欲求（註2）。

不同的時代背景，人們的觀念大異其趣，行銷也不例外。行銷觀念的演進可區分爲下列五個階段：

1. 生產觀念時代：物資缺乏，供不應求，人們的基本需求未減，供應多少，幾乎就能銷售多少，於是廠商採用各種方法提高生產效率，增加供應量，品質良窳未受重視。

2. 產品觀念時代：供給量充裕，品質成爲消費者選購的重點，廠商體會到品質優良的產品才容易銷售的道理，於是開始生產迎合品質要求的產品。

3. 銷售觀念時代：供給量更充裕，品質優良的產品充斥市場之後，廠商發現有人推銷的產品，銷售績效往往略勝一籌，於是紛紛把行銷重心轉移到推銷活動。

4. 行銷觀念時代：無論是生產觀念、產品觀念、銷售觀念，都停留在廠商生產什麼，就賣什麼的時代，完全忽略顧客要的是什麼。行銷觀念時代主張生產之前先探詢顧客的需求方為上策，廠商所提供的就是顧客所需要的產品，使產品銷售更容易，於是透過市場調查、行銷研究，探索消費者行為大行其道。

5. 社會行銷觀念時代：認為行銷是一種社會活動，除了為公司創造最大利益之外，還需要兼顧廣大利害關係人的福祉。追求利潤不再是企業唯一目標，代之而起的是關懷社區、回饋社會；節能減碳、維護生態；重視環保，努力扮演優秀企業公民的角色。

隨著行銷觀念的演進，行銷組合要素也從生產導向的4P's，演進到顧客導向的4C's。1960年代McCarthy提出行銷組合的4P's，認為行銷成功關鍵要素在於產品（Product）、價格（Price）、通路（Place）、推廣（Promotion），這四項要素顯然是站在廠商的立場思考，忽略了消費者的感受。

1990年美國北卡羅萊納大學教授Robert Lauterborn認為廠商在發展行銷策略時，站在消費者的立場思考，更符合消費者的期望，於是提出4C's的新觀念，認為廠商所提供的產品必須迎合消費者的期望與需要（Consumer wants and needs），所訂定的價格必須滿足消費者所期望與需要的成本（Cost to satisfy the wants and needs），通路的佈局必須方便消費者購買（Convenience to buy），廠商所執行的各種推廣活動要重視和消費者的溝通（Communication）（註3）。

隨著行銷觀念的演進，行銷標的也不斷在擴充，除了有形的產品之外，還包括服務、經驗、事件、人物、地方、資訊、理念、所有權，以及組織機構。

1.3 研究的意義

行銷研究（Marketing Research）並不是一門新的學科，自從有行銷這門學科以來就伴隨著有行銷研究，因爲行銷管理與行銷研究息息相關，很多行銷上所遭遇到的問題，都需要透過行銷研究來解決。行銷研究屬於企業研究的範疇，主要是應用科學研究方法，協助解決行銷上所遭遇到的各種問題。

研究可區分爲純粹研究（Pure Research）與應用研究（Applied Research），行銷研究屬於應用研究的範圍，首重「研究」結果的應用價值，主張以實事求是的科學精神，務實執行各項行銷課題的研究，並將研究結果提供給行銷長及管理當局，做爲下定行銷決策的重要依據。研究（Research）是指有計畫的詢問或檢視，尤其是針對事實的發現與解釋所做的調查或實驗，根據新的事實修正以往所接受的理論或法律，以及這些新的或修正的理論或法律之實際應用（註4）。黃俊英（2012）認爲研究是用科學方法，有系統的設計、蒐集、分析和提供相關資訊的過程，用以協助解決管理決策問題（註5）。

我們常說研究發展（Research & Development, R&D），務實的詮釋是指勤勉的執行研究工作，企業才有發展的可能，也才有贏得競爭的勝算。將「研究」的英文字Research分解成Re-search，可以有趣的詮釋爲「再蒐尋」、「再尋求」、「再努力用心尋找」的意思。研究必定會有新的發現，將「發現」的英文字Discover分解成Dis-cover，可解釋爲不斷去除覆蓋物，去蕪存菁，才會有新的發現。至於「發展」的英文字Development具有精煉、精煉、再精煉，實事求是，精義求精的意義。行銷研究是一種持續不斷的工作，旨在執行「不斷蒐尋」的工作，透過正確研判，去蕪存菁，精煉、再精煉，協助企業獲得超常利潤，建立永續發展的競爭優勢。

由以上的論述可知，研究只是一種解決問題的手段，目的是要將研究結果做爲決策的準據。研究本身是一個很嚴肅的課題，包括題目清楚，過程嚴謹，理論深厚，引經據典，結果具體且可行，對學術與實務具有貢獻。質言之，良好的研究必須具備下列的特徵（註6）。

1. 科學精神，理性研究。
2. 符合邏輯，條理分明。
3. 理論深厚，基礎穩健。
4. 引經據典，資料可考。
5. 言之有物，內容精緻。
6. 觀念新穎，見解獨到。
7. 推論適中，循序漸進。
8. 務實研究，著有貢獻。
9. 管理意涵，應用價值。
10. 文詞清晰，交代清楚。

1.4 行銷研究的意義

探討行銷研究，首先需要瞭解行銷研究的意義。行銷研究的定義，學者的見解不盡相同，不同學者從不同觀點，爲行銷研究做了不同的定義與詮釋。美國行銷協會（American Marketing Association, AMA），從宏觀而完整的觀點，將行銷研究定義爲透過資訊把消費者、顧客和大眾與行銷人員連結起來的一種功能；資訊用來辨認和界定行銷機會與問題，產生、改進及評估各種行銷行動，偵測行銷績效，增進對行銷過程的理解；質言之，行銷研究聚焦於解決這些問題所需要的資訊，設計蒐集資訊的方法，管理及執行資料蒐集過程，分析結果與溝通研究發現及其意涵（註7）。

Kotler and Keller從行銷程序觀點為行銷研究下註解，他們將行銷研究定義為有系統的設計、蒐集、分析和報導與公司所面臨和某一特定行銷情勢有關的資料和發現（註8）。Kumar, Aaker and Day從行銷資訊管理系統的觀點，將行銷研究定義為，行銷情報系統的一個關鍵部分，旨在提供準確、相關、適時的資訊，協助企業改善管理決策（註9）。Burns and Bush從研究程序的觀點，將行銷研究定義為，設計、蒐集、分析及報導相關資訊的一種過程，用以解決特定行銷問題（註10）。

國內學者黃俊英（2012）從科學管理與研究程序觀點，將行銷研究定義為，運用科學方法有系統地設計、蒐集、分析和提供相關資訊的過程，用以協助解決行銷管理決策的問題（註11）。洪順慶（2014）從市場導向觀點，參照美國行銷協會的論點，將行銷研究定義為，透過資訊將消費者、顧客、大眾與行銷者連結的功能，資訊用來指認及定義市場機會與問題；產生、修正和評估行銷行動；監測行銷績效；和改進對行銷過程的瞭解（註12）。曾光華（2010）從程序的觀點，將行銷研究定義為，針對特定行銷狀況與問題，以一定的程序來蒐集、記錄、分析有關資料，並將分析結果與建議提供給資訊使用者的過程（註13）。

本書從行銷實務觀點，將行銷研究定義為，利用科學研究精神，透過嚴謹的研究程序，務實的蒐集、分析、評估行銷上所遭遇到的問題，進而提出解決方案，做為行銷決策依據的過程。

1.5 行銷研究的目的

由上述美國行銷協會的定義可知，行銷研究的目的是要透過提供可用於行銷決策的資訊，將消費者與行銷人員緊密連結在一起，重點是行銷研究所提供的資訊，必須足以代表消費者。行銷研究的所有活動都是為了要使消費者獲得更大的滿足，背離此一原則，行銷研究不僅無法達到目的，也將毫無意義可言。

行銷研究最終的目的是要提高企業的行銷決策品質，協助公司解決行銷上所遭遇到的問題。從程序管理的角度言，行銷研究具有下列階段性目的：

1. 報導（Reporting）

行銷研究的執行者和資訊使用者，通常都是不同的部門或個人，研究者必須本著實事求是的科學研究精神，務實執行研究，因此行銷研究第一個目的是在忠實報導研究實況。

猶如媒體記者實地採訪新聞，現場報導所見所聞的實際情況一般，尤其是遇到緊急情況時，行銷研究人員常常需要將所接觸到的第一手資料與資訊，適時或及時提供給公司相關部門參考。報導的要領首重「實況報導」、「忠實呈現」，不加油添醋，不摻雜個人意見，避免誤導，除了可增進參考價值之外，也留給接受資料或資訊的部門或個人，享有獨立判斷的空間。

2. 描述（Description）

行銷研究第二個目的是描述現況。描述屬於比報導更深一層的研究，通常是將研究者所見所聞的狀況做一簡單扼要的描述，讓資訊使用者對研究實況有初步瞭解，以及提供更詳實的資訊，避免無謂的摸索或錯誤的判斷。

描述的要領在於「嚴守分際」、「適可而止」，針對所見所聞的實況做必要而正確的描述，避免誇大不實，杜絕無關緊要的描述。遵循此一要領，一方面不至於浪費研究者的時間與精神，一方面使資訊使用者容易適時掌握重點，對提高決策品質有絕對的貢獻。

3. 解釋（Explanation）

行銷研究第三個目的在於解釋研究發現。行銷研究所蒐集到的資料，經過整理、分析、檢定之後，需要再進行專業判斷與解釋，將原始資料（Data）轉換爲有價值的資訊（Information），以提高研究結果的參考價值。此時的解釋是一種相當專業的工作，常常不是資訊使用者可以理解與勝任，因此需要由研究人員提供專業判斷與解讀。

解釋涉及許多專業知識與科學方法，包括應用科學研究技術，以及利用各種統計方法解讀研究發現。解釋的要領在於「應用科學方法」、「客觀、正確、務實」的解讀，將研究發現及其延伸的意涵，提供給資訊使用部門或個人，做爲決定管理決策的重要依據。

4. 預測（Prediction）

行銷研究第四個目的是要預測未來。企業經營必須把握當下，放眼未來，未來的經營環境充滿著變數，競爭與市場潛藏著高度不確定性，企業必須利用行銷研究結果，預測未來可能遇到得狀況，進而研擬因應對策。

預測並不是憑空「臆測」，更不是空口「預言」，而是應用科學原理與方法，預測未來可能發生的狀況與機率，進而掌握有利的機會，避開不利的威脅。預測的要領在於「引經據典」、「預見未來」，以行銷研究的發現爲基礎，應用科學方法務實推論，將公司資源用在正確的地方。

1.6 行銷研究的範圍與效益

世界上唯一不變的眞理，就是不斷在改變。企業經營變化莫測，外部環境難以預測，內部環境也不見得容易掌控；行銷活動也不例外，變革幅度之大，變化速度之快，常常出乎人們的意料。抱持以不變應萬變心態的企業，在競爭中節節敗退，被競爭潮流淘汰的例子屢見不鮮；競爭贏家都是務實力行研究，用心思索未來發展的公司。

行銷活動所涉及的範圍非常廣泛，使得行銷研究的範圍也連帶的相當複雜，從前述4P's所延伸的細分組合項目，即可以窺見端倪；再從實務運作觀點觀之，市場上每天都在上演顧客爭奪戰，更可體會行銷研究範圍之廣泛。具體而言，行銷研究的範圍包括但不限於下列各項。

1. 市場與行銷潛力估計。
2. 市場需求與銷售趨勢研究。
3. 產業規模與發展趨勢研究。
4. 產業競爭分析。
5. 消費者行爲研究。
6. 產品與新產品發展研究。
7. 產品成本與價格研究。
8. 實體通路與虛擬通路研究。
9. 媒體與廣告研究。
10. 推銷績效與成本分析。

行銷研究範圍廣泛，實務運作上常需要予以整合，避免多頭馬車效應，以及頭痛醫頭、腳痛醫腳現象，才能使有限資源發揮最大效益。行銷研究範圍及內容可以整合如圖1-1所示。

經營環境變革愈大，行銷因素的不確定愈高，企業爲了求生存、圖發展，愈需要有行銷研究做後盾，這些都是行銷研究效益的呈現。行銷研究的範圍相當廣泛，公司願意投入龐大的資源與人力進行研究，主要是因爲行銷研究對企業有顯著的貢獻與可觀的效益。從大方向言，行銷研究的貢獻與效益可歸類如下：

1. 增加行銷成功的可能性。
2. 提高行銷決策的品質。

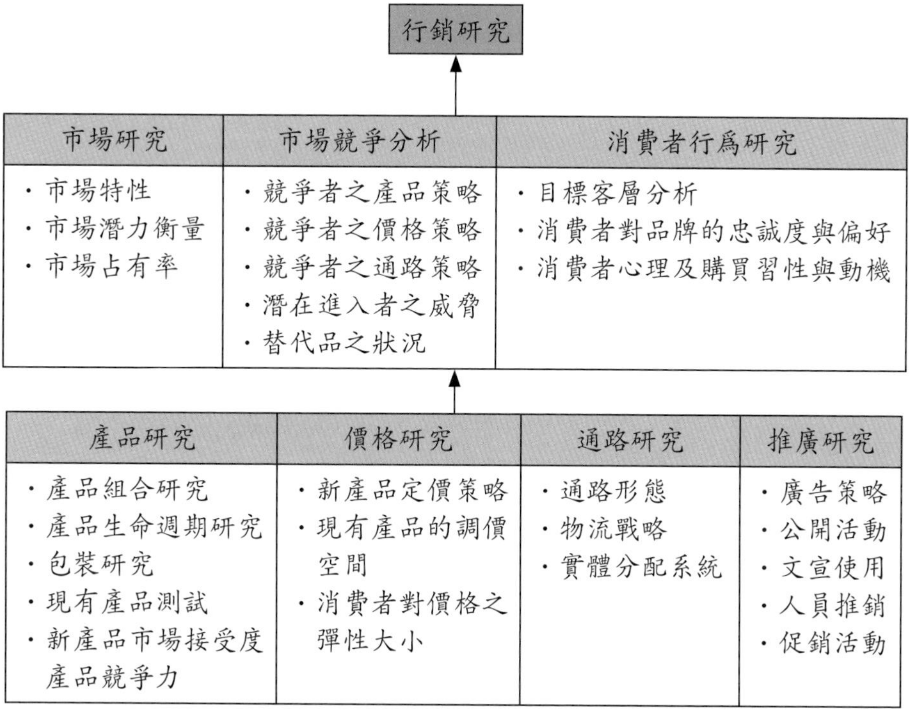

行銷研究

市場研究	市場競爭分析	消費者行爲研究
・市場特性 ・市場潛力衡量 ・市場占有率	・競爭者之產品策略 ・競爭者之價格策略 ・競爭者之通路策略 ・潛在進入者之威脅 ・替代品之狀況	・目標客層分析 ・消費者對品牌的忠誠度與偏好 ・消費者心理及購買習性與動機

產品研究	價格研究	通路研究	推廣研究
・產品組合研究 ・產品生命週期研究 ・包裝研究 ・現有產品測試 ・新產品市場接受度產品競爭力	・新產品定價策略 ・現有產品的調價空間 ・消費者對價格之彈性大小	・通路形態 ・物流戰略 ・實體分配系統	・廣告策略 ・公開活動 ・文宣使用 ・人員推銷 ・促銷活動

圖1-1　行銷研究整合模式

3. 增進對目標市場的瞭解。
4. 落實顧客導向的行銷觀念。

1.7　行銷研究的6W3H

科學的行銷研究講究實事求是，務實執行，研究者心中抱持6W3H，清楚的理解要研究什麼（What）、爲何要研究（Why）、由誰執行研究（Who）、研究結果向誰報告（Whom）、何時進行研究（When）、在何處進行研究（Where）、如何進行研究（How）、投入多少資源（How much）、花費多久時間（How long does it take）。

釐清6W3H有助於掌握行銷研究成功關鍵因素，提高研究的品質與價值。研究什麼？旨在確認研究主題與題目，研究人員需要瞭解，並非所有行銷問題都可以進行研究，並非所有市場問題都值得做研究。為何要研究？這是一個關鍵性問題，有價值、有必要才值得做研究，並非人云亦云，為研究而研究。由誰執行研究？行銷研究的研究者有多種選擇，可以由公司內部行銷研究部門或人員執行研究，也可以委託外部獨立研究機構進行研究，包括綜合研究機構（例如中華經濟研究院、台灣經濟研究院）、特定領域研究機構（例如專門針對廣告效果、顧客滿意的研究機構）、管理顧問公司、媒體機構、廣告公司、公關公司、市場調查公司及學術機構（例如許多大學都設有行銷研究中心）。研究結果向誰報告？接受報告者可能是行銷部門相關人員，可能是研發或生產單位相關人員，也可能是策略管理部門及高階主管，不同部門或人員對研究結果的需求各不相同。

何時進行研究？旨在釐清研究起始點，每年例行的行銷研究，新產品行銷研究，緊急事件行銷研究，研究的起始點各異其趣。在何處進行研究？區域性行銷研究，全國性行銷研究，跨國性行及國際性行銷研究，所需投入的資源、人力與時程各不相同。

如何進行研究？涉及研究方法與技術，例如訪問法（人員訪問、電話訪問、郵寄問卷訪問、問卷留置法）、觀察法及實驗法，各種研究方法的執行過程各不相同，而且各有優缺點，研究之前必須有定見，以及具體而詳實的規劃。投入多少資源？包括預算金額與所需人力，若由公司行銷研究部門或人員執行研究，估算投入的資源比較簡單，若是委託外部機構執行研究，公司必須審視及分析報價是否合理，做為討論及議價的基礎。花費多少時間？涉及研究時程多長，需要有明確的規劃，這不僅和預算金額有密切關係，同時也和公司期望獲得資訊的時點與內容有關，有些研究希望在某一短時間內得到滿意的資訊，有些大規模研究案持續的時程比較長，希望獲得的內容比較豐富，端視公司的需要而定。

1.8 市場調查、行銷研究與行銷管理的關係

市場調查（Market Survey）或稱市場研究（Market Research），常被視爲行銷研究的同義詞，其實兩者並不相同。市場調查主要是在尋求某一特定產品的市場資訊，以報導市場實況爲主，研究的範圍顯然比較狹隘；從前述行銷研究的定義可知，行銷研究所涉及的範圍遠比市場調查更廣泛。市場調查與行銷研究之異同如表1-1所示。

表1-1　市場調查、行銷研究的異同

	比較構面	行銷研究	市場調查
不同點	層次不同	策略層次，針對問題提出解決問題的方法、方向。	技術層次，應用統計抽樣方法，瞭解問題之所在。
	範圍不同	廣泛，包括有市場調查、內部因應策略。	陝隘，產品或勞務的市場環境。
	出發點不同	任何實務上、學理上有關行銷的各種問題。	因應實務上解決行銷問題。
相同點	1. 兩者皆符合科學的精神 2. 提供管理者所需的資訊 ・內部資訊 ・環境資訊 ・市場地位資訊 ・預測資訊 ・決策資訊 3. 做為行銷規劃與控制的工具 ・分析機會，選擇目標市場 ・執行行銷決策 ・評估績效、調整行銷策略		

◎行銷管理屬於經營管理層次，市場調查結果與行銷研究所提出的解決方法與方向，都需透過經營理念與組織管理來實踐。

市場調查、行銷研究都屬於行銷管理的範疇，行銷管理的範圍更廣泛，三者的關係如圖1-2所示。

1. 市場調查：以尋求某一特定產品的市場資訊爲主。

2. 行銷研究：透過研究，提供資訊，協助解決行銷活動所遭遇的問題。

3. 行銷管理：市場調查及行銷研究所獲得的資訊與結論，做爲行銷決策的準據，透過行銷管理機制，進行整體行銷活動的規劃、執行和控制。

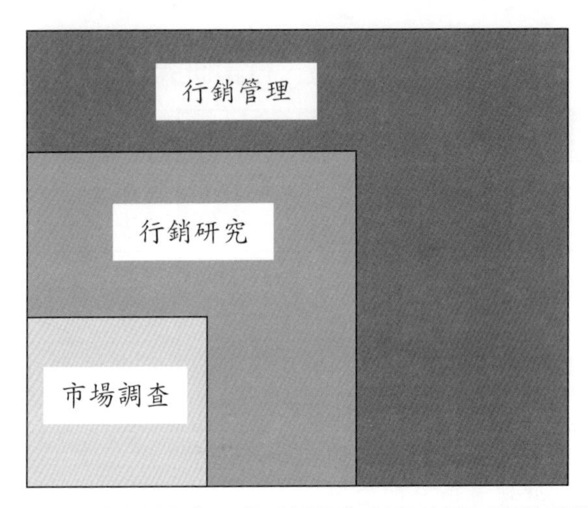

圖1-2　市場調查、行銷研究與行銷管理的關係

1.9　行銷研究的困難

行銷研究並非解決行銷問題的萬靈丹，即使規劃再完整，執行再徹底，管理再嚴謹，也有力有未逮的時候。美國可口可樂公司推出新配方可樂（New Coke）時，原來的構想是要取代傳統配方可樂（Classic Coca

Cola），以便抗衡百事可樂的競爭，結果事與願違，遭到全國各地廣大消費者嚴肅而嚴重的抗議，消費者認爲豈有此理，已經習慣一輩子的口味怎能就此不再生產。可口可樂公司感受到事態嚴重，不得不順從民意，繼續產銷傳統口味的可樂，成爲行銷研究失靈的一個案例。

行銷研究過程中，潛藏著許多困難，沒有想像中的順利，研究人員必須審愼規劃，努力溝通，用心執行，嚴謹解讀，才不至於淪爲失敗的研究。一般而言，行銷研究的困難包括下各項：

1. 資料來源的困難：光要蒐集資料已經很不容易，要蒐集正確而足夠的資料更不容易。行銷研究人員必須向許多正確的對象蒐集相關而正確的資料，光這一點就是一種挑戰。因爲研究對象不正確，會陷入南轅北轍，雞同鴨講的窘境，毫無意義可言，整個研究就告功虧一簣。

2. 資料正確性的困難：即使訪問到正確的對象，還必須蒐集到相關而正確的資料。受訪者爲數眾多，常受限於工作性質、背景知識、消費經驗、個人認知，以及塡答意願與時間的緊迫性等因素，要蒐集到相關而正確的資料相當不容易。

3. 控制變數的困難：研究設計常常需要控制外在行銷變數，例如市場規模、消費者的經濟狀況、消費水準、競爭者的活動……等，要控制這些行銷變數屬於高難度的挑戰，通常只能以假設方式處理，然而假設與實際之間常存在著相當大的差距。

4. 研究倫理的困擾：研究人員必須嚴守道德規範及倫理準則，尊重受訪者的意願與隱私，忠實、誠實、務實、踏實的執行研究，要確實做到這一點，對某些研究人員也是一項相當程度的挑戰。

5. 並非無往不利的困擾：行銷研究也有出差錯的時候，知名的大規模公司都有過失敗的經驗，這種情況必會使研究人員的士氣大受打擊，造成無謂的困擾。研究人員與資訊使用人員，必須承認並虛心接受行銷研究並非解決行銷問題的萬靈丹的事實。

1.10 本書章節架構

本書章節按照行銷研究程序安排，循序漸進的進行研究，分為下列五大篇，共13章，章節結構安排如圖1-3所示。

第一篇行銷研究原理
第1章：緒論 第2章：科學精神與科學方法 第3章：行銷研究的規劃與程序

第二篇資料蒐集方法
第4章：行銷研究資料的來源 第5章：行銷研究常用的方法 第6章：問卷設計方法 第7章：態度的衡量

第三篇抽樣方法與執行
第8章：抽樣方法與決定樣本數 第9章：訪問作業的執行與管理

第四篇資料整理與統計檢定
第10章：資料整理與分析 第11章：統計顯著性檢定

第五篇結果呈現與研究倫理
第12章：研究結果的呈現 第13章：行銷研究的倫理

圖1-3　本書章節架構圖

1.11 本章摘要

行銷爲企業首要功能，除了實際爲公司創造收益之外，還肩負指引策略方向的關鍵功能。美國百事可樂及許多知名公司，都把自己所經營的事業定位爲行銷業務，傑出行銷人員被公司拔擢出任高階主管的事例屢見不鮮，由此可證實行銷在企業經營過程的重要地位。

行銷研究具有恆常性、普遍性與前瞻性，恆常性是指行銷研究是經常要執行的重要工作，絕對不是一項偶發性的業務；普遍性是指公司規模無大小之分，產業無軒輊之別，地域無分國內與國外，都需要透過有效的行銷研究，提高行銷決策品質，改善行銷績效；前瞻性是指創造及持續現在的優勢，進而預測未來，掌握趨勢，拓展行銷新視野。

行銷研究是行銷長的重要職責，一方面提供正確資訊給相關部門使用，一方面將研究發現呈報給公司執行長，扮演承上啓下的樞紐功能角色。行銷研究應用科學精神與方法，客觀、務實的執行研究，可以爲公司奠定競爭優勢的基礎，因爲價値導向的行銷建立在紮實的行銷研究上。

參考文獻

1. American Marketing Association, www.marketingpower.com, (Approved July 2013).
2. Kotler, Philip, and Kevin Lane Keller, *Marketing Management*, 14e, Global Edition, Pearson Education Limited, England, 2012, p.27.
3. Lauterborn, Robert, New Marketing Litany: 4P's Passe: C-Words Take Over, *Advertising Age*, October 1, 1990, p.26.
4. 林隆儀譯，《行銷學－定義、解釋、應用》，Michael Levens著，第二版，雙葉書廊有限公司，2014，頁146。

5. 黃俊英著，《行銷研究概論》，第六版，華泰文化事業股份有限公司，2012，頁9。
6. 林隆儀著，《論文寫作要領》，第二版，五南圖書出版股份有限公司，2016，頁4。
7. American Marketing Association, www.marketingpower.com, (ApprovedOctober 2004).
8. Kotler, Philip, and Kevin Lane Keller, *Marketing Management*, 14e, Global Edition, Pearson Education Limited, England, 2012, p.120.
9. 林隆儀、黃榮吉、王俊人合譯，V. Kumar, David A. Aaker and George S. Day 原著，第二版，《行銷研究》，雙葉書廊有限公司，2005，頁3。
10. Burns, Alvin C. and Ronald F. Bush, *Basic Marketing Research: Using Microsoft Excel Data Analysis*, 3th Edition, Pearson Education, Inc., Upper Saddle River, New Jersey, 2012, p.30.
11. 黃俊英著，《行銷研究概論》，第六版，華泰文化事業股份有限公司，2012，頁10。
12. 洪順慶著，《行銷管理》，第五版，新陸書局股份有限公司，2014，頁141。
13. 曾光華著，《行銷管理——理論解析與實務應用》，第四版，前程文化事業有限公司，2010，頁128。

第2章

科學精神與科學方法

2.1 前言

從第一章所論述的市場研究程序可以窺知，行銷研究是一個嚴肅而正式的議題，需要有清晰的構思，以嚴謹的態度，規劃研究設計，務實執行每一個步驟，才能獲得有意義且有價值的結論，提供給高階主管做為下定行銷決策的依據，或提供給相關部門或資訊使用人員參考。

要獲得有意義且有價值的研究結論，研究人員必須抱持科學精神，採用科學方法，在合乎研究倫理的原則下，踏實的進行行銷研究。科學精神與科學方法涉及的範圍非常廣泛，所應用的技術也很多，本章聚焦於行銷研究上最常被引用的科學研究方法基本知識，包括演繹法與歸納法，觀念、構念、定義與衡量，研究變數的種類，以及命題與假說，協助初學者對科學研究方法有一概念性的瞭解，至於詳細而深入的方法與技術，已經超出本書討論的範圍，請讀者參閱研究方法的書籍。

2.2 企業所需要的行銷資訊

軍隊作戰特別重視情報，根據情報研判戰情，據以研擬各種戰略與戰術，才有可能做到攻無不克，戰無不勝的境界。行銷猶如企業作戰，需要各種各樣的資訊，這些資訊絕對不會無緣無故從天而降，不是行銷人員「照單全收」所有的資料所能竟全功，也不是行銷人員去「收集」就有，更不是靠行銷人員的努力就能「搜集」到有價值的資訊，而是需要靠研究人員用心、動腦筋去「蒐集」而來。

請看「蒐集」的「蒐」是由「草和鬼」組合而成，「草」有著平實、踏實、誠實、務實的意義，「鬼」是指勤勉、精明、靈活、動腦筋的意思。企業所需要的行銷資訊至少包括以下幾大類，這些都需要研究人員應用科學方法，精煉、再精煉，才能獲得有意義而有價值的資訊。

1. 顧客的消費行為

- 購買什麼？產品還是服務？所在意的是方便還是某種特定的效用？
- 由誰購買？家庭成員的任何人都在購買，或只是家庭主婦負責購買？
- 在哪裡購買？在住家附近的便利商店、超級市場、小商店、大賣場購買？
- 爲什麼購買？動機、對產品的直覺與需求，受到他人或廣告的影響？
- 如何購買？衝動性購買、用完再買、計畫性購買，或常態性購買？
- 何時購買？每天（清晨、早上、下午、晚上）、每週、每月、每季、每年各購買多少次？
- 每次購買多少？小單位購買，或大批量採購（工業用戶）？
- 預測購買行爲的變化：新產品出現、需求與消費偏好的改變等。

2. 市場特點

- 市場規模：潛在市場或實際市場，所選擇的市場區隔爲何？
- 市場地點：都會或鄉村、人口流量與結構、交通便利性、特定地點。
- 競爭狀況：競爭者家數及其特點，競爭者的行銷策略、優勢與績效。
- 競爭產品：競爭產品數量、特點，受歡迎程度。
- 服務需求：市場對服務需求程度，競爭者所提供的服務現況。

3. 市場環境

- 技術：技術成熟程度，未來可能出現什麼新技術，及其應用前景與影響。
- 文化：流行、時尚、風氣、偏好因素對市場的影響。
- 趨勢：經濟形勢與發展趨勢。

4. 市場區隔決策

· 採用什麼方法決定所要進入的市場？
· 公司要服務哪些目標市場？這些市場的規模與特徵爲何？
· 要提供給目標市場的產品應具備什麼重要特點？
· 要進入哪些地理市場？這些市場是消費市場或工業市場？

5. 產品決策

· 產品具有哪些特性？這些特性和競爭產品有何差異？
· 產品在市場上的定位爲何？定位對消費者有何意義與重要性？
· 創新產品發展模式及其所占銷售的比例爲何？
· 公司所採用的品牌決策爲何？
· 什麼樣的包裝最受顧客歡迎？

6. 配銷通路決策

· 公司的行銷通路政策爲何？
· 使用什麼配銷通路？包括批發通路、零售通路、實體通路、虛擬通路。
· 使用單一通路或多重通路？
· 配銷通路具有哪些特色？可以迎合及滿足顧客的需要嗎？
· 公司自行發展配銷通路或與其他專業廠商策略聯盟？

7. 廣告與促銷決策

· 公司設有廣告與促銷專責部門嗎？
· 廣告創意有何特色？如何使廣告更具吸引力？
· 採用什麼促銷策略？如何安排促銷活動？
· 如何編列及分配廣告與促銷預算？

・投入多少預算？如何評估廣告與促銷成效？

8. 人員銷售決策

・顧客如何分類？如何與顧客建立良好關係？

・哪一類型顧客的銷售潛力最大？這類顧客多久去拜訪一次？

・使用什麼樣的推銷人員？

・如何甄選、訓練及激勵推銷人員？

・推銷人員的推銷士氣和競爭者比較有何優勢？

・推銷人員的流動率爲何？如何降低流動率？

9. 價格決策

・使用何種定價策略？公司的價格水準和競爭者比較居於什麼地位？

・公司在業界扮演價格領袖或價格追隨者？

・公司的定價策略具有彈性嗎？

・公司的價格水準可維持穩定嗎？

・針對競爭者的價格策略，公司採取什麼對策？

2.3 科學與科學方法

根據《國語辭典》的解釋，科學（Science）有廣義與狹義兩種定義，狹義的科學是指關於自然界有條理、有秩序的知識，例如物理學、化學；廣義的科學是指採用精密可靠的方法，虛心誠實的態度，所求得有系統、有組織，而且可以實驗的一切知識。

行銷學屬於社會應用科學的一支，廠商在規劃及執行行銷研究時，必須本著廣義的科學定義，抱持實事求是的科學精神，採用精密可靠的方法，虛心誠實的態度，有系統、有組織、引經據典的規劃，務實的執行研究，每一個步驟所採用的方法都需要有詳細交代，讓有興趣的後續研究者可以進行複製或實驗。

科學研究具有窮理致知，追根究柢的特性，世界上任何重大的發明與發現，上自天文，下至地理，幾乎都是科學研究的傑作。根據《國語辭典》的解釋，科學方法（Scientific Method）是指有系統、合乎科學原理的研究方法。再參照上述的論述，行銷研究以嚴謹的態度，採用有系統、有組織的方法進行研究，當然是合乎科學的研究方法。

行銷研究屬於應用研究的範疇，旨在應用科學方法解決行銷上所遭遇到的問題。Cooper and Schindler（2014）指出科學方法包括下列六大基本信條（註1）：

1. 直接觀察所要研究的現象。
2. 清楚的定義研究變數。
3. 建立可供實證研究的假說。
4. 具備排除對立假說的能力。
5. 研究結論必須根據統計數據證明，而非語言上的辯證。
6. 包含有自我修正的過程。

同樣是符合科學方法的研究，研究結果的品質常會出現參差不齊的現象，於是研究品質的良窳也就立見分曉了。Cooper and Schindler（2014）認爲良好的研究必須遵循科學方法，因爲科學方法具有下列九項特徵（註2）。

1. 清楚界定研究目的

研究目的和決策息息相關，科學方法第一個特徵是清楚界定研究所涉及的問題，或所要制定的決策，輔之以明確而具體的描述，上上之策是將研究目的寫出來，即使研究者和決策者屬於同一個人也不例外。界定研究目的的要領，旨在目的明確，清楚描述。研究目的的描述還要包括研究範圍與限制，以及和研究主題有關的名詞定義與解釋。

2. 詳細說明研究過程

詳細說明研究程序，旨在提供後續研究者驗證的機會與相關資訊，要領在於研究方法與過程可供複製。包括如何找到抽樣對象、徵得受訪者的同意、抽樣方法、樣本數及其代表性，以及資料蒐集方法、資料處理及檢定方法、引用資料的來源等。

3. 全面規劃研究設計

研究設計是整個研究的藍圖，有了藍圖除了可以據以執行研究之外，還可以判定研究過程的嚴謹度及研究品質，所以必須要審慎思考，完整的規劃，務實而細膩的執行。此一項目的要領在於審慎規劃，獲得具體的結果。一般而言，研究設計至少包含七個項目，發展觀念性架構、研究假說或命題、變數操作性定義與衡量方法、抽樣方法與樣本數、問卷設計及參考來源、資料蒐集方法、資料分析方法。

4. 採用超高道德標準

此一項目的要領在於尊重研究倫理，誠實執行研究。研究者通常都是獨立作業，無論是前段的研究設計或後段的執行與分析，都享有相當程度的自由度，從正面角度言，揮灑的空間很大，可展現研究長才，貢獻卓見；從負面角度言，也潛藏有投機取巧與造假、誤導的機會。研究人員必須具備超高道德標準的人格特質，遵守研究倫理，專業、專責的規劃研究設計，誠實、務實的執行研究工作，理性、客觀的提出研究結論與建議。

5. 坦承揭露研究限制

再好的研究設計都難免會有缺陷美，這些缺點可能是來自研究者不可控制的外生變數，也可能是設計當時個人思慮不周，也可能是執行過程中難以避免或不可抗力等原因，研究者必須本著研究倫理的信念，坦白揭露這些缺點，以及預估可能的影響。此一階段的要領在於坦承揭露研究限制，使研究更具有可信度。揭露研究限制不但不會貶損研究的貢獻與價值，反而會贏得資訊使用者及後續研究者的尊敬。

6. 分析決策者的需求

資料分析與解讀是研究發現的前奏，不同使用者對研究資訊各有不同需求，這一點必須銘記在心。資料分析前必須徹底瞭解資訊使用者的特定需求，不宜有一份報告試圖滿足不同需求的天眞想法。從分析是否符合規範的程度，可以看出研究者的適任性與能力，此時的要領在於深入分析，正確解讀。提供給高階決策者的資訊，貴在具有前瞻性與洞察力；提供給平行部門的資訊，特別注重可行性與執行力；提供給技術部門的資訊，需要從技術觀點看行銷活動。

7. 具體提出研究發現

具體提出研究發現，務實提供有意義的建議，也是研究者展現能力很重要的一環。資訊使用者都希望迅速、具體的瞭解研究發現與建議，不希望帶有拐彎抹角式的贅述，因此無論是書面報告或口頭簡報，報告技巧必須非常純熟而流暢，簡潔、清楚、精準、易懂的用詞，嚴謹、詳實、引經據典的推論，具體、明確、適當陳述的研究發現，都會給人留下深刻而美好的印象。此一階段的要領在於忠實呈現，務實建議，做到多一分則太複雜，減一分則太稀少的境界。

8. 研究結論可予驗證

「一分證據，說一分話」，研究結論必須植基於研究發現，也就是以所蒐集到的資料爲基礎，不宜以個人的經驗擴大解釋，更不適合誇大歸納提出毫無相關的見解。科學研究所得到得結論，最可貴的是可以禁得起考驗，更具體說可以被複製、被檢驗，偏離此一原則，就和優良研究絕緣了。此時的要領在於務實而有根據，客觀而不誇大。

9. 反應研究者的經驗

研究者的背景與經驗，常會影響研究結論的參考價值與公信力，背景優異，經驗豐富，聲譽良好，誠實正直的研究人員，通常都可以贏得無數掌聲。讓研究資訊使用者得知研究者的充分資訊，包括服務單位，個人經驗與實績，都有助於提供研究結果的公信力與參考價值。此一階段的要領在於主動提供個人的經驗與實績，以提高研究的可信度。

人們獲得新知識的方法可大略區分爲非科學方法與科學方法，非科學方法包括習慣傳承的傳統法，講究官大學問大的權威法，憑研究者直覺判斷的直覺法，以及合理推論的理性方法，不一而足。行銷研究屬於科學研究方法的範疇，講究合乎科學精神的研究方法，以下介紹科學研究方法的基本用語與知識。

2.4 演繹法與歸納法

科學研究方法常用推理或推論方式，引申出其他新的結論。根據《國語辭典》的定義，推理是指一種邏輯的推論方式，通常由已知的事理，推求未知的結論。推論（Inference）是在推闡道理，由原來的問題進行研求，引申出其他理由或結論；或由某定理再引申出新的意義，而直接推得的定理。

推論過程常涉及揭示與辯證兩個層次，揭示（Exposition）是指單純描述所研究的現象，並未加以解釋。辯證（Argument）則除了描述所研究的現象之外，更進一步解釋、說明，甚至接受質疑與挑戰，以及提出防衡的過程。科學研究最可貴的就是可予以辯證，而且愈辯愈明，對研究結果有著重大的貢獻。辯證法可再區分爲兩種類型，第一種是演繹法，第二種是歸納法。

演繹法（Deduction）是一種結論式辯證，必須根據已知的理由提出結論，這些理由隱含著結論並代表證據（註3）。如果研究的前提正確無誤，推導出來的結論眞實不假的話，則稱此演繹有效。演繹法通常自一項普遍性的前提開始，根據邏輯法則獲得一項個別性的結論（註4）。簡言之，演繹法就是從一般性前提，推論到個別性現象的過程。

歸納法（Induction）是根據一個或更多特定的事實或證據提出結論，此一結論解釋了這些事實，而這些事實支持所提出的結論（註5）。歸納法是先觀察並記錄若干個別事件，探討這些個別事件的共同特性，然後將所得到得結論推廣到其他未經觀察的類似事件，以獲得一項普遍性的結論（註6）。質言之，歸納法就是綜合個別事件的結論，推論到普遍性現象的過程。

演繹法與歸納法各有其特點與優點，科學方法旨在求眞、求實，不偏不倚，因此實務上都將這兩種方法交互應用，相輔相成。Cooper and Schindler（2014）指出當我們觀察事實並問：「爲何如此？」時，爲了回答此一問題，我們會先提出嘗試性的解釋（假說），若此假說能夠解釋此一事件或情況（事實），表示此一解釋值得信任；演繹法是測試假說是否有能力解釋事實的過程，如圖2-1所示，並說明如下（註7）。

1. 公司促銷一項產品，但營業額並未增加。（事實1）

2. 公司自問：營業額爲何沒有增加？（歸納法）

3. 爲回答此一問題，公司從推論中得到一個結論（假說）：促銷執行不力。（假說）

4. 根據此一假說下定結論（演繹法）：在執行不佳的情況下，營業額不會增加。再由經驗得知，無效的促銷無法增加營業額。（演繹法1）

5. 由演繹法得知，執行徹底的促銷活動，才有可能增加營業額。

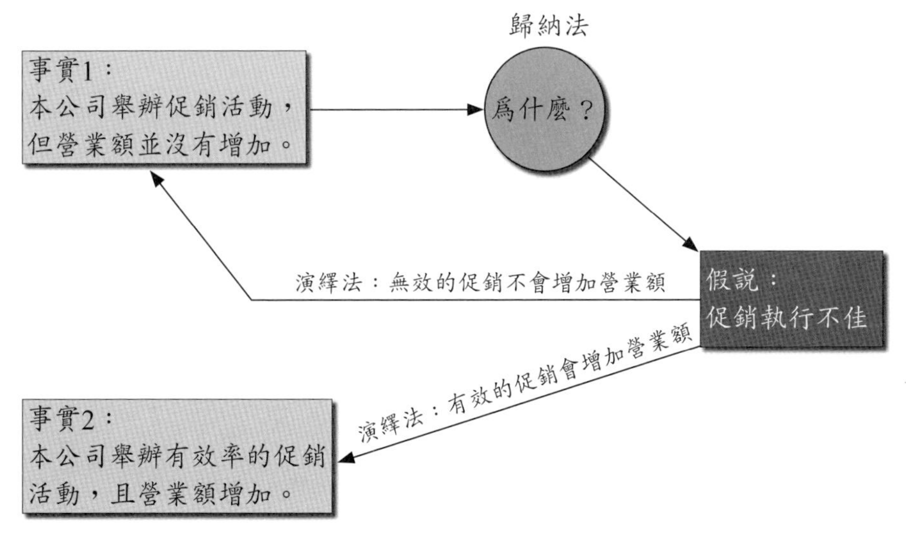

圖2-1　營業額為何沒有增加？

資料來源：Cooper and Schindler, *Business Research Methods,* 2014, p.70.

（演繹法2）

6. 公司舉辦有效的促銷活動，會增加營業額。（事實2）

2.5　觀念、構念、定義與衡量

觀念（Concept）或稱概念，是指有關某些事件（Events）、事物（Objects）或現象（Phenomena）的一組特性，代表事件、事物或現象的一種抽象意義（註8）。也是蒐集與特定事件、事物、狀況、情境及行爲有關的意義或特徵（註9）。在社會科學研究中，觀念具有四種功能（註10）：

1. 觀念提供溝通的工具。

2. 觀念允許人們去發展一種觀點，一種觀看實證現象的方法。

3. 觀念允許人們進行分類與一般化。

4. 觀念是理論的成分，也是解釋和預測的成分。

構念（Construct）是指爲建立某一特定研究或理論，特別發明的一種形象（Image）或理念（Idea）（註11）。構念通常由幾個簡單、具體的觀念組合而成，例如我們在學習英文時，常用字彙、造句、閱讀這三個觀念來形成「英文語文能力」；人們常以打字速度、正確性、精準度等觀念來形成「文字處理能力」；選美協會常以參與者的身材、才藝、文化、機智問答……等觀念形成「美」。

定義（Definition）者，人們對一事一物所做的正確解釋也。根據《國語辭典》的說法，定義是指對於一切事物，所下的正確解釋。定義可區分爲觀念性定義（Conceptual Definition）、文義性定義（Semantic Definition）與操作性定義（Operational Definition）（註12）。

觀念性定義是指利用其他觀念來描述某一觀念的定義，例如「態度」的觀念性定義是指某人對某一刺激物所表現出來正面或負面的反應，此一定義顯然是借用「某一刺激物」與「某人的正面或負面反應」來界定「態度」的定義。文義性定義是指一般性定義，望文生義的定義，放諸四海皆準的定義，我們從字典上所查到的名詞定義都屬於這種定義。操作性定義是指研究者爲了研究上的需要，針對研究變數及其構面所賦予的特定定義。至於實務上所稱的操作性定義，是指描述一項活動的程序，這些活動是爲了要以經驗方法證實某一觀念存在的程度；也就是將觀念性意義加以界定，使其可以進行實際衡量。例如投資報酬率（Return on Invest, ROI）就有許多不同的指標與定義，有總資產報酬率、使用資產報酬率、淨資產投資報酬率、固定資產報酬率等，研究者必須給予操作性定義（註13）。由此可知，觀念性定義或文義性定義用在不同地方或場合，不至於改變事物的定義，但是不同的研究者對同一個研究變數及其構面所做的操作性定義可能各異其趣。行銷研究的研究變數及其構面必須做操作性定義，也就是要將定義做到操作化，定義予以操作化，才能進行下一步的衡量。

文義性定義和操作性定義表面上看似相同，實際運用在研究上卻有很大的差別，例如凝聚力（Cohesiveness）的文義性定義是指人與人之間相互吸引的力量，而其操作性定義則具體的指出成員對群體忠誠與承諾的程度。又如「顧客滿意」的文義性定義是指，「顧客購買公司產品或服務後，感到心滿意足」，此一定義所稱的「心滿意足」太過籠統，缺乏一個聚焦的標準，以致無法進行後續的衡量工作；然而「顧客滿意」的操作性定義則是指「顧客購買公司產品或服務後，感到心滿意足的程度」，此一定義很明確的指出是要衡量「顧客滿足的程度」。

如前所述，研究變數予以操作化定義之後，才知道要衡量什麼，知道要衡量什麼之後，接著就要具體指出衡量方法。衡量（Measurement）是根據某些預先設定的規則，將有興趣的某些特徵賦予數字或其他符號的標準化過程（註14）。

研究變數的衡量涉及衡量所使用的尺度與衡量方法。衡量尺度可區分爲名目尺度（Nominal Scale）、順序尺度（Ordinal Scales）、區間尺度（Interval Scales）與比例尺度（Ratio Scale）。名目尺度只是將變數予以分類，例如性別分爲男性與女性，男性用「1」表示，女性用「0」表示；名目尺度唯一的特性是呈現個體，數字的任何比較都是沒有意義的，而比例尺度則有非常精確的特性，數字可用來加減乘除的運算，至於順序尺度、區間尺度則介於名目尺度與比例尺度之間，順序尺度可以表示變數的等級或排序，不能用來做算術運算，區間尺度顧名思義是指每一相鄰等級的區間都相等，只能用來做算術的加減運算，不能用來做算術的乘除運算。研究者所選用的衡量尺度類型，和後續適合使用的統計檢定方法有密切的關係（註15）。

2.6 變數的種類

變數（Variable）可視爲構念的同義詞，是指所要研究的特質，研究者可以根據變數的特質，將用數字表示的價值指派給變數（註16）。變數可依其性質區分爲獨立變數、相依變數、干擾變數、中介變數、外生變數。

獨立變數（Dependent Variable, DV）又稱爲自變數、因變數、預測變數、解釋變數，是指研究人員所要操弄的變數。相依變數（Independent Variable, IV）又稱爲依變數、應變數、被預測變數、被解釋變數，是指研究人員操弄某一項或某些變數後，想要觀察操弄結果的變數。例如研究人員想要研究食品的不同包裝設計方案對銷售量的影響效果，此時不同包裝設計稱爲獨立變數，銷售量稱爲相依變數。

干擾變數（Moderating Variable, MV）又稱爲調節變數，是指研究人員認爲足以干擾獨立變數對相依變數之影響的變數。例如研究人員想要研究食品不同包裝設計對銷售量的影響，公司的訂價、廣告、促銷，甚至競爭者的行銷活動，都會干擾到研究結果，這些干擾因素就稱爲干擾變數。

中介變數（Intervening Variable, IVV）是指會影響被觀察的現象，但卻不能被看見、被衡量或被操弄的變數，其影響效果必須從獨立變數和調解變數，對被觀察現象的影響中加以推論（註17）。例如上述食品不同包裝設計對銷售量的影響，可能受到消費者知覺改變幅度大小的影響，此時包裝改變幅度對銷售量的影響必須加以適當的推論。

外生變數（Extraneous Variable, EV）是指除了獨立變數、干擾變數、中介變數之外，可能影響研究結果的其他外在變數。行銷研究過程中的外生變數很多，有些被當作獨立變數或干擾變數處理，有些不是被視爲前提，就是被排除在研究之外，有些外生變數雖然會影響到獨立變數，但卻不是研究人員所要研究的核心變數，因而將之排除在外（註18）。

2.7 命題與假說

行銷研究過程中經常會用到命題與假說這兩個用詞，命題和假說不同，但是卻有著密切的關係，研究人員必須釐清這兩個用詞。命題（Proposition）是指研究人員針對判斷爲眞或假的可觀察現象（觀念）之描述，此一描述若以可觀察的現象爲依據，則可以判斷其爲眞；而假說（Hypotheses）是除了將命題做有系統的說明之外，更進一步做爲實證檢定的題材（註19，註20）。

簡言之，命題僅止於對某一項觀念做完整的描述後所推導出來的結論，並沒有進行實際驗證，通常都用在質化研究中所推演出來的結論，例如從文獻探討及經驗知識中推導出來：「在學期間功課優良的學生，將來在社會上會有比較大的成就」，沒有進一步做實證研究。假說則是將參照文獻探討所推導出來的結論，進一步進行實際驗證，證明假說是否獲得支持，量化研究就是在檢定研究假說是否獲得檢定數據的支持，例如研究人員提出假說：「在學期間功課優良的學生，將來在社會上會有比較大的成就」，接著蒐集相關資料，進行實際驗證，證明此一假說是否獲得支持。

假說可分爲描述性假說（Descriptive Hypotheses）與關係性假說（Relational Hypotheses），前者旨在描述某一變數之現況，例如形狀、大小、分配情形等事實，後者則是在說明兩個變數之間的關係。關係性假說又可以區分爲相關關係（Correlational Relationship）與因果關係（Causal Relationship）。相關關係僅止於說明兩個研究變數一起變動的關係，因果關係則在描述一個研究變數（自變數）的變動會影響另一個研究變數（依變數）的情形（註21）。

無論是命題或是研究假說，都是經過嚴謹的推論過程推導出來的結果，研究假說是要進一步檢定所推論出來的結果是否獲得實證數據的支持。研究假說的發展必須和研究目的相呼應，變數與變數之間關係的發展稱爲主假說（Main Hypotheses），構面與構面之間關係的推論稱爲子假說（Sub-hypotheses）。

2.8 本章摘要

科學研究方法是一種高度嚴謹，而且是有系統、有組織、可複製、可被檢驗的研究方法。行銷研究重視實事求是，誠實務實，所得到得結論是要做爲高階主管下定決策的依據，同時也要提供給資訊使用部門做爲改進管理績效之參考，因此必須合乎科學精神與科學方法。

科學研究方法範圍相當廣泛，內容非常精奧，由於篇幅有限，無法一一詳加論述。本章著眼於實務研究，從應用的觀點簡要介紹行銷研究上經常會用到的幾種方法與概念，包括演繹法、歸納法，研究變數的種類及其意義，研究推論中常用到的命題與假說，以及觀念、構念、定義、衡量等基本概念，以便讀者對科學研究方法有初步的認識。

參考文獻

1. Cooper, Donald R., and Pamela S. Schindler, *Business Research Methods*, 12th Edition, McGraw-Hill Education, New York, USA, 2014, p.66.
2. 同註1，頁15～18。
3. 同註1，頁66～67。
4. 黃俊英著，《行銷研究概論》，第六版，華泰文化事業股份有限公司，2012，頁30。

5. 同註1，頁68。
6. 同註4，頁30。
7. 同註1，頁69～70。
8. 同註4，頁21。
9. 同註1，頁50。
10. Nachmias, Chava, and David Nachmias, *Research Methods in the Sciences*, 6th Edition, Worth Publishers and St. Martin's Press, New York, USA, 2000, pp.24～26.
11. 同註4，頁22。
12. 林隆儀著，《論文寫作要領》，第二版，五南圖書出版股份有限公司，2016，頁57。
13. 同註12，頁26。
14. 林隆儀、黃榮吉、王俊人合譯，V. Kmmar, David A. Aaker and George S. Day 原著，《行銷研究》，第二版，雙葉書廊有限公司，2005，頁306。
15. 同註14，頁306～309。
16. 同註4，頁25。
17. 同註4，頁26。
18. 同註1，頁57。
19. 同註1，頁58。
20. 同註12，頁51。
21. 同註12，頁51。

第3章

行銷研究的規劃與程序

3.1 前言

行銷研究是行銷領域非常重要的一環，也是實用程度非常高的一門學科，主要是應用科學方法，針對行銷上所遭遇到的問題進行深入研究，進而提出解決方案，改進決策品質，提高行銷績效。合乎科學精神的行銷研究，必須抱持嚴謹的態度，有系統、有組織的審愼規劃，提供研究的基本藍圖，並且理出詳細程序與時程，做爲執行研究的準據。

行銷研究程序的規劃可大略區分爲三大部分，每一部分各有其詳細內容，第一部分是研究前的策略性思考，第二部分是研究過程的務實執行，第三部分是研究結果的具體呈現。策略性思考是指以策略管理的觀點，宏觀的規劃行銷研究藍圖，提供研究人員根據此一藍圖設計研究程序，然後根據所設計的程序執行研究工作。務實執行旨在激勵及要求研究人員，按部就班，按圖索驥，確實依規劃內容執行研究工作，以期達到研究目標與目的。結果的呈現旨在將研究結果務實提出書面及口頭報告、溝通研究成效與貢獻。

進行規劃作業之前，必須對產業及公司整體行銷運作有深入的瞭解，研究程序的設計必須做到明確、務實、有效，報告的呈現必須根據研究數據與結論，具體提出有價值的資訊，供相關人員參考採行，達成行銷研究的目標。

3.2 行銷研究程序

行銷研究程序可以區分爲策略規劃、文獻探討、研究設計、執行調查、分析與報告等五個階段或步驟，如圖3-1所示。這五個階段環環相

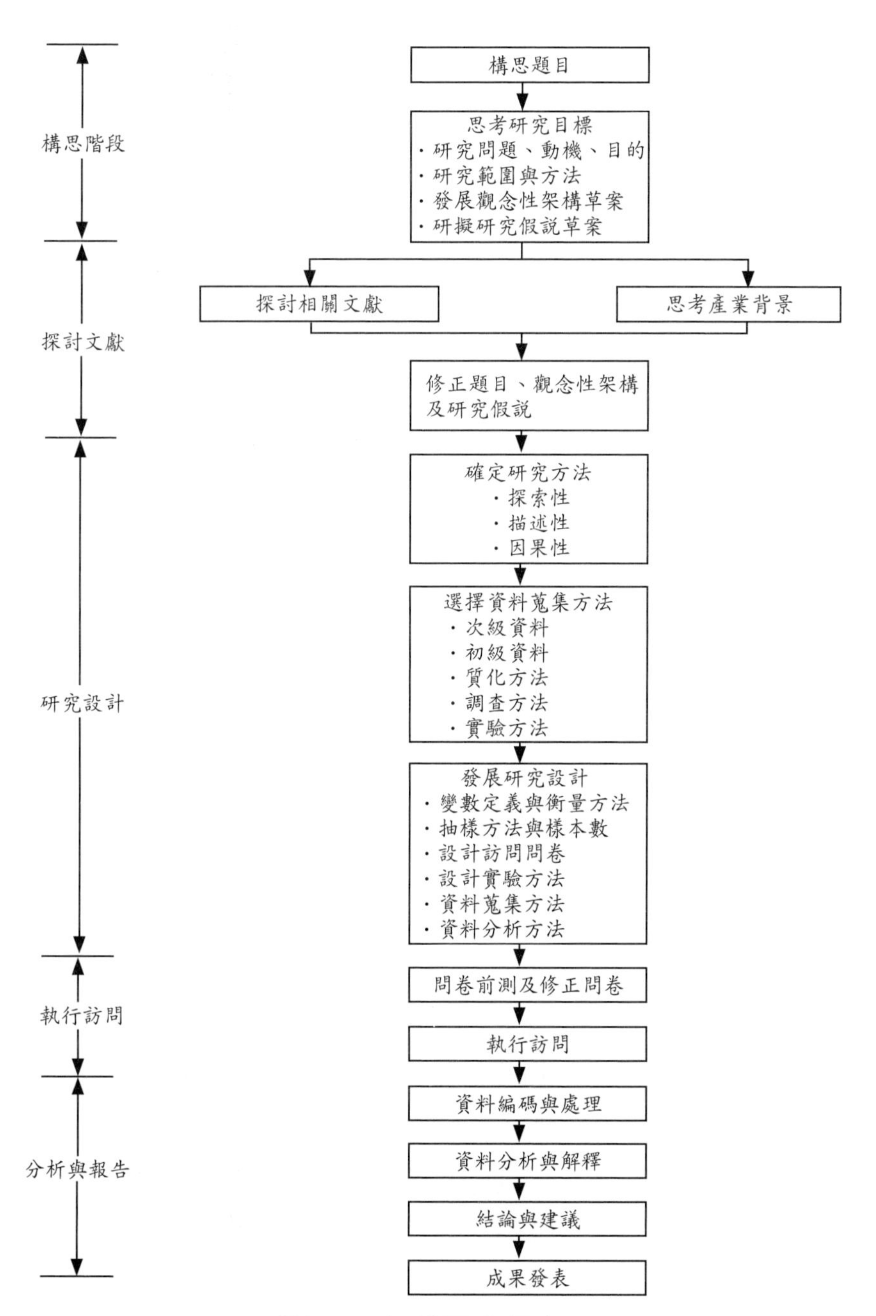

圖3-1　行銷研究程序

資料來源：修改自林隆儀著《論文寫作要領》，2016，頁6。

扣，互相呼應，逐步進行，而且是一氣呵成，每一個階段都是研究成功的關鍵因素，也都各有其要領。本書爲方便討論起見，將這五個階段依序分別討論。

1. 策略規劃階段

策略規劃階段又稱爲構思階段，旨在從策略觀點思考行銷研究的大方向，包括構思研究題目及思考研究目標。構思研究題目應往前追溯到所要研究的議題是否適合研究，是否值得研究，若適合且值得研究，接著將研究議題或構想轉換爲可以進行研究的題目。

思考研究目標屬於廣泛方法論的課題，包括所要研究的背景、問題、動機與目的、所要研究或實證的範圍與對象、初級資料從何而來及如何蒐集、抽樣方法與樣本數，以及所要採用的資料分析方法，進而發展出初步觀念性架構、發展研究假說草案等工作。

2. 文獻探討階段

文獻探討階段主要在回顧與研究題目相關的文獻，瞭解所要研究題目的背景與市場概況。相關文獻屬於次級資料，通常都分散在許多地方，包括公司內部的經營資料、銷售資料、財務報表，以及公司外部的相關資料，包括政府機關、產業公會、專業研究機構、學術機構、圖書館、顧問公司、市場調查公司所發布的資料。研究人員必須先知道哪裡可以找到什麼資料，以及如何找到這些資料。

此一階段所要做的功課，最重要的是勤勉蒐集相關文獻，務實尋找行銷背景與市場資料，用心精讀所蒐集到的文獻與資料，摘錄文獻與資料的重點，逐一予以消化，並且整理成研究所要參考的文獻資料，做爲建構研究的理論基礎。然後根據文獻探討及行銷背景，將上一階段所發展的研究題目、觀念性架構、研究假說做必要修正。這一連串的功課通常需要花費很多時間與精神，研究人員需要有耐心與恆心，才能務實執行。

3. 研究設計階段

研究設計階段旨在確定所要採取的具體研究方法，此一階段是整個研究工作的核心，研究人員需要審愼思考，力求完整，才能有效引導後續執行工作。研究設計包括下列各項：

・決定研究方法：決定所要採用的研究方法，例如探索性、描述性、因果性研究方法、質化方法、調查方法、實驗方法。

・選擇所要使用的資料：次級資料、初級資料。

・發展研究設計細節：變數操作性定義與衡量，若決定採用調查法，接著要決定研究對象，決定抽樣方法與樣本數，設計調查問卷或實驗方法。

・決定資料蒐集方法：人員訪問法（焦點團體訪問法、深度訪問法）、郵寄問卷訪問法、電話訪問法、問卷留置法、網路訪問法。若決定採用問卷訪問法，需要設計問卷，完成問卷設計後必須先進行前測，確認問卷的可用性，並做必要的修正。

・決定資料分析方法：根據所蒐集資料的類型，選擇合適的統計檢定方法，例如卡方檢定法、標準常態檢定法、t檢定法、變異數分析法、迴歸分析法，無母數統計方法等。

4. 執行調查階段

執行調查或實驗就是根據前述各階段的規劃與設計，實地執行資料蒐集、調查或實驗等工作。此一階段又稱爲現場管理階段，研究人員必須堅持研究倫理，忠實、誠實、踏實、務實、徹底執行調查工作，努力在所規劃的研究時程內，向正確的訪問對象，蒐集正確而完整的資料。若有他人協助執行調查工作，必要嚴格進行資料品質與進度掌控，確實查核訪問人員的工作情形。

此一階段常見的缺失是沒有務實執行，以致造成研究工作功虧一簣的窘境，例如下列狀況：

- 沒有確實訪問：沒有確實執行訪問，甚至有造假、杜撰的嫌疑。
- 訪問對象不對：雖有訪問，但是受訪者並非所規劃的訪問對象。
- 資料填寫不全：資料填寫時遺漏太多，造成該份問卷無法使用。
- 資料填寫模糊：填寫或勾選的答案模糊不清，以致無法判定。

5. 分析報告階段

分析與報告階段包括資料編碼與資料處理、資料分析與解釋、撰寫研究結論與建議、向相關部門或資訊使用人員提出研究報告，以及正式發表等工作。

研究結果必須根據研究數據提出報告，包括基於研究人員的專業素養、提出管理意涵、供高階主管及相關部門瞭解研究工作的貢獻與價值。提供給行銷人員及技術人員使用的報告，內容及報告方式應有所斟酌。研究結論除了提出書面報告之外，通常都需要向相關人員做口頭簡報，並接受提問與交流，有些研究報告還可以在期刊或學報上正式發表，分享研究心得，擴大參考價值。

3.3　行銷研究的規劃

規劃（Planning）是在做未雨綢繆的工作，利用本書第一章所介紹的6W3H方法，現在就開始思考未來的工作，包括要做些什麼，爲何要做，由誰做、爲誰做、何時做、何處做、如何做，以及爲何要如此做、投入多少資源、花費多少時間，這些都屬於策略性問題，務實回答這些問題之後，接著所研擬的具體執行方案稱爲計畫（Plan）。質言之，從英文字Planning也可以瞭解，規劃具有動態性，是一連串動作的過程，Plan則是規劃結果所呈現的一份靜態文件。

行銷研究規劃可細分為規劃系統與資訊系統兩部分，規劃系統包括呈報給高階層主管做決策使用的策略性計畫（Strategic Plan），以及提供給相關部門及研究人員執行的戰術性計畫（Tactic Plan），資訊系統包括資料庫與決策支援系統。具體而言，行銷研究規劃包括下列項目（註1，註2）：

1. 確認及定義行銷機會與問題。
2. 發展與決定決策選擇方案。
3. 確認研究資訊的使用者。
4. 確定研究的目的與範圍。
5. 如何設計才能達成研究目的。
6. 提出、精煉、評估行銷行動。
7. 評估資訊價值。
8. 評估行銷績效。
9. 增進瞭解行銷是一種程序。
10. 如何應用研究結論。

3.4 釐清研究目的

研究目的（Research Purpose）是公司進行行銷研究，想要達成的最後里程碑，因此釐清研究目的至為重要，研究人員及相關部門同仁，對研究工作都需要有高度的共識。研究目的也是事後評估研究成果的依據，以及檢視研究人員能力的重要指標。研究目的若模糊不清，會使研究人員陷入不知何去何從的窘境，此時研究工作不是無法進行，就是研究成果將被大打折扣。

釐清行銷研究目的，可以從三個方向下手（註3），冷靜、務實的回答下列問題，有助於釐清研究目的。

1. 界定所要研究的問題或機會：預期研究工作會有哪些問題或機會？問題及其可能原因的範圍爲何？

問題或機會可追溯到研究的動機，通常都和顧客的需求息息相關，研究人員必須要有「顧客的問題就是公司問題」的信念，舉凡顧客感覺不方便、沒興趣、有顧慮、不滿意，甚至顧客流失、銷售銳減、產品被下架、市場占有率滑落、競爭力衰退……等，都是典型的問題，正確的瞭解及掌握眞正的問題，接下來才有可能發展解決問題的具體方法。

市場運作及環境改變過程中，也潛藏無數的機會，行銷研究另一個目的就是要紮實的掌握發展機會，透過SWOT分析發揮公司優勢，掌握市場機會；隱藏公司弱勢，精進行銷活動；避開可能威脅，安全壯大戰力；做到趨吉避凶、以逸待勞、四兩撥千斤的境界。

2. 評估決策備選方案：行銷研究的可能備選方案爲何？選擇備選方案的準則爲何？決策時機或重要性爲何？

決策是指在備選方案中做選擇的動作，沒有備選方案就沒有決策可言，因此評估備選方案的先決要件，就是要發展幾個可能的備選方案。此外，評估備選方案需要有客觀的評估準則與具體指標，做爲評估的依據，例如長期銷售量、試購率及重購率、通路商給該品牌產品的貨架空間、產品或服務與競爭品牌的差異化程度，品牌名稱的知名度（註4）。

決策不是憑空杜撰，也不是只憑個人喜好，而是需要有具體且及時的資訊做基礎，這就是管理學上所稱的理性決策。決策時機會影響公司採取行動的速度，今天企業處在超競爭時代，不見得都是大規模企業戰勝小型公司，而是反應速度快的公司吃掉動作緩慢的企業，所以決策速度已經成爲當前企業決定勝負的關鍵要素，尤其是高度重要決策，稍有疏忽或失誤就會陷入一敗塗地的深淵。

3. 確認研究結果的使用者：行銷策略的決策者是誰？使用研究結果

資料者是誰？有任何隱含的目的嗎？

儘管研究結果只有一個，然而提供給執行長、行銷長、相關部門人員的研究報告，寫法與深度各不相同。所以研究人員需要瞭解行銷策略的決策者是誰、資訊使用者是誰、他們的期望與目標爲何、報告所要求的深入程度爲何、是否有特殊需求，牢記這些重點，才能精準的提出迎合使用者需要的研究報告。

林隆儀與商懿勻（2015）在研究老年經濟安全保障與理財知識對逆向抵押貸款借款意願的影響時，明確指出研究目的如下：(1)探討老年經濟安全保障對逆向抵押貸款借款意願的影響；(2)探討理財知識對逆向抵押貸款借款意願的影響；(3)探討老年經濟安全保障與理財知識交互作用對逆向抵押貸款借款意願的影響；(4)研究涉入在老年經濟安全保障對逆向抵押貸款借款意願影響的干擾效果；(5)研究涉入在理財知識對逆向抵押貸款借款意願影響的干擾效果；(6)研究涉入在老年經濟安全保障與理財知識交互作用對逆向抵押貸款借款意願影響的干擾效果（註5）。

3.5　確定研究目標

研究目標（Research Objective）是指研究工作所要達成的目的或結果，研究目標不只是在描述未來的狀況，更需要有明顯支持及引導達成目標的指標。研究目標通常包括三個部分：(1)研究問題：具體指出要研究什麼，需要什麼資訊；(2)研究假說：提出回答研究問題的基本方案；(3)研究範圍：明確的界定所要研究的範圍，例如只要研究現有顧客，或包括所有潛在顧客（註6）。

研究問題除了指出要研究什麼之外，還要詢問爲了要達成研究目的需要蒐集什麼資料。研究人員開始進行研究時，通常都會先描述研究背景，包括產業結構與競爭狀況、公司經營現況及行銷作爲，指出行銷上遭遇到什麼困難或問題，進而具體導出值得深入探討的研究問題。研究問題就是公司進行研究所要解決的根本問題，猶如醫生診斷病人的病情，唯有掌握正確問題，才能對症下藥，因此掌握問題是行銷研究的第一步。

林隆儀與商懿匀（2015）在上述研究實例中指出，先進國家已經實施多年的「逆向抵押貸款」制度，讓年長者擁有房屋所有權之住屋者，將其住屋抵押給銀行、保險公司等金融機構而獲得貸款收入，再由金融機構按月支付一定數額的養老金給申請抵押貸款的年長者，一直延續到房屋抵押人離世，之後其抵押的房地產即交由抵押權人（金融機構）處理。我國在「有土斯有財」的傳統觀念影響下，擁有自有住宅率高，但是大多數年長者理財知識不足，又無完善退休規劃，以致生活窮困已經成爲老年經濟安全的問題，這麼重要的問題，爲什麼很少有人深入去研究呢？此一問法明確點出研究問題（註7）。

研究假說具體指出研究問題的可能答案或初步答案，這些可能答案就是後續研究所要證明眞假的標的。質言之，研究假說引導研究者有效進行研究，使整個研究不致偏離方向。研究假說可以從整理文獻推論而來，也可以從研究人員的經驗判斷而得，發展研究假說的要領，就是要廣泛思考，大膽假設，盡可能提出更多可能的答案，避免掛一漏萬的遺憾。

研究問題與研究假說不同，研究人員必須清楚區別之，最簡單的區別方法是檢視語詞的呈現方式，研究問題通常都以疑問句呈現，例如：公司拍攝的新廣告影片，可吸引消費者的注意嗎？研究假說則以肯定句表示，例如：公司拍攝的新廣告影片，可以有效吸引消費者的注意力。

林隆儀與商懿匀（2015）在上述研究實例中，根據文獻探討發展出研究假說如下（註8）：

假說1：老年經濟安全保障對逆向抵押貸款借款意願有顯著的正向影響。

假說2：理財知識對逆向抵押貸款借款意願有顯著的正向影響。

假說3：老年經濟安全保障與理財知識的交互作用對逆向抵押貸款借款意願有顯著的正向影響。

假說4：涉入在老年經濟安全保障對逆向抵押貸款借款意願有顯著的正向干擾效果。

假說5：涉入在理財知識對逆向抵押貸款借款意願有顯著的正向干擾效果。

假說6：涉入在老年經濟安全保障與理財知識的交互作用對逆向抵押貸款借款意願的影響具有顯著的正向干擾效果。

研究範圍旨在界定研究的界限，任何研究工作都不可能無限上綱，也不是漫無邊際，而是有一定的範圍與界限，這也是科學精神務實的一部分。研究人員聆聽及接受高階層主管的指示，或和相關部門同仁的對話與溝通，以及透過觀察公司經營現況，都可以設定及澄清研究的範圍。行銷研究規劃必須明確揭示研究範圍，此舉除了可以指引後續研究不致偏離主題之外，也可以讓研究資訊使用者瞭解研究的範圍與界限。

林隆儀與商懿匀（2015）在上述研究實例中，指出以臺北市及新北市地區擁有房屋的民眾爲研究範圍（註9），採用便利抽樣法蒐集初級資料。

3.6 估計研究的價值

行銷研究需要投入許多資源，包括人力、物力、金錢、時間、精神等，研究計畫需要涵蓋這些資源的預算，以及投入的時點。公司可以自己執行行銷研究工作時，編列預算及評估研究價值比較簡單，但是絕大部分行銷研究都涉及專業知識與技術，公司不見得有能力自己執行，所以都委託外界專業機構執行。若委託外界機構執行研究工作，公司需要瞭解研究的來龍去脈、研究內容、評估研究結果的價值，以及檢視預算的合理性。

無論是公司自己研究，或是委託專業機構研究，研究所產出的價值大於研究投入的資源，表示研究工作值得進行；反之，則不值得進行研究。

研究價值端視決策重要性、環境不確定性，以及研究資訊對決策的影響程度而定（註10）。若決策具有高度重要性，對企業經營成功有絕對性的影響，顯然研究資訊的價值相對提高。即使公司處在穩定環境之下，都需要執行研究工作，何況穩定環境可遇不可求，因此研究已經成為企業的常態活動，無論是大規模企業或小型公司都不例外。今天的企業在超競爭環境下經營，不確定性持續升高，以致公司必須在動態環境之下做出各種抉擇，在不能以不變應萬變的情況下，研究所獲得的資訊更凸顯其價值。

研究價值中有些可以採用量化指標評估其價值，例如銷售量、市場占有率、新產品成功率、品牌知名度、顧客滿意度；有些需要採用質化觀點加以判斷，例如公司對產業的貢獻、公司關懷社會的成效、顧客對新廣告活動的觀感等，不易採用客觀的量化指標評估，因此許多公司都嘗試轉換角度，採用質化方法評估之。

3.7 行銷研究的設計與執行

研究設計旨在具體指出行銷研究所要進行的方法，也就是把前述規劃的藍圖予以具體化。行銷研究設計包括下列各項目（註11）：

1. 選擇研究設計的類型：行銷研究類型不同，後續的研究設計細節也各不相同。因此研究設計的第一要務在於，決定採用只要發掘初步見解的探索性研究（Exploratory Research），或是要採用驗證初步見解的結論性研究（Conclusive Research），此時必須要有明確的抉擇。前者包括次級資料分析法、專家訪問法、相似案例分析法、焦點團體訪問法、觀察法；後者包括描述性研究法、因果性研究法。

2. 決定研究資料來源：從哪裡取得次級資料？次級資料可以滿足研究的需要嗎？若需要蒐集初級資料，從哪裡蒐集所需要的資料呢？

3. 確定資料蒐集方法：行銷研究常用的資料蒐集方法有多種選擇，研究設計時必須有所定奪。

   (1) 觀察法：直接到市場觀察及蒐集資料，例如觀察公司產品與競爭產品的鋪貨狀況、觀察消費者購買行爲、觀察消費者使用產品的習慣與方法、聆聽消費者對公司新廣告的看法。

   (2) 訪問法：實際訪問消費者的看法或意見，可分爲人員當面訪問、電話訪問、郵寄問卷訪問，以及利用電腦進行的線上訪問。例如在百貨公司門口親自訪問前來購物的消費者，或利用電話訪問受訪者觀看公司廣告後的記憶程度。

   (3) 實驗法：利用實驗設計方法，操弄某一研究變數，驗證對另一變數的影響。例如抽獎促銷活動對銷售績效的影響、新包裝設計對消費者偏好的影響。

4. 確定抽樣方法與樣本數：抽樣方法與樣本數攸關行銷研究結果的品質與價值，研究設計時必須要有明確的決定。抽樣方法可分爲機率抽樣法、非機率抽樣法，每一種抽樣方法各有多種不同的細分方法與要領。樣本數大小及其代表性，也是影響行銷研究結果之可靠性的重要指標，此時必須有明確的交代。

5. 設計研究所要使用的問卷：若決定採用訪問法或實驗設計法，接著就要設計所要使用的問卷或觀察表，做爲蒐集初級資料的工具。問卷完成設計後，必須進行預試或試訪，從受訪者的角度檢視問卷的可行性。

行銷研究完成設計後，接下來就是執行階段。執行就是把前述所設計的方案付諸實施，實際進行資料蒐集工作，此一階段也稱爲現場管理，重點在於本著研究倫理精神，誠實、務實、落實執行資料蒐集工作。

3.8 資料分析與研究報告

資料分析的目的是要利用科學的統計方法，將所蒐集的原始資料（Data）有系統的整理成有意義的資訊（Information），提供給高階主管及相關人員使用。

資料分析涉及許多統計方法與工具，行銷人員必須熟諳這些方法與工具的原理及其來龍去脈，正確解讀資料分析結果的意義；行銷資訊使用人員也需要瞭解這些方法與工具的意義，才能達到資訊溝通的效果。

科學的統計方法如前所述，行銷研究上通常都同時使用多種方法，至於選用哪一種方法，端視衡量尺度類型、變異數是否已知、樣本大小等因素而定，例如資料的一般分析最常使用百分比、平均數、眾數、標準差；檢定變數之間的影響關係時，常用變異數分析、迴歸分析；檢定變數間是否有差異及差異程度時，大樣本常使用常態檢定，小樣本則使用t檢定。

完成資料分析後，行銷研究人員必須提出研究報告，包括研究發現在行銷管理及實務應用上的意涵。研究報告可分爲書面報告與口頭簡報，目的是要和資料使用人員進行深入溝通。有些行銷研究結果可以進一步在研討會或期刊上發表，和外界進行交流，分享研究發現，擴大研究貢獻與價值。

3.9 國際行銷研究程序

隨著全球市場開放的速度加快，國際間貿易往來頻繁，貿易障礙大幅解除，地球村的現象愈來愈明顯，放眼全球的行銷活動已是不可避免的趨勢，國際行銷研究很自然成爲現代企業一項嶄新的課題。行銷研究若涉及國際行銷，研究地域擴大，研究項目增加，使用不同語言，加上文化差異等因素，勢必會增加研究的困難度。

國際行銷研究和國內行銷研究，基本上並沒有太大差異，只是考慮的層面更多，執行的複雜度提高，行銷研究人員只要熟諳研究原理與方法，放眼國際，擴大視野，執行國際行銷研究當可迎刃而解。國際行銷研究可以區分爲下列八個基本步驟，包括確認資訊需求、界定研究問題、選擇分析單位、檢視資料可得性、評估研究價值、發展研究設計、資料蒐集與分析、呈現研究發現（註12）。

國際行銷研究程序如圖3-2所示。

3.10 本章摘要

行銷研究是科學研究原理與方法的應用，也是一連串科學研究步驟的設計與執行，設計階段旨在從宏觀的角度，廣泛思考解決行銷問題的可行方法，涉及許多關鍵性技術，執行階段貴在堅守研究倫理，依序落實執行每一個步驟，前後呼應，提高行銷研究的貢獻與價值。

本章沿著研究程序的順序，介紹行銷研究的規劃，探討行銷研究各個步驟的詳細內容與要領，包括指出研究問題、釐清研究目的與目標、評估研究的價值、研究設計方法與要領、行銷研究的現場管理、資料分析與解讀、研究報告的呈現等，讓初學者瞭解行銷研究程序的來龍去脈，對行銷研究有一個完整的認識。企業經營邁向國際化，已是無法抵擋的趨勢，全球行銷所伴隨的國際行銷研究，很自然的成爲當前企業必須面對的新課題，國際行銷研究與一般行銷研究並沒有太大的差別，本章最後一節介紹國際行銷研究的程序。

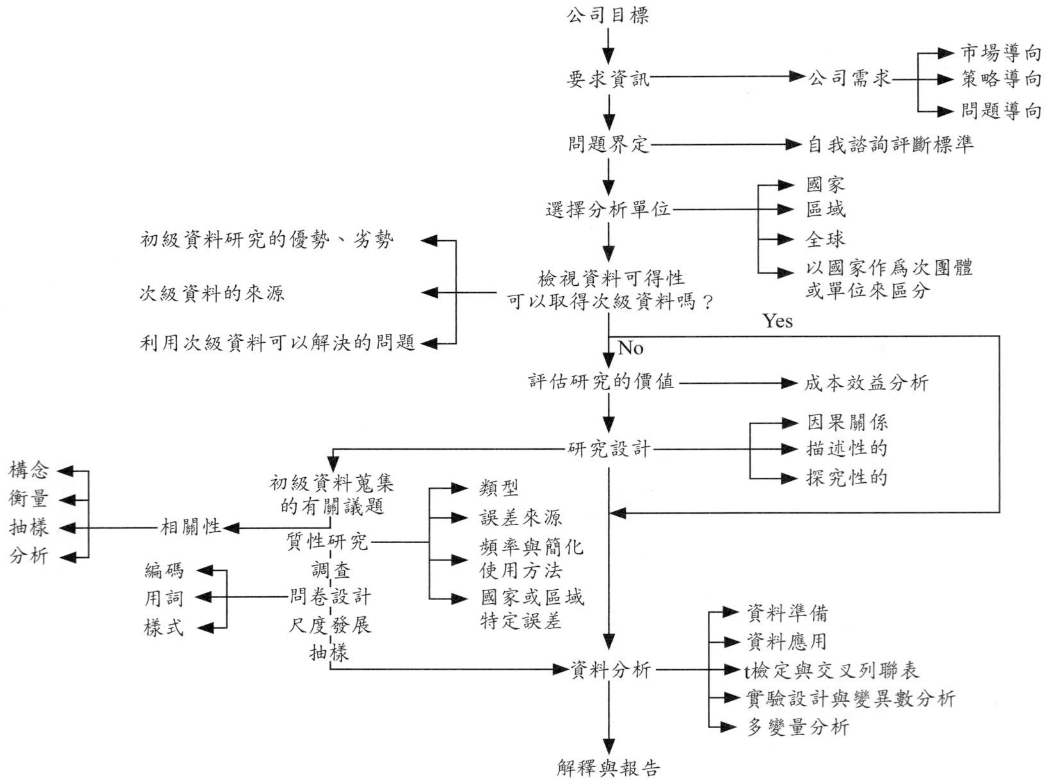

圖3-2　國際行銷研究程序圖

資料來源：林隆儀審閱《國際行銷管理》，2015，頁209。

參考文獻

1. 林隆儀譯，《行銷學——定義、解釋、應用》，Michael Levens著，第二版，雙葉書廊有限公司，2014，頁147。
2. 林隆儀、黃榮吉、王俊人合譯，V. Kumar, David A. Aaker and George S. Day原著，第二版，《行銷研究》，雙葉書廊有限公司，2005，頁61。
3. 同註2，頁62。
4. 同註2，頁66。
5. 林隆儀、商懿勻，〈老年經濟安全保障與理財知識對逆向抵押貸款借款意願的影響——涉入的干擾效果〉，《輔仁管理評論》，2015年5月，第22卷，第2期，頁65～94。
6. 同註2，頁68。
7. 同註5。
8. 同註5。
9. 同註5。
10. 同註2，頁73。
11. 黃俊英著，《行銷研究概論》，第六版，華泰文化事業股份有限公司，2012，頁36～38。
12. 林隆儀審閱，彭信旗、張瑋眞合譯，Warren J. Keegan and Mark C. Green合著，《國際行銷管理》，初版二刷，雙葉書廊有限公司，2015，頁208～235。

第二篇　資料蒐集方法

第4章

行銷研究資料的來源與分類

4.1 前言

行銷研究植基於科學研究方法，科學所講究的是有事實根據，也就是我們所稱「有所本」的研究。所謂「有所本」，除了根據正確而具有代表性的資料之外，還必須蒐集足夠數量的資料爲基礎。滿足這兩個基本要件的資料，所得到的研究結果才有意義，也才有說服力與參考價值。

行銷研究資料可區分爲兩大類，其一是次級資料，其二是初級資料。行銷研究人員通常都會先從次級資料下手，次級資料若不足以達成研究目的，再著手蒐集初級資料。一般而言，行銷研究屬於一種高度複雜性的工作，僅憑次級資料就能達成研究目的者並不多見，通常都採用雙軌式，也就是同時採用次級資料與初級資料，兩者交互使用，更有助於達成研究目的。因此行銷研究人員必須徹底瞭解研究資料的類型，以及資料的來源與蒐集資料的各種方法。

本章將介紹行銷研究資料的類型與特性，幫助讀者對行銷研究資料有深刻的認識，接著討論行銷研究資料的來源，以及蒐集資料的基本方法，爲行銷研究建立良好的基礎。

4.2 次級資料的意義與來源

次級資料（Secondary Data）是指已經存在的現成資料，這些資料是其他研究人員爲了達成他們的研究目的，所蒐集的資料或研究結果（註1）。

每一位研究人員的研究目的都各不相同，所需要的研究資料各異其趣，資料蒐集方法、記錄內容、分組方式、呈現格式、衡量單位……等，也都有很大的差異。由此可知，儘管次級資料來源不虞匱乏，資料量也相當豐富，但是不見得能夠完全符合行銷研究人員的需求，這也是行銷研究人員採用雙軌式，同時蒐集次級資料與初級資的原因。

質言之，次級資料是其他研究人員，爲了解決當前問題以外的目的，由個人或機構所蒐集的資料或研究結果，這是獲得資料最方便，而且成本最低廉的一種方法。次級資料可區分爲內部資料與外部資料兩大類，前者是指公司行銷活動相關資料與紀錄，包括產業資料、銷售資料、顧客資料、市場占有率、銷售成本、財務報表，以及經營分析資料……等。後者是指公司外部的資料，包括政府機關所公布的資料、行銷研究機構所提供的資料、媒體及廣告公司所公布的資料、出版公司所出版的研究資料、利用網際網路可以搜尋到的資料，以及學術論文、研討會論文、期刊所刊登的論文等，不一而足。次級資料的來源很多，如圖4-1所示。

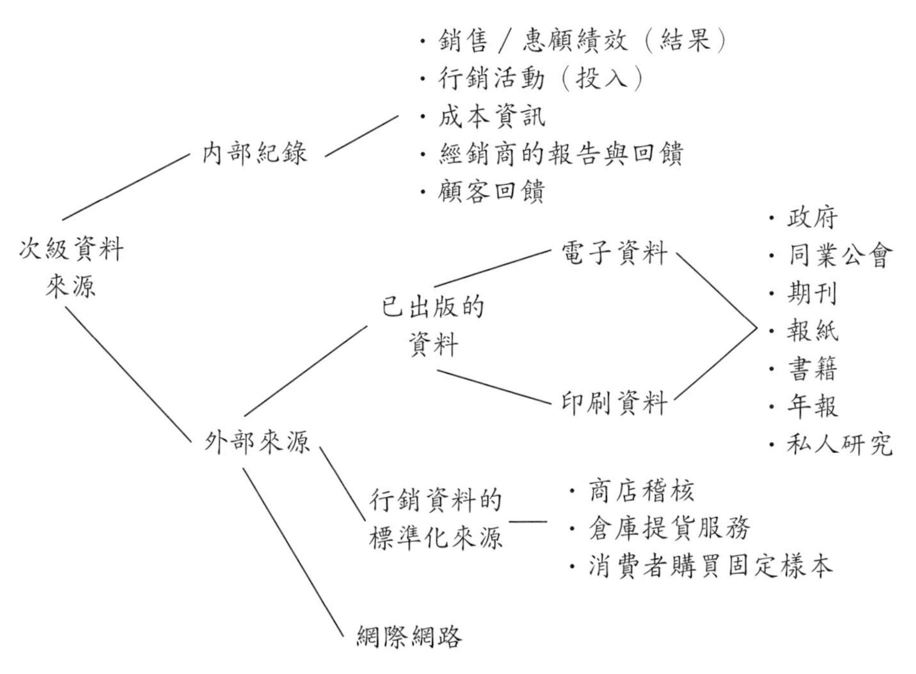

圖4-1　次級資料來源圖

資料來源：修改自林隆儀等合譯《行銷研究》，2005，頁130。

由圖4-1可知，次級資料的數量非常龐大，分散的範圍非常廣泛，有些可以免費取得，有些需要付費購買。行銷研究人員在蒐集次級資料之前，最重要的是要先確認要蒐集什麼資料（What），以及瞭解哪裡（Where）可以蒐集到這些資料，進而學會如何（How）有效的蒐集這些資料。至於蒐集資料的程序，通常都先著手蒐集內部次級資料，再擴大範圍著手蒐集外部次級資料。

4.3　次級資料的分類

行銷研究的次級資料可區分爲兩大類別，第一類是可以從公司內部資料庫，蒐集到與行銷活動相關的內部次級資料（Internal Secondary Data），第二類是從公司以外的機構或個人，所蒐集到的外部次級資料（External Secondary Data）。

公司內部資料庫顧名思義是指公司長期所蒐集，存放在資料庫內的資料，包括代表行銷結果的銷售資料、行銷績效報告、市場資訊、顧客資料、顧客回饋的資料，以及代表行銷資源投入的成本資料。

歷史悠久的公司，資料庫內通常都存放有大量的資料，這就是典型的內部次級資料，行銷研究人員利用資料探勘技術（Data Mining Techniques）或大數據分析技術（Big Data Analysis Techniques），可以精選並蒐集到所需要的資料。

行銷研究人員善用內部次級資料，具有下列的貢獻（註2）：

1. 確認準顧客：根據消費者對公司所刊播廣告的回應，予以分類，可以從中確認目標準顧客，進而提供更多資訊。

2. 決定是否提供特別優惠：根據次級資料分析結果，可以進行售後追蹤，做爲是否提供特別優惠的參考，例如是否要寄送交叉銷售建議方案。

3. 強化顧客忠誠：銘記顧客的習慣與喜好，提供適切的顧客化服務，可以進一步深化顧客忠誠。誠如格上租車公司的廣告所言，「記得您的喜好，是我們的榮幸」。

4. 回應顧客的購買：從顧客資料中找到顧客的特徵，有助於適時回應顧客的購買，例如主動提供生日賀卡、結婚週年賀卡、弄璋或弄瓦賀卡。

5. 避免嚴重的失誤：前事不忘，後事之師，可以有效避免嚴重的服務失誤，例如避免針對公司最佳顧客額外收取服務費。

外部次級資料不言可喻，是指可以從外部蒐集到的現成資料。外部次級資料不但數量龐大，而且分散廣泛，如何有效蒐集到所需要的相關資料，考驗著行銷研究人員的智慧、耐心與整理資料的功力。如圖4-1所示，外部次級資料主要有三個來源。

1. 已經出版的資料：研究機構已經出版並公開的資料，又可區分為電子資料與印刷資料，前者可以從相關網站上查閱，後者編輯成冊，方便查閱與保存，例如政府機關所公布的人口統計資料、經濟發展資料、國際貿易資料，又如經濟部工業局所出版的《生技產業白皮書》、經濟部中小企業處所出版的《中小企業白皮書》、天下雜誌每年所調查的百大企業排行資料、臺灣連鎖加盟促進協會所出版的《臺灣世界連鎖品牌年鑑》。

2. 標準化來源的資料：標準化次級資料顧名思義，是指已經編輯成制式的現成資料。許多研究機構將研究結果整理或編輯成標準化格式，並且公開發表，可供行銷研究人員引用的資料。例如市場調查公司定期所做的商店稽核報告（Store Check Report）、Nielsen消費者固定樣本研究資料、媒體機構及廣告公司所做的電視收視率及電臺收聽率調查報告。

3. 網際網路資料：網際網路無遠弗屆的特性，以及幾乎包羅萬象的特質，讓行銷研究人員可以方便且迅速的蒐集到所需要資料。

4.4 次級資料的貢獻

次級資料有許多不同的用途，至於使用的範圍與深度，完全取決於行銷研究人員的智慧與創見。實務應用上，很少行銷研究能夠完全排除次級資料的使用，甚至有些行銷研究只使用次級資料，使用資料庫資料所進行的研究計畫，就是最好的例子。次級資料的使用範圍廣泛，從小者預測消費者購買行爲的改變，到大者預測經濟發展趨勢、公司經營策略、公眾意見，不一而足。

例如行銷研究人員常使用政府所公布的人口統計資料，確定所要進入市場的人口數與成長率，以及預測該市場規模大小。政府機關常用次級資料做爲制定公共政策的依據；學校以服務學生顧客爲主，最關心的是學生來源的變化，近年來受到少子化的衝擊，許多學校面臨招生不足的窘境，教育部及學校正在積極研擬因應策略；中國大陸於2015年10月29日通過「全面二孩」政策，政府與企業都在關注此一政策的發展與效應。

有些次級資料可用於評估市場績效，例如油電價格上漲，消費者力行節約，蔚爲風氣。健康意識抬頭，消費者重視養生，紛紛改變購買習慣。隨著嬰兒潮時期出生的人口，主宰當前的世界經濟，行銷人員開始有興趣研究X世代及Y世代出生的其他族群（註3）。

行銷研究人員善用次級資料，具有下列的貢獻（註4）：

1. 解決研究問題：可以眞正提供足夠的資訊，解決正在研究的問題。

2. 發展嶄新觀念：次級資料是新觀念非常有價值的來源，這些新觀念可由往後的初級研究獲得。

3. 蒐集資料的先決條件：檢視可用的次級資料是蒐集初級資料的先決條件。

4. 定義研究問題：次級資料可協助定義問題及發展成爲解決問題的

假說。

5. 引導蒐集初級資料：當次級資料不足以解決當前的行銷問題時，需要進一步蒐集初級資料，此時次級資料有助於引導蒐集初級資料。

6. 定義研究母體：次級資料有助於定義研究母體，可做爲蒐集初級資料時選取樣本的依據，以及定義初級研究的參數。

7. 資料比較的準則：效度與信度在研究過程中扮演重要的角色，次級資料可做爲比較初級資料之效度與信度的參考基礎。

4.5 次級資料的優點與缺點

次級資料雖然是已經存在的現成資料，卻是行銷研究人員可以迅速且方便蒐集到，做爲建構研究理論基礎的基本資料，其中有些資料甚至是該項資料的唯一來源，常非一般研究人員有能力自行調查，例如政府所公布的各項統計資料，不但具有公信力，而且是行銷研究人員可以直接引用的珍貴資料。次級資料具有下列優點（註5，註6）：

1. 相較於初級資料，蒐集次級資料的成本相對低廉。
2. 快速獲得資料的有效方法。
3. 獲得資料較爲省事的方法。
4. 獲得資料較爲省時的方法。
5. 幾乎可以蒐集到所需要的任何資料。
6. 次級資料有時比初級資料更精確。
7. 可以從次級資料的當前課題、趨勢、績效中，強化初級資料。
8. 有些資料只能從次級資料中獲得。
9. 達成行銷研究目標不可或缺的資料。

如前所述，次級資料是其他機構或個人研究的結果，研究的目的與方法各不相同，不見得能夠滿足行銷研究人員的需求，因此潛藏有若干缺點。次級資料具有下列缺點（註7，註8）：

1. 爲其他目的而蒐集的資料，不見得能滿足研究人員的需求。
2. 行銷研究人員對資料蒐集沒有控制力。
3. 有些次級資料的精確度不高。
4. 次級資料的報告格式可能不符行銷研究人員的需要。
5. 次級資料有過時之虞。
6. 次級資料的內容可能不符所需。
7. 行銷研究人員引用時需要做某些假設。
8. 變數衡量單位與行銷研究人員的衡量單位可能不一致。
9. 變數衡量單位可能不符所需。
10. 次級資料的定義與分類可能不同。
11. 行銷研究人員不易評估次級資料的可信度。

4.6 次級資料的評估

由以上的討論可知，行銷研究人員幾乎無可迴避使用次級資料，加上次級資料各有其優點與缺點，應用之妙的關鍵在於資料的評估。次級資料評估旨在檢視所要引用資料的品質，做爲是否引用的準據。行銷研究人員評估次級資料時，可以掌握下列6W2H原則，以回答問題的方式，逐一進行檢視。

1. 誰做的研究（Who）：次級資料最可貴的是公信力與可信度，因此檢視由哪個機構或個人所做的研究，成爲很重要的一個指標。聲譽愈良好的機構，所公布的次級資料參考價值愈高；聲望愈高的個人所做的研究，愈具有引用價值。

2. 為誰做的研究（Whom）：組織機構或個人自行做的研究嗎？若是委託研究，則委託研究者是誰，是企業機構或個人嗎？回答這個問題有助於判斷該研究的重要性，以及次級資料的參考價值。

3. 為何做研究（Why）：檢視為何做研究，可以瞭解該研究的動機，進而判斷此一次級資料和行銷研究人員所要研究的問題是否具有相關性。

4. 研究的主題（What）：即使所蒐集到的資料品質可以接受，也常常遇到不容易使用，或不符所需的情況，例如所採用的年齡、所得，分組的差異很大。檢視研究題目及研究內容，可以瞭解次級資料是否符合所需。

5. 何時做研究（When）：次級資料愈時新，愈具有參考價值。檢視何時進行的研究，可以判斷該次級資料是否保持時新，而不致有過時之虞。

6. 何處做研究（Where）：研究地理範圍可能擴及國外，也可能只在國內，甚至只侷限在國內某一個城市。檢視在何處做研究，可以瞭解次級資料的吻合性。

7. 如何做研究（How）：檢視所蒐集次級資料所使用的研究方法，包括所使用的問卷、抽樣方法及樣本數、問卷回收率、資料分析及檢定方法等，有助於判斷該次級資料的品質及其參考價值。

8. 花費多少時間（How Long）：行銷研究有一時間範圍，長者可能長達半年或三個月，短者可能只有一個月，甚至更短。檢視研究時程長短，可以瞭解研究的嚴謹程度，進而判斷資料的參考價值。

Malhotra（2010）與黃俊英（2012）主張從下列六個準則評估次級資料的可用性（註9，註10）。

1. 研究設計／方法論：檢視研究的方法論，可以瞭解偏差的來源，評估研究設計，有助於瞭解所提供資料的效度與信度，以及一般化的能力。

2. 誤差大小／正確性：次級資料會有許多誤差或不確定來源，包括研究設計、抽樣方法、資料蒐集與分析方法，每一階段都可能出現誤差。檢視次級資料誤差來源及其大小，可以判斷資料的正確性。

3. 時間落差／時效性：次級資料和行銷研究人員所要進行的研究，存在有一定程度的時間落差，檢視次級資料的時間落差，有助於瞭解資料的時效性。

4. 資料蒐集／目的性：研究人員蒐集資料都有其目的，檢視次級資料的研究目的，有助於判斷該次級資料是否符合所需。

5. 研究性質／內容性：檢視次級資料的性質與內容，例如研究變數的操作性定義與衡量方法，可以判斷該次級資料與行銷研究人員所要研究的吻合性。

6. 可靠程度／一致性：檢視次級資料來源的專業性、可信度、聲譽，可以判斷該次級資料的可靠程度與參考價值。

儘管次級資料普遍被採用，行銷人員在使用之前，仍然需要審慎評估。尤其是蒐集自網際網路的資料，不僅品質水準不一，而且落差很大，行銷研究人員使用時必須特別謹慎。Burns and Bush（2012）建議行銷研究人員可藉由自問下列五個問題，評估次級資料的參考價值（註11）。

1. 次級資料的研究目的為何？

任何研究都有其目的，但是次級資料使用者對該項研究的眞正目的，可能一無所知，以致常陷入盲目引用的現象。評估次級資料的使用價值時，最重要的是檢視其眞正的研究目的。

2. 研究資料由誰負責蒐集？

即使次級資料的研究目的宣稱沒有研究偏差，還是需要確認資料蒐集者的組織能力，因爲每個人的組織能力各不相同，包括應用研究資源、管理研究品質的能力、請教研究經驗豐富者、檢視該項研究報告、向曾引用該次級資料者請益，都有助於確認該項研究資料由誰負責蒐集。

3. 研究者蒐集到什麼資料？

如前所述，和行銷研究主題相關的次級資料數量龐大，分散廣泛，但是這些研究的變數如何衡量？研究結果的意涵與影響有何實務參考價值？檢視研究者蒐集到什麼資料，不但可以回答這些問題，進而確認次級資料的參考價值。

4. 研究者向誰蒐集資料？

行銷研究人員在評估次級資料時，必須釐清研究者蒐集資料的方法與資料來源，例如抽樣對象、樣本數大小、問卷回收率、衡量的效度。蒐集初級資料有許多不同的方法，每一種方法都會影響所蒐集資料的品質，最重要的是抽樣對象的正確性，向正確對象蒐集的正確資料，才有參考價值可言。

5. 資料來源之間是否具有一致性？

相同的次級資料，可能被許多組織或個人提出不同用途的報告，這是評估次級資料的絕佳途徑。不同的組織或個人，就相同的研究提出報告，更有助於確信該次級資料的效度與信度。

次級資料有許多種不同來源，每一種來源的資料各有其特點，評估次級資料的準則，旨在幫助行銷研究人員判斷資料的效度與信度，進而決定選擇最適合的方法，有效達成研究目的。

4.7 初級資料的意義與分類

行銷研究人員常會遇到光靠次級資料，難以竟研究全功的時候，以致在完成次級資料蒐集、整理、分析後，需要進一步自行蒐集初級資料。初級資料（Primary Data）是指行銷研究人員爲特定研究目的與計畫，自行發展或蒐集的第一手資料。

蒐集初級資料有許多不同的方法，包括量化研究方法（Quantitative Research Method）與質化研究方法（Qualitative Research Method），有些公司或個人專精於質化研究方法，有些偏好量化研究方法，大多數同時採用這兩種研究方法。行銷研究實務上，爲了擷取質化研究方法與量化研究方法的優點，常常結合兩者一起使用，這種研究方法稱爲多元研究法（Pluralistic Research Method）（註12）。

量化研究方法又稱調查研究法（Survey Research Method），顧名思義是指研究過程與結果都可以用數量表示者，包括資料呈現的方式與來源、資料蒐集與整理方法，以及研究程序等。例如利用事先設計的結構式問卷，向眾多受訪者蒐集初級資料，所蒐集到的資料利用科學的統計方法，經過資料整理、分析後，研究結果可以用具體而精確的數量呈現。質言之，量化研究方法的目的非常具體，研究結果旨在提供行銷長精確的數據，做爲下定行銷決策的準據。

質化研究方法是指研究過程與結果，只能以文字描述方式呈現，無法採用具體數據表示者，例如觀察消費者的舉止言行、蒐集資料、進行分析，然後提出合理解釋，目的是要發現消費者心裡在想些什麼，以便對消費者的觀點有一初步概念。近年來許多學者發展出質化資料數量化的技術，將經過解釋後的質化研究資料轉換成數量形式，以便更容易判讀，例如訪問消費者對購買行爲的描述，答案選項設計爲「可能會購買」、「不會購買」、「看情況而定」，將抽象的質化行爲予以數量處理，這種方法愈來愈普遍被採用。

4.8 初級資料的優點與缺點

如前所述，次級資料有其優缺點，初級資料也有其優點與缺點，行銷研究人員瞭解這些優缺點，有助於決定蒐集什麼資料的決策。初級資料是行銷研究人員自行蒐集的，具有下列優點。

1. 資料內容符合研究的需要。
2. 資料時新可解決研究問題。
3. 衡量單位切合研究的要求。
4. 數據分組與級距迎合研究的特定需要。
5. 可以明確辨識研究所需的正確樣本。
6. 可以確實掌握研究時效。
7. 確實按設計內容執行研究計畫。
8. 避免資料解讀偏差的問題。
9. 務實訪問，可以確實接觸到所要訪問的對象。
10. 可以嚴守研究倫理，贏得好評。

儘管初級資料具有許多優點，相對而言也有若干缺點，一般而言，初級資料潛藏有下列缺點。

1. 研究人員自行蒐集資料，耗費時日甚長。
2. 蒐集初級資料需要投入相當人力與成本。
3. 訓練專業訪問人員相當不容易。
4. 蒐集資料的現場管理相當困難。
5. 資料分析需要專業的科學技術。

6. 常常會出現資料解釋偏差現象。

7. 透過訪員訪問時，容易出現研究倫理問題。

8. 透過訪員訪問時，常出現問卷填答不完整現象。

4.9 蒐集有價值的資料

次級資料需要評估資料品質、時效與適用性問題，同樣的道理，蒐集初級資料之前，行銷研究人員必須要有一套完整的構想與計畫，然後再依序進行蒐集工作，確保所蒐集的資料都是有價值的資料，確認所蒐集的資料都有助於解決當前所遭遇到的問題。本著「第一次就把對的事情做到盡善盡美」境界的精神，把初級資料的優點發揮得淋漓盡致，避免出現初級資料的缺點，這樣一來不但可以提高資料的品質，同時也可以提高研究的效率與效果。初級資料要做到這種境界，同樣可以應用前述6W3H原則，逐一檢視。

1. What：首先確認要蒐集什麼資料，才不會迷失研究方向。

2. Why：爲何要蒐集這些資料？確保資料的有用性。

3. Who：由誰負責蒐集？自行蒐集或有其他人協助蒐集。

4. Whom：向誰蒐集？確認資料蒐集的對象，才能蒐集到有價值的資料。

5. Where：到何處蒐集資料？對資料來源必須先有清楚的概念。

6. When：何時蒐集資料？以此做爲規劃研究時程的依據。

7. How：如何進行資料蒐集工作？確定資料蒐集的方法。

8. How Long：蒐集資料需要有明確的時間，才能及時解決問題。

9. How Much：蒐集資料不是免費的小差事，評估蒐集資料需要投入多少成本？

4.10　本章摘要

行銷研究所需要的資料很多，包括次級資料與初級資料，行銷研究人員通常都先從次級資料下手，若有必要再著手蒐集初級資料。本章聚焦於討論行銷研究資料的來源，首先論述次級資料的意義、來源、分類、貢獻，分析其優點與缺點，介紹評估次級資料的各種方法，幫助行銷研究人員選擇適合的方法。其次介紹初級資料的意義與分類，分析其優缺點，以及利用6W3H方法，確保所蒐集到的都是有價值的資料。

行銷研究人員瞭解次級資料的來源與蒐集方法，務實蒐集、適切篩選；熟諳初級資料的蒐集要領，確實蒐集所需要的資料，兩者雙管齊下、相輔相成，當可迎刃而解所遭遇到的行銷問題。

至於行銷研究初級資料蒐集方法的詳細論述，包括質化與量化方法，各有明確的意義與豐富的內涵。絕大部分行銷研究都涉及初級資料的使用，通常都由行銷研究人員發展出蒐集初級資料的各種方法，屬於行銷研究的重頭戲，因此本書規劃另闢專章論述，安排在第5章詳細討論。

參考文獻

1. Burns, Alvin C., and Ronald F. Bush, *Basic Marketing Research: Using Microsoft Excel Data Analysis*, 3rd Edition, Pearson Education, Inc., New Jersey, USA, 2012, p.130.
2. 同註1，頁131。
3. 同註1，頁130。
4. 林隆儀、黃榮吉、王俊人合譯，Kumar V., David A. Aaker and George S. Day原著，《行銷研究》，第二版，雙葉書廊有限公司，2005，頁131。

5. 同註4，頁131。

6. 同註1，頁132。

7. 同註4，頁131。

8. 同註1，頁134。

9. Malhotra, Naresh K., *Marketing Research: An Applied Oriented*, 6th Edition. Upper Saddle River, New Jersey: Pearson Education, 2010, p.133～136.

10. 黃俊英，《行銷研究概論》，第六版，華泰文化事業股份有限公司，2012，頁64～65。

11. 同註1，頁135～136。

12. 同註1，頁115。

第5章

行銷研究常用的方法

5.1 前言

行銷研究人員完成資料蒐集之後，接下來就要進行實質的研究工作，也就是應用科學方法進行資料整理、分析、檢定、解釋等後續工作，進而提出解決當前所遭遇到行銷問題的解決方案。

研究方法有多種類型，這些方法類型和第4章所討論的資料蒐集方法有密切關係，可以區分為兩大類：質化研究方法與量化研究方法，每一類別各有許多種方法。本章將介紹實務上最常被使用的方法，質化研究方法包括觀察法、焦點團體法、深度訪問法、個案研究法；量化研究法包括人員訪問法、電話訪問法、郵寄問卷訪問法、網際網路訪問法，至於其餘方法請讀者參閱其他研究方法書籍。

行銷研究人員徹底瞭解這些常用的研究方法，熟悉各種方法的意義、適用場合、應用要領，以及比較其優點與缺點，有助於選擇合適的研究方法，順利達成研究目的。

5.2 質化研究法概述

質化研究法雖然沒有用數據呈現研究結果，僅以文字描述，但是在探索消費者的行為意向方面卻有很大的助益，在行銷研究實務上常扮演不可或缺的先期研究角色。質化研究可細分為多種方法，包括觀察法、焦點團體法、深度訪問法、個案研究法、字彙聯想法、第三者技術法、投射技術、測驗完成法、圖像解析法、角色扮演法、同理心訪問法、人種誌研究法，不一而足。前四種是行銷研究實務上最常被採用的方法，本章將介紹及討論這四種方法。

質化研究法（Qualitative Research Method）包括一系列的分析與解釋技術，旨在尋求能夠描述、解碼或轉譯，以解釋在現實社會現象中，並非經常出現之事件發生的原因（註1）。質化研究方法用在行銷研究上，可以幫助行銷研究人員，掌握消費者活動及關注的範圍和複雜性，目的是要發現消費者心裡在想些什麼，進而對他們的觀點有一個初步概念（註2），通常用在資料蒐集階段與資料分析階段，深入瞭解研究標的狀況，尤其是在瞭解消費者的感受、情緒、知覺、消費者「語言」、自我描述行爲等方面，特別有效（註3）。

質化研究法不像量化研究法具有高度結構性，但是卻比量化研究方法更深入，與受訪者接觸的時間更長，互動更具有彈性，因此所蒐集到的資料更豐富，研究結果更有深度。例如在發覺消費者購買動機，或爲何不願意購買某項產品時，利用深度訪談法或焦點訪問法，從反覆訪談及受訪者侃侃而談中，往往可以挖掘到消費者眞正的購買動機，或不願意購買的眞實理由。

質化研究法的適用場合非常廣泛，無論是用在企業功能研究，例如生產、行銷、人力資源、研究發展、財務……等，或是執行管理功能研究，例如規劃、組織、用人、領導、控制，質化研究法常常肩負研究先鋒的角色。行銷研究實務上，在定義問題、建議、在後續研究中做驗證式假設，包括孕育新產品或服務觀念、提出問題解決方案、發展產品特性、發想廣告概念、提出促銷構想、預試結構性問卷，以及零售設計、銷售分析時，質化研究總是發揮探索性研究的功能。

質化研究方法雖然廣被採用，但是實務上仍潛藏有若干限制，例如：(1)樣本缺乏代表性；(2)是否適宜不無疑問；(3)信度與效度無法令人信服；(4)優秀主持人及訪員不易找尋；(5)個人偏見難以避免；(6)主觀意見缺乏客觀性；(7)如何進行研究，尚無一定規範，研究結果的解釋不易讓人理解。

5.3　觀察法

觀察法（Observation Method）是指研究人員利用敏銳的觀察力，觀察受訪者的行爲舉止，取代互動或溝通方法，進而蒐集相關資料的一種研究方法。觀察法的前提要件必須是有某一行爲發生，例如消費者購買某一品牌產品或接受某一項服務，藉由觀察該行爲的一種研究方法。雖然只是觀察消費者的行爲，但是仍然需要有嚴密的結構化設計，也就是需要提出一份觀察紀錄表，才能有系統的蒐集到所要的資料。觀察法包括：(1)直接與間接觀察法；(2)結構與非結構觀察法；(3)僞裝與不僞裝觀察法；(4)人員與機械觀察法（註4）。

1. 直接與間接觀察法

直接觀察法（Direct Observation）是指行銷研究人員觀察正在發生的消費行爲。例如在食用油及醬油連續出現食品安全問題時，行銷研究人員最感興趣者，莫過於想要瞭解家庭主婦們選購食用油及醬油的行爲。此時最簡單的方法就是親自到賣場直接觀察她們的購買行爲。

直接觀察法可再區分爲定點觀察與定時觀察，前者是指到選定的觀察地點觀察消費者的購買行爲，後者是指按照選定的時間點，到賣場觀察消費者的購買行爲。爲求觀察樣本具有代表性，觀察地點通常都避免集中某一處，觀察時間點也分散在上午、下午、晚上等時段。

作者在企業服務期間，連續八年帶領行銷部門同仁，有計畫的分赴全國各縣市零售店進行市場訪查（Store Check），直接觀察公司產品的鋪貨狀況、銷售情形、服務情形，以及競爭品牌鋪貨、服務與銷售狀況，掌握第一手資料，然後和當地經銷商討論及交換意見，提供改善建議，獲得非常良好成效。

人們的行爲帶有隱藏性，不容易從直接觀察中觀察到，需要採用間接觀察法（Indirect Observation）。此時行銷研究人員所觀察的是行爲的結果，而非行爲本身，可以查閱歷史資料中的紀錄、次級資料，或觀察活動的實際軌跡，例如產品銷售及存貨紀錄資料、新百貨公司開幕時顧客排隊進場情形、賣場出入口地板磨損情形、觀察高速公路休息站及風景區垃圾桶內飲料空瓶或空罐，都可以推知產品或商店受歡迎的程度。

2. 結構與非結構觀察法

結構觀察法（Structured Observation）是指行銷研究人員事先做好功課，設計一份完整的結構性觀察表，逐項觀察消費者的行爲，並一一記錄之。這種方法有一標準化表格可循，多人同時進行觀察時不致出現南轅北轍的情況，所觀察資料的可靠性也比較高。

非結構觀察法（Unstructured Observation）是指行銷人員根據自己的觀察，記錄所觀察到的現象。由於每個研究人員觀察的重點與結果可能不盡相同，這種方法比較不適合多人同時進行研究的場合。

3. 僞裝與不僞裝觀察法

僞裝觀察法（Disguised Observation）是指行銷研究人員扮演神祕購買者，默默觀察被觀察者的消費行爲。因爲被觀察的消費者不知道他們的行爲正在被觀察，所表現出來的行爲不受干擾，所以可以蒐集到眞實的購買行爲，但是常被視爲是一種不道德的觀察法。僞裝觀察法被歸類爲不道德，主要觀點有：(1)觀察者很在意洩漏他們的身分；(2)研究人員不能引發反應或行爲；(3)行銷人員不可能在現場做記錄（註5）。

不僞裝觀察法（Undisguised Observation）是指行銷人員進行觀察時，讓被觀察者知道他們正在被觀察。被觀察者已經知道他們的購買行爲正在被觀察，雖然沒有道德問題的爭議，但是所表現出來的行爲可能不是眞實的，這是美中不足的地方。許多日用品生產廠商派出研究人員穿著公司制服，在各大賣場觀察消費者的購買行爲，就是採用不僞裝觀察法。

4. 人員與機械觀察法

人員觀察（Human Observation）是指利用人員觀察被觀察者的行爲，蒐集所需要的資料。例如市調公司常派出行銷研究人員在街頭觀察來往的人潮，做爲選擇商店地點的根據；又如食品生產廠商的行銷研究人員，經常在各大賣場觀察消費者購買行爲，蒐集公司及競爭產品的銷售狀況，都是人員觀察法的應用。

機械觀察（Mechanical Observation）是指利用機器、儀器或電子設備，取代人員觀察，記錄被觀察者的行爲。拜科技進步之賜，計數器、照相機、自動答錄機、錄影機、掃描器、電視節目收視自動記錄器……等，紛紛被應用於行銷研究上，這些機械設備可以做到不偏不倚，忠誠的蒐集到消費者的行爲。

5.4　焦點團體法

焦點團體法（Focus Group Interview, FGI）是指集合一個小團體，由一位訓練有素的主持人負責引導，採用非結構式、自動自發的討論，針對行銷問題提出意見或解決方案，蒐集與行銷研究相關資料的方法（註6）。這種方法顯然是一位主持人，面對多位參與者的一種訪問法，多人相聚可以發揮互相激發與刺激作用，產生比較多構想，常被用來激發新觀念與有意義的評論。

焦點團體法旨在鼓勵參與成員踴躍提供意見，主持人必須引導參與成員集中針對討論的問題發表意見，避免偏離主題，所以稱爲「焦點」團體。焦點團體被使用得非常普遍，根據Last and Langer（2003）的研究，廠商投入在質化研究的總金額中，焦點團體占了85%到90%（註7）。

焦點團體法進行方式可區分爲兩種：傳統方法與非傳統方法。傳統焦點團體法（Traditional Focus Group）包括6到12位成員，聚集在一個會議室內，進行大約2小時的討論。近年來資訊及通信技術發達，透過網路會談的非傳統焦點團體法（Nontraditional Focus Group）興起，參與者利用電腦，遠距離參與討論，人數可以更多，討論時間也可以更長。

焦點團體法參與成員互相激發，對產生嶄新構想的助益，包括：(1)具有綜效作用；(2)具有滾雪球效果；(3)鼓勵提供寶貴意見；(4)毫無拘束的自發性發言；(5)在融洽氣氛下進行，參與者具有安全感。主持人扮演焦點團體法靈魂人物的角色，但是要找到優秀而勝任的主持人並不容易，成員的挑選也必須審愼，此外尙有美中不足之處，例如：(1)成員常不是具有代表性的樣本，他們所提供的意見需要再經過一般化的精煉；(2)討論所獲得的結果常不容易解釋，主持人所做的結論常基於個人主觀的評估；(3)會談成本高昂，焦點團體法所投入的成本占質化研究方法很高的比例（註8）。

作者曾應邀參與新車設計構想的焦點團體活動，該活動邀請最近準備購買新車的六位準顧客參與討論，由一位經驗豐富的專業人士主持，主持人有計畫的提問新車設計的相關問題，不斷出示新車設計概念圖片與照片，請參與者發表各自的意見，現場有專業人員記錄發言狀況與意見，所蒐集的資料與意見，做爲發展與修正汽車設計的重要參考。

當行銷研究的目的是要描述行銷狀況，而非進行預測銷售時，焦點團體法是絕佳的選擇。例如公司想要瞭解行銷溝通效果、使用什麼語言和顧客溝通、廣告活動有何嶄新構想、最近發展的嶄新服務是否具有吸引力及如何改善、如何改善產品包裝等，焦點團體法都可以派上用場。焦點團體法受限於成員的代表性，所獲得的結論需要再精煉，尤其是行銷研究的目的是要預測市場規模時，焦點團體法就不是很靈光的方法了。

焦點團體法在激發人們的新構想，聽取消費者意見方面非常有效，因此普遍被採用。焦點團體法有其獨特的優點，也潛藏有若干限制，所以廠商在使用時必須審慎思考，妥善規劃。焦點團體法的關鍵成功因素有六：

1. 審慎規劃議題：議題是討論的焦點，規劃適當的議程，設計正確的議題，有助於使整個討論有高度的聚焦，並在預定時間內獲得所期望的結果。

2. 慎選參與人士：邀請和討論議題相關的人士，選對對象才能進行討論，事前告知所要討論的議題，讓受邀者胸有成竹的參與討論，暢所欲言。

3. 精明的主持人：主持人是焦點團體的靈魂人物，無論是鼓勵發言、激發創見、重述及歸納意見、出示圖片、資料的時機與技巧，都會影響討論的成效。

4. 分析與解讀能力：焦點團體所獲得的資料必須精煉才具有可行性，所謂精煉就是要具有高度的敏銳分析、正確歸納、不偏不倚，以及合理解讀的能力。

5. 安逸舒適的場所：安逸舒適的會場，不僅讓參與者有著安全感，溫馨的布置、柔和的燈光，也讓參與者潛意識感受到，這是一個可以暢所欲言的地方。

6. 輕鬆活潑的氣氛：應邀參與討論者可能互不相識，此時主持人必須營造輕鬆活潑的氣氛，激發熱烈討論，提供寶貴的創見。

5.5 深度訪問法

深度訪問法（Depth Interview）又稱爲個人深度訪問法（Individual in-Depth Interview），顧名思義是採用一對一、面對面的一種訪問方式，由一位訓練有素的訪問人員，針對所要解決的問題，深入訪問受訪者的見解與意見。深度訪問法可區分爲兩種方式：半結構式（Semistructured）與非引導式（Nondirective），前者採用包含主題與次要領域的特定題目，試圖蒐集受訪者的意見與相關資料；後者由主持人針對所要訪問的主題，逐一引導受訪者回答（註9）。

深度訪問法的訪問地點有很大的彈性，只要受訪者同意，幾乎任何地點都可以，包括受訪者的辦公室、家裡，以及咖啡廳、速食店、飯店、機場等公共場所，目的是要在輕鬆愉快的情況之下，獲得受訪者無拘無束的評論與意見，協助行銷研究人員從多方面思考問題解決方案。

行銷研究人員在執行深度訪問時，儘管有多種詢問方式，下列三種試探技術最被廣泛應用（註10）：

1. 抽絲技術（Laddering）：例如詢問的問題從產品特性延伸到使用者特性，此時引用資料庫資料是個絕佳的起始點。

2. 隱藏問題詢問技術（Hidden-Issue Questioning）：訪問焦點不在於社會的共同價值觀，而是集中於和受訪者切身相關的問題，也不是一般生活型態與習慣的問題，而是個人內心深層的感受。

3. 象徵性分析技術（Symbolic Analysis）：例如採用相反的事物做比較的方式，分析事物的象徵性意義。

深度訪問法有許多優點，在訪問者耐心且有技巧的詢問之下，可以蒐集到豐富、有深度、有意義的資料，而不只是獲得「是」或「否」的意見，對洞悉消費者行爲大有助益。深度訪問法也有若干缺點，例如欠缺結構性程序，訪問者擁有很大的揮灑空間，除非是經過嚴謹訓練的訪問者，否則所獲得的結果對解決問題可能幫助有限。

深度訪問法和前述焦點團體法，除了訪問方式不同之外，尚有許多差異，這兩種方法的比較如表5-1所示（註11）。

表5-1　焦點團體訪談和深度訪談比較表

	焦點團體訪談	深度訪談
團體互動	團體互動出現，可相互刺激新觀念。	無團體互動，由訪問人員來刺激受訪者的新觀念。
團體／同儕壓力	團體的壓力和刺激可澄清及挑戰思考。 同儕壓力及角色扮演可能發生，可能在解釋時產生混淆。	無團體壓力，受訪者的思考沒有受到挑戰。 只有一個受訪者，角色扮演降低，也沒有同儕壓力。
受訪者競爭	受訪者互相爭取時間發言。 在無競爭環境下，比較沒什麼時間從每位受訪者身上獲得深入的資訊。	訪問人員與個人單獨相處，可以表達想法，有較多時間獲得詳細資訊。
影響	在一個團體內的反應，可能受到其他團體成員的「污染」。	只有一個受訪者，沒有受其他人影響的可能。
主題敏感性	如果主題敏感，受訪者在其他幾個人面前可能無法暢所欲言。	如果主題敏感，受訪者可能更願意談。
訪問人員疲累	一位訪問人員在同一個主題下，可以輕易的做好幾個團體，而不覺得疲累或厭煩。	如果需要許多個別面談時，訪問人員疲累或厭煩會是個問題。
資訊量	在短時間內，可以相當低的成本獲得相當大量的資訊。	可以獲得大量資訊，但須花時間來取得及分析結果，因此成本相當高。
刺激	可資利用的刺激素材有些受限。	可資利用的刺激素材相當多。
訪者排程	要組成8到10人的受訪團體可能會有困難，如果其中包含類似忙碌主管之類難招募的人。	個別面談較容易規劃。

資料來源：林隆儀等合譯《行銷研究》，2005，頁228。

5.6 個案研究法

自從美國哈佛大學創設個案教學法後，掀起一陣個案研究風潮，於是個案研究法普遍被應用到許多不同領域，包括在行銷研究領域也應用得可圈可點。

個案研究法（Case Study）是指針對一個實際的單一情境，進行詳盡描述與分析的研究方法。行銷研究人員常選擇類似當前所要解決的問題，在某一或某些情境下的既有資訊，檢視或研究解決的對策。例如行銷研究人員從公司手冊、財務報表、銷售資料，以及報章、雜誌報導資料，配合觀察法及焦點訪問法所蒐集到的資料，進行綜合性的分析與解讀，從不同觀點提出問題解決方案。

個案研究的目的是在訓練行銷研究人員的思考與邏輯能力，以便從不同角度發展多重解決方案。個案研究通常都沒有固定不變的答案，因此在激發可能的決策方案方面大有助益，所以被使用得非常普遍。行銷及其他領域大多數教科書，每章章末都提供和該章內容有關的個案研討資料，訓練學生從研討與練習中深化學習效果。學生們為了要解決此個案，除了融會貫通該章內容之外，還需要蒐集許多其他資料，發揮創意的提出解決對策。

一般而言，社會科學相關問題的解決途徑，都不是單一的，而是從許多不同方案中，選擇一種最佳或最適方案的過程。例如公司要拓展國外市場，並非只有外銷一途，除了外銷之外，也可以採取代理、授權、特許授權、策略聯盟、合資、獨資等方式，每一種方式各有其優點與缺點，端視公司資源、能耐、產品特色、市場規模、當地需求與消費水準等條件而定。企業實施個案研究時，通常都採用分組討論方式，各組針對同一個案，從不同角度討論解決對策，然後綜合各組討論結果所提供的創見，精煉成為所要採行的對策。

科學研究方法通常都有一定的原則與程序，個案研究是科學研究方法之一，解個案也有如下程序可循。

1. 現狀描述：我們常說「找對問題，等於解決了一半」，現狀描述的目的是在掌握問題的全貌，行銷研究人員精準的掌握當前遭遇到的行銷問題，才能對症下藥，發展可行的解決方案。

2. 發展備選方案：解決問題常有多種途徑，因此需要利用腦力激盪技術，發展多種可能的備選方案。此一階段可以盡情發揮研究人員天眞而活潑的創造力，備選方案愈多愈好，暫時不要批評，也不要顧慮可行性，熱情奔放的暢所欲言，如此才能發展出具有創意的解決方案。

3. 分析備選方案：針對上一階段所發展的備選方案，逐一審愼評估其優點與缺點，採用如表5-2所示的備選方案分析表，盡可能以條列方式列出各方案的優點與缺點，並將分析結果呈現在分析表上。

表5-2　備選方案分析表

	優點	缺點
方案A		
方案B		
方案C		
方案D		
方案E		

4. 選擇決策方案：從各備選方案的優缺點分析表中，可以逐一比較及評估方案的適合性與可行性，進而從中做抉擇，選擇最適合採行的方案。此階段的要領在於選擇優點最多、缺點最少，而且最具有可行性、最足以達成目標的方案。

5. 執行方案：將選定的方案付諸實施，務實執行，期能達成目標。個案研究過程中常受到時效的限制，難以實際執行所選擇的方案，爲顧及研究程序的完整性，雖然不見得都有機會將選擇的方案付諸實施，此一動作仍然需要交代。

6. 評估成效：方案實施後必須緊接著檢討執行結果，評估成效。如同上一階段，個案研究不見得有機會評估績效，此一動作仍然需要有所交代。

5.7 量化研究法概述

量化研究法（Quantitative Research Method）顧名思義是指以具體而精確的數字測量研究標的，更符合科學精神的一種研究方法。例如研究消費者對新產品的態度、喜好程度、購買意願高低，衡量消費者對廣告訴求的偏好程度、記憶程度、激起購買行動的強弱等。

量化研究法以具體數據呈現研究結果，因此廣泛被採用在各領域的研究。行銷領域許多議題的研究，都希望輔之以具體的佐證數據，所以絕大多數都採用量化研究法，甚至是唯一的方法。爲了要蒐集量化資料，量化研究法通常都會根據所要蒐集的資料設計訪問問卷（或稱調查問卷），執行資料蒐集工作，然後將所蒐集到的資料進行編碼、整理、分析、檢定等工作，最後提出結論、解釋、應用。行銷研究最常使用的量化研究法，包括人員訪問法、電話訪問法、郵寄問卷訪問法、網際網路訪問法、問卷留置法、傳眞訪問法、電子郵件訪問法、混合訪問法、實驗設計法，以及新興的其他通訊方法，不一而足。這些方法統稱爲訪問法，尤其是前四項被採用得最普遍，本章將逐一討論這四種訪問法。

無論採用哪一種量化研究法，它們的共同特徵都是採用問卷做爲蒐集初級資料的工具，因此問卷設計就成爲量化研究不可或缺的一環，問卷設計的方法將在本書第六章討論。訪問法可以根據訪問方式，分爲直接訪問與間接訪問二種，所使用的問卷屬於結構性或非結構性，區分爲四種類型，如圖5-1所示。

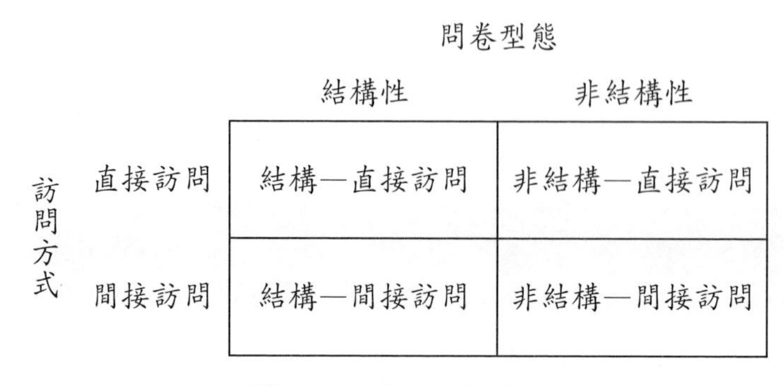

圖5-1　訪問的類型

1. 結構—直接訪問：行銷研究人員使用結構性問卷，不隱藏研究目的，按照問卷上的問題及順序，直接詢問受訪者，或請受訪者勾選合適答案，蒐集所需要的資料。

2. 非結構—直接訪問：行銷研究人員沒有使用結構性問卷，不隱藏研究目的，在輕鬆訪談的情境下，直接詢問受訪者對某一議題的見解或意見，同時記錄受訪者所回答的資料。

3. 結構—間接訪問：行銷研究人員設計一份隱藏研究目的的結構性問卷，按照問卷上的問題及順序，詢問受訪者或請受訪者勾選合適答案，蒐集所需要的資料。

4. 非結構—間接訪問：行銷研究人員沒有使用結構性問卷，在隱藏研究目的前提下，詢問受訪者對某一議題的見解或意見，同時記錄受訪者所回答的資料。

訪問（Interview）或稱爲調查（Survey），是指訪問受訪者對某一議題的看法或意見，從中蒐集初級資料的過程。訪問通常需要設計一份標準化的問卷，以便有系統的蒐集到所需要的資料。問卷設計是一門相當專業的學問，也是一項非常實用的技術，研究人員可應用前述的6W3H原則，徹底瞭解爲何要蒐集資料（Why）、要蒐集什麼資料（What）、向誰蒐集資料（Whom）、要提供給誰使用（Who）、到何處蒐集資料（Where）、何時要蒐集資料（When）、如何蒐集資料（How）、需要花費多少時間（How Long）、需要投入多少預算（How Much）。問卷設計的重要性與複雜度，往往超越研究人員的想像，必須用心投入，審慎設計，才能有系統的蒐集到所需要的資料。

訪問或調查涉及抽樣技術，而且研究結果的代表性與精確度，和樣本數有密切關係。因此抽樣方法的設計，在量化研究中扮演舉足輕重的角色，包括如何選定合適的抽樣方法，如何決定正確的樣本，如何決定具有代表性的樣本數，此外抽樣難免會產生誤差，如何降低及處理抽樣誤差，以提高研究的可信度，這些都是影響行銷研究成效的關鍵問題，將在本書第七章及第八章討論。

無論是採用哪一種方法蒐集初級資料，行銷研究常常由多人同時執行訪問工作，此時訪員的甄選與訓練就顯得特別重要。研究主持人必須訓練訪問人員，讓他們充分瞭解訪問的意義與重要性，訪問的要領與技巧，除了務實執行訪問作業之外，還必須做好現場作業管理、追蹤成效，以提高訪問及所蒐集資料的品質。

5.8 人員訪問法

人員訪問法（Personal Interview）是指訪問人員直接訪問受訪者，蒐集初級資料的一種研究方法，因爲直接、方便、快速、有效，所以被使用得非常普遍。進行人員訪問的時間與地點有很大的彈性，只要受訪者同意，幾乎沒有限制，例如辦公室、住家、商場、車站、機場、街頭、校園、咖啡廳……等，都是非常適合進行人員訪問的地點。

人員訪問法進行方式有兩種方式，第一種是將問卷提供給受訪者，請受訪者自行填寫或勾選合適的選項，此法可以同時訪問多位受訪者，所以被使用得最普遍。第二種是由訪問人員將訪問題項逐一讀給受訪者聽，然後根據受訪者的回答意見，勾選他認爲合適的選項，這種方法常被用來蒐集年長者、孩童，以及書寫不便之受訪者的意見。

人員訪問法是蒐集初級資料最簡便，最有效的方法，因爲具有下列優點（註12，註13），廣泛被用在行銷研究及其他領域的研究上。

1. 回應率高，而且可以快速獲得回應。
2. 當面訪問，獲得信賴，容易取得受訪者的合作。
3. 可控制訪問問題的順序。
4. 可以有效控制所蒐集資料的品質。
5. 可確認受訪者的身分，訪問到正確對象。
6. 訪問彈性大，可以利用不同技巧蒐集到所需要的資料。
7. 可以蒐集到最多、最完整、最深入的資料。
8. 對受訪者的假定條件最少。
9. 所需要的抽樣架構最少。
10. 可以藉機教導受訪者如何接受訪問。

人員訪問法雖然具有許多優點，但是也潛藏有下列若干缺點，行銷研究人員使用時必須格外審愼（註14，註15）。

1. 人爲錯誤在所難免。
2. 訪問速度緩慢。
3. 單位訪問成本高。
4. 受到人員干擾，不易評估訪問成效。
5. 現場管理及訪員控制不易。
6. 與受訪者互動，容易產生工具誤差。
7. 無法做到心理匿名。

8. 快速回應，容易產生偏差。
9. 不易預約受訪者接受訪問。
10.不易更換訪問對象。

5.9 電話訪問法

電話訪問法（Telephone Interview）是指行銷研究人員利用電話訪問方式，蒐集初級資料的一種訪問方法。由於電話普及率高，行銷研究人員可以方便的接觸到受訪者，在低訪問成本之下，快速完成訪問工作。有很多研究工作特別重視時效，需要迅速獲得訪問結果，此時最適合採用電話訪問法，例如許多媒體經常在做民意調查，利用電話訪問法同時訪問眾多受訪者，可以在短時間內獲得調查結果。

電話訪問法適合於問卷題目少，所需時間短的場合，通常都集中在「訪問中心」進行，由許多訪問人員根據事前準備的抽樣名單，這份名單稱爲抽樣架構，同時進行訪問工作。因此，訪員訓練與抽樣要架構遂成爲電話訪問成功的關鍵要素，擁有訓練有素的訪問人員，加上完整規劃而取得的訪問對象名單，可以大幅提高訪問的效率與效果，確保所蒐集資料的品質。

電話訪問法除了方便、迅速之外，還具有下列優點（註15）：

1. 集中管理、監督方便、訪問成本低。
2. 可以迅速完成訪問，效率高。
3. 電話普及率高，容易進行訪問工作。
4. 可以訪問到平常不容易接觸到的人士。
5. 訪問時間短，容易被受訪者接受。
6. 訪員和受訪者沒有互動，不會受到人爲的影響。

7. 無須面對面訪問，容易獲得正確而眞實的答案。

8. 受訪者在電話的一端接受訪問，具有隱密性。

9. 訪員可以自行調整受訪者的順序與時間。

10.可以設計自動化語音操作系統，提高訪問效率。

現代資訊與通訊技術進步，電信產業產生大幅變革，固定式電話裝機率不但沒有成長，反而有銳減現象，代之而起的是智慧型行動電話普及，以及網路電話及電子郵件、臉書（Facebook）、LINE等新通訊工具廣泛被採用。電信產業生態的改變，增添電話訪問的困難度，使得電話訪問受到下列限制（註17）。

1. 電話普及率雖高，並不代表每一個人都有電話，形成不完整的研究母體。

2. 有電話者可能沒有登錄，也可能登錄錯誤，行銷研究人員無法接觸到正確的受訪者。

3. 電話登錄資料沒有適時更新，以及有涵蓋面不完整之虞。

4. 訪員與受訪者遠距對話，沒有互動，無法使用訪問器材與道具。

5. 訪問時間短暫，無法深入訪談，以致無法蒐集到豐富的資料。

6. 無法觀察到受訪者的回應行為與表情等訊息。

7. 無法看到受訪者所提供的書面資料與圖片。

8. 電話訪問會有被竊聽及暴露個人隱私的風險。

9. 若非事先聯絡與妥善安排，否則被拒絕的機率很高。

10.訪員一面訪問、一面記錄，無法專心，容易產生錯誤。

11.每一位受訪者的作息時間不同，訪問時間不容易拿捏。

12.受到通信品質的影響，常無法順利進行訪問。

13.再三打電話確認，容易被歸類為騷擾電話。

14.附有顯示來電號碼裝置，更增加被拒絕的機會。

15.若非訓練有素的訪員，容易出現「被拒絕症候群」現象。

5.10 郵寄問卷訪問法

郵寄問卷訪問法（Mail Interview）是指行銷研究人員將問卷郵寄給受訪者，請他們填寫或勾選適當答案後寄回的一種訪問方法。郵寄問卷訪問法最大特色是不受地理區域的限制，而且可以同時訪問很多人，因此被廣泛採用。郵寄問卷訪問法沒有人員的接觸，也沒有聲音的聯繫，容易造成回應時間冗長、回應率偏低、填答不完整、勾選錯誤等現象。爲了避免這些現象，迅速、有效的回收問卷，行銷研究人員需要在問卷設計、郵寄方式、追蹤技巧、處理無反應偏差等方面多做功課。

郵寄問卷之前需要建立一份完整、時新的郵寄名單（抽樣架構），才能精準的將問卷郵寄給正確的受訪者。訪問對象若是組織機構或公司行號，郵寄名單比較容易建立，訪問對象如是個人，要取得抽樣架構相當困難。此外，有關問卷設計、回郵信封的形式、收信人及地址的書寫方法、訪問函、問卷長度、內容、版面配置、顏色及格式、通知及追蹤方法、提供的誘因、郵寄及回郵郵資等，都必須納入考量（註18）。

郵寄問卷訪問法的回應率常有偏低現象，主要原因在於無法找到正確的受訪對象，即使找到也不容易激勵他們踴躍接受訪問，因爲大多數受訪者認爲沒有接受訪問及提供意見的義務。此外，影響回應率偏低的因素還有很多，例如：(1)需要受訪者配合完成的工作繁雜，問卷題目太多，費時太長，填答困難度太高；(2)研究主題對受訪者而言，無關緊要，缺乏興趣；(3)受訪者有不願意接受訪問的傾向，收到問卷隨即丟棄；(4)贊助機構或研究人員缺乏可信度，受訪者不願意接受訪問；(5)訪問時間不妥，請求回函時間太緊迫。

無反應偏差（Nonresponse Bias）屬於非抽樣誤差中的一種非觀察誤差，是指無法從母體所選定的部分單位，以及所設計的樣本獲得所需資訊，因而產生的誤差（註19）。質言之，郵寄問卷回應的受訪者和不回應的受訪者，有著相當大的差異，所以遇到無回應率偏高時，行銷研究人員必須做適當處理。改善無反應偏差，最好的方法莫過於提高反應率，具體的改善方法如圖5-2及表5-3所示。

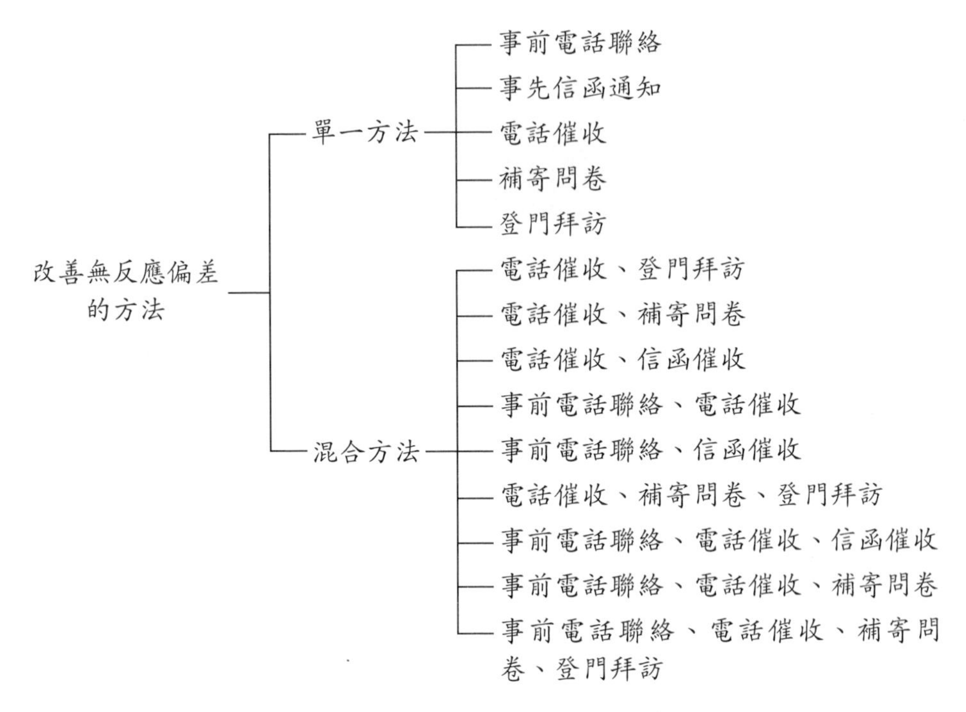

圖5-2　改善無反應偏差的方法

資料來源：林隆儀著〈郵寄問卷調查無反應偏差改善方法之效果——Meta分析〉，2000，頁70。

表5-3　處理郵寄問卷訪問無反應偏差的方法

誘因	舉例
匿名	保證匿名
訴求	社會公益、利己
已踏入門檻	第一次要求，然後針對接受第一次要求者提出後續要求

（接下頁）

（承上頁）

誘因	舉例
追蹤	明信片、信函、重新寄發的問卷
誘因	非金錢、金錢
個人化	手寫信封、親自簽名
初步通知	提前寄發信函、電話事先通知
問卷長度	雙面印刷
回應截止日期	要求立即回應
贊助者	公司、商業協會、大學研究人員
郵資類型（寄出時）	紀念郵票、限時專送
郵資類型（回信信封）	商業回覆信封、郵資已付

資料來源：林隆儀等合譯《行銷研究》，2005，頁278。

行銷研究實務最常採用郵寄問卷訪問法，這種方法除了具有上述特點之外，還具有下列許多優點（註20）。

1. 不受地理區域與時間上的限制，可以進行全國性，甚至全球性的研究。

2. 事先規劃樣本分布的配置，可以減少樣本分布偏差現象。

3. 訪員與受訪者不見面，沒有互動，因此不會有訪員偏差問題。

4. 有充分的時間讓受訪者思考及塡答，提供深思熟慮的意見。

5. 同一時間接觸到眾多受訪者，節省訪問時間。

6. 比人員訪問及電話訪問的成本更低。

7. 集中寄出及回收問卷，可以有效管理訪問作業。

8. 拜電腦科技進步之賜，問卷上的訪問函可以做到個人化設計。

9. 附上回郵信封，可以提高反應率。

10.激勵接受訪問的誘因連同問卷一起郵寄，可以提高接受訪問的意願。

郵寄問卷訪問法除了上述反應率偏低，以及無反應偏差等問題之外，也潛藏下列許多缺點，行銷研究人員必須審慎處理（註21）。

1. 建立精準、時新的抽樣架構有相當的困難度，尤其是個人受訪者。

2. 問卷設計、版面配置要引起受訪者的興趣，往往不是很容易的事。

3. 訪問內容、問卷長短、難易程度，不容易拿捏。

4. 受訪者常不歡迎需要詳細查證才能回答的問題。

5. 涉及公司機密或個人隱私的問題，常會出現「填答不完整」現象。

6. 問卷回收時間冗長，短時間內要回收問卷有一定的困難。

7. 不容易辨識是否有「別人代填」的現象。

8. 無法確認所填答的是否就是受訪者眞正的意見。

和郵寄問卷訪問法相似，常被採用的訪問方法尚有群體訪問法（Group Interview）與問卷留置訪問法（Drop-off Interview）。行銷研究人員爲了方便蒐集初級資料，常針對某一群體進行訪問，例如要調查大學生們對公司廣告活動的態度，以及對公司品牌的印象，以班級爲單位，針對多所大學的學生們進行訪問，由研究人員介紹研究的目的與意義，說明填答問卷的方法，然後請求受訪學生們當場填答，當場回收問卷。

問卷留置訪問法由研究人員介紹研究的目的與意義，說明填答問卷的方法，將問卷留給受訪者詳細閱讀及填答，事後再逐一收回問卷。例如要調查中、小學生家長對學生升學的意見，研究人員洽請任課老師協助，利用學生集會場合，先向學生說明研究的用意，然後由學生帶回問卷請家長填答，隔天再由學生帶回填答的問卷，交給任課老師轉交給研究人員。

群體訪問法與問卷留置訪問法執行的要領，以及優點與缺點，和郵寄問卷訪問法相似，請讀者參閱上述剖析。

5.11 網際網路訪問法

拜電腦科技進步之賜，網際網路在行銷研究上的應用愈來愈普遍。網際網路訪問法（Internet-based Interview）是指行銷研究人員將所設計的問卷放在網際網路上，供受訪者填答的一種訪問方法。網際網路具有無遠弗屆的特性，可以突破時間與地理區域的限制，快速、方便、低成本的蒐集到研究所需要的資料，成爲當前行銷研究人員的新寵。

電腦成爲現代人生活的基本配備，尤其是精通電腦的年輕人，每天花在使用電腦上的時間愈來愈長。行銷研究人員利用這種特性與趨勢，設計標準格式的問卷，讓受訪者點選他們認爲合適的答案，蒐集初級資料速度之快，往往超越想像，完全顚覆傳統的研究方法。網際網路訪問法具有下列優點（註22）。

1. 可以快速的接觸大量樣本，成本效益高。
2. 可以提供個人化的訊息，獲得祕密的答案。
3. 沒有人員接觸與聲音互動，可以蒐集到具有敏感性的資料。
4. 具有動態性的視覺效果，吸引受訪者參與，提高塡答的意願。
5. 塡答時間富有彈性，可以接觸到廣泛的受訪者。
6. 可以即時、正確的蒐集到所需要的資料。
7. 設計過濾題目，可以避免蒐集到不相關的資料。
8. 可以設計提醒尚未完成塡答的機制，蒐集到完整的資料。
9. 問卷可以設計成有趣的遊戲一般，鼓勵受訪者踴躍參與。
10. 勾選答案可以設計成後續資料處理所需格式，方便資料處理。

網際網路必須藉助電腦才能執行資料蒐集工作，前提是受訪者必須精通電腦操作，訪問對象若是不擅於使用電腦的人士，這種方法就顯得不靈光了。網際網路訪問法具有下列限制。

1. 只吸引精通電腦的受訪者，樣本缺乏代表性。

2. 受訪者若使用不同版本的電腦軟體系統而出現不相容，會影響資料蒐集。

3. 電腦網路不穩定時，會出現力有未逮的窘境。

4. 電腦會有當機情形，無法順利蒐集到所需資料。

5. 無法辨識受訪者是否是爲所要訪問的正確對象。

6. 無從得知受訪者是否認眞思考後才塡答問卷。

7. 駭客或競爭者可能侵入電腦網路，干擾資料蒐集。

8. 受訪者會擔心個人資料被洩漏的風險。

5.12 選擇最適合的訪問方法

從以上的剖析可知，四種研究方法各有優點與缺點，若從整體觀點來看，可以從單位成本、訪問速度、訪問彈性、資料數量、資料正確性、無反應偏差等六個構面進行比較，如表5-4所示（註23）。

表5-4 四種研究方法的比較

比較構面	郵寄問卷調查	電話訪問	人員訪問	網路訪問
1.單位成本	較低	如利用長途電話，耗費較高	最高	最低
2.彈性	需有郵寄地址	只能訪問有電話的人	最具彈性	需有電腦和會操作電腦

（接下頁）

（承上頁）

比較構面	郵寄問卷調查	電話訪問	人員訪問	網路訪問
3.資訊的數量	問卷不宜太長	訪問時間不宜太長	可蒐集到最多的資訊	問卷長度視受訪者的回答而定
4.資訊的正確性	通常較低	通常較低	通常較正確（視訪問員素質而定）	通常可取得正確的即時資訊
5.無反應偏差	最高	較低	較低	電腦軟體可使無反應率降至最低
6.速度	費時最久	非常快速	如地區遼闊或樣本大，也很費時	非常快速

資料來源：黃俊英著《行銷研究概論》，2012，頁90。

不同的研究方法各有其優點與缺點，行銷研究人員徹底瞭解這些優點與缺點後，必須清醒的做出抉擇，決定採用哪一種方法。此時必須審視及自問下列四個問題（註24）。

1. 蒐集資料需要花費多少時間？

資料蒐集需要花費時間，只是時間長短有別而已。資料蒐集時間有時相當緊湊，有時可有充裕的時間，端視研究的需要而定。短時程的研究可採用電話訪問法與網際網路訪問法，以滿足快速蒐集資料的需要，此時人員訪問法與郵寄問卷訪問法就不是良好的選擇了。

2. 蒐集資料需要投入多少預算？

公司投入行銷研究的預算若相當充裕，以上四種方法都可以採行，預算若不是很充裕，高成本的訪問方法就不應該列入考量。訪問成本高昂，公司行銷研究預算有限時，利用網際網路的線上訪問法，將是最有利的選擇，其他如電話訪問法、郵寄問卷訪問法、人員訪問法，都是成本相對高昂的訪問方法。

3. 需要和受訪者進行什麼互動？

資料蒐集方法的選擇，常會受到訪問方法特殊需求的影響，例如受訪者期望提供廣告影片、產品包裝設計，以及其他相關圖案；訪問人員可能也希望受訪者嘗試使用產品、試聞味道、觀看影片等，此時郵寄問卷訪問法與網際網路訪問法將是可行的方法。受訪者若要求實際使用產品，則人員訪問法將是最佳選擇。

4. 需要特別考量哪些問題？

需要特別考量的問題中，最麻煩者莫過於特別需求出現率，也就是訪問對象擁有某些特徵的人數百分比。很少有針對「每一個人」所進行的研究，絕大多數都是針對某些特定的對象，例如購買公司新產品的消費者，最近一星期看過公司新廣告影片的消費者，所以特別需求出現率通常都很低，在選擇訪問方法時必須事先提醒。一般而言，容易執行、成本低廉的訪問方法，特別需求出現率都很低。此外，訪問方法的選擇有時也會受到文化規範與溝通方式的影響，例如有些人不習慣陌生人前來打擾，此時電話訪問法將是最佳選擇；有些地區電話普及率低，此時人員訪問法將是最適合的方法。行銷研究人員選擇訪問方法時，可以自問並回答一個問題：哪一種訪問方法可以在所要求的時間內、在一定的研究預算內，蒐集到最完整的資料，獲得最一般化的資訊？

5.13 本章摘要

科學研究的方法很多，可區分爲兩大類別：質化研究方法與量化研究方法，每一種類別各有許多不同的訪問方法，本章受限於篇幅，僅討論行銷研究上最常使用的八種方法，包括質化研究方法中的觀察法、焦點團體訪問法、深度訪問法、個案研究法，以及量化研究法中的人員訪問法、電話訪問法、郵寄問卷訪問法、網際網路訪問法，讀者若對其餘方法有興趣，可參閱其他研究方法書籍。

「選對方法，等於成功一半」，這麼多研究方法中，每一種方法各有其優點與缺點，行銷研究通常都希望在最短時間內，獲得具體可行的結果，沒有多餘的時間可供消耗。本章聚焦於最常用的八種方法，剖析各種方法的優缺點，以及適用場合，幫助行銷研究人員選擇正確的方法，達到事半功倍的效果。

本章最後介紹選擇正確研究方法需要考慮四個關鍵問題，行銷研究人員冷靜的自問並回答這四個問題，答案就會清楚的呈現在眼前。

參考文獻

1. Cooper, Donald R., and Pamela S. Schindler, *Business Research Methods*, 12th Edition, McGraw-Hill/Irwin, New York, 2014, p.144.
2. 林隆儀、黃榮吉、王俊人合譯，V. Kumar, David A. Aaker and George S. Day 原著，《行銷研究》，第二版，雙葉書廊有限公司，2005，頁217。
3. 同註1，頁144。
4. Burns, Alvin C., and Ronald F. Bush, *Basic Marketing Research*: *Using Microsoft Excel Data Analysis*, 3rd Edition, Pearson Education, Inc., New Jersey, USA,

2012, p.114～117.

5. 黃俊英著，《行銷研究概論》，第六版，華泰文化事業股份有限公司，2012，頁105。
6. 同註4，頁117。
7. Last, J., and J. Langer, Still a Valuable Tool, *Quirk's Marketing Research Review*, 2003, December, Vol.17, No.11, p.30.
8. 同註4，頁118。
9. 同註2，頁220～221。
10. 同註2，頁222。
11. 同註4，頁152～153。
12. 同註5，頁75～76。
13. 同註4，頁152～153。
14. 同註5，頁76～77。
15. 同註4，頁153。
16. 同註5，頁78～79。
17. 同註5，頁79～80。
18. 同註2，頁274。
19. 林隆儀，〈郵寄問卷調查無反應偏差改善方法之效果——Meta分析〉，《文大商管學報》，2000年6月，第五卷，第一期，頁63～79。
20. 同註5，頁82。
21. 同註5，頁83。
22. 同註5，頁84～85。
23. 同註5，頁90。
24. 同註4，頁167～169。

第6章

問卷設計方法

6.1 前言

「工欲善其事，必先利其器」，嚴謹而成功的行銷研究，建立在蒐集資料的基礎上，蒐集資料必須要有正確的方法，其中最重要者莫過於問卷設計，在達成研究目標的過程中，良好的問卷扮演舉足輕重的角色。猶如人們穿衣需要量身訂做，出席什麼宴會、穿戴什麼服飾；行銷研究所使用的問卷必須專案設計，考量要蒐集什麼資料、設計什麼樣的問卷，唯有如此才能蒐集到所需要的資料。背離此一原則，雖然也可以蒐集到資料，但是所蒐集到的資料對特定研究工作，會出現南轅北轍現象，毫無意義可言，要達成研究目標無異是緣木求魚。

問卷設計是一門相當專業的知識，也是一種非常實用的技術，只要牽涉到研究或調查，幾乎都離不開問卷設計。行銷研究初學者常把問卷設計看得太簡單，毫無頭緒的列出幾個「題目」，就認爲已經完成問卷設計，結果陷入四不像的膠著，徒勞無功。本章聚焦於介紹嚴謹而完整的問卷設計方法與要領，包括問卷構成元素、問卷的功能與分類、問卷問題的型式、問卷設計的程序與步驟、問卷題目的用字遣詞、題目順序的編排，幫助讀者對問卷設計方法有一個完整的瞭解。最後討論問卷的試訪要領，使所設計的問卷更務實可行。

6.2 問卷的構成要素與功能

行銷研究用來蒐集初級資料的工具，可以區分爲兩大類，第一類稱爲觀察表（Observation Form），第二類稱爲問卷（Questionnaire）。觀察表使用在質化研究的觀察法中，係行銷研究人員仔細觀察受訪者的購買行爲，記錄所觀察到之行爲的一種表格。觀察表的設計比較容易，通常只簡單涵蓋所要觀察的項目，無須特別強調題目對受訪者心理的影響。問卷是指行銷研究人員出示一系列的問題給受訪者，請求受訪者填答或勾選他們認爲最合適答案的一份表格。問卷使用在量化研究的各種場合，也是蒐集初級資料不可或缺的工具，目的是要根據所設計的題目，詢問受訪者的看法與意見，進而蒐集所需要的初級資料。觀察表的設計比較簡單，本章予以省略，將篇幅聚焦於討論問卷設計的方法與要領。

問卷雖然只是短短的幾頁，但是若仔細研究，問卷包含許多項目，這些項目就是構成問卷的要素。經過嚴謹設計的問卷，可以幫助行銷研究人員有系統的蒐集到標準化的資料，方便資料處理過程中進行分析與比較。一份完整的問卷通常由五個項目所組成，包括訪問函、確認身分的資料、填答指引、問卷題目、分類資料。

1. 訪問函：訪問函是行銷研究人員寫給受訪者的一封簡短信函，做爲見面打招呼之用，內容包括自我介紹、說明研究題目與目的、誠懇的請求合作填答、承諾資料僅供研究分析絕不外流、爭取受訪者的信任與填答。

2. 確認身分的資料：此項目是要確認正確的受訪者，通常包括姓名、職稱、聯絡電話、電子郵件信箱、地址，以及訪問人員姓名、訪問日期、問卷編號。

3. 填答指引：這部分旨在引導受訪者如何填答問卷，以及如何自問卷所附的備選答案中，勾選他們認爲最適合的選項。

4. 問卷題目：這部分就是問卷的本文，行銷研究人員按照所要蒐集資料的性質，予以分類，有系統的列出問卷題目，供受訪者從中填答或勾選。

5. 分類資料：這是受訪者特徵的資料，端視研究的需要而定，受訪者若是組織機構，列出分類資料，例如公司名稱、行業別、主要產品、資本額、營業額、員工人數……等；受訪者如果是個人，則列出性別、年齡、職業、所得、服務年資、教育程度、居住地區等人口統計資料。這部分資料通常都安排在問卷最後一個項目，好讓受訪者在填答其他項目後，安心自在的提供這些資料。

行銷研究需要使用問卷蒐集出初級資料，學術論文的寫作，常需要設計問卷，做爲蒐集初級資料的工具。有關研究問卷構成要素與實例，如本章附錄所示，提供參考。

問卷是行銷研究人員蒐集初級資料最重要的工具，詳細探究與分析，可以發現問卷具有下列六大功能（註1）。

1. 轉換功能：將研究目的轉換爲請求受訪者回答的具體問題。

2. 標準化功能：將問題與可能答案類別予以標準化，可以有效激勵受訪者踴躍回答。

3. 激勵功能：舉凡問卷設計，紙張規格、品質與顏色，用字遣詞，問題編排順序，都可激起受訪者的興趣，提高填答與勾選的意願。

4. 記錄功能：問卷是行銷研究基本功課，也是一份永久的記錄資料。

5. 方便分析：根據所使用行銷研究類型的需要，加速進行資料分析過程。

6. 追蹤功能：問卷包含經過審愼評估的資訊，這些資訊具有一定的信度，可用來追蹤受訪者所提供答案的效度，做爲控制研究品質的工具。

問卷在行銷研究過程中扮演非常重要的角色，爲了有效蒐集到所需要的正確資料，值得多花些時間思考問卷設計相關課題。許多研究都發現，問卷設計會影響所蒐集資料的品質，如果問卷設計有瑕疵，即使最優秀的行銷研究人員，也無法做出有效的貢獻，而使得整個研究陷入非戰之過的窘境。

6.3　問卷的分類

問卷可以根據其結構程度與是否僞裝，區分爲下列四種型式：結構式—僞裝問卷、非結構式—僞裝問卷、結構式—不僞裝問卷、非結構式—不僞裝問卷，如圖6-1所示。

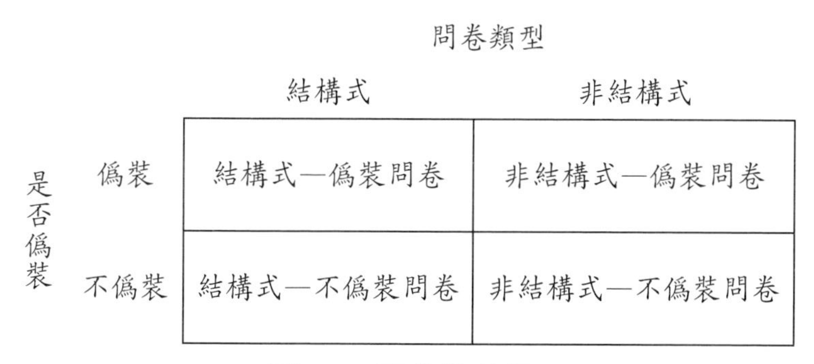

圖6-1　問卷的分類

1. 結構式—僞裝問卷

結構式問卷（Structured Questionnaire）是指問卷設計成標準化型式，一一列出受訪者回答的可能答案，供受訪者從中塡答或勾選。這種設計不但使受訪者容易塡答，也方便行銷研究人員後續進行資料整理、分析、比較、檢定等工作，通常用在量化研究的驗證性研究中。

僞裝問卷（Disguised Questionnaire）是指在設計問卷時，刻意將研究目的、主辦單位或委託單位、研究人員等，善意而巧妙的僞裝，目的是要讓受訪者在毫無顧慮的心情下，輕鬆自在的塡答問卷。

有些公司爲了要瞭解產業競爭狀況、爲了避開同業研究等敏感性問題，通常都會委託廣告公司、顧問公司或市場調查公司進行研究，此時常使用結構式的僞裝問卷。

2. 非結構式─偽裝問卷

非結構式問卷（Unstructured Questionnaire）是所設計的問卷只列出所要訪問的問題，沒有附上制式標準答案，好讓受訪者能夠暢所欲言的提供見解與意見，訪問人員逐一記錄受訪者的見解與意見，通常用在探索性研究場合。

非結構式的僞裝問卷，因爲沒有列出標準化答案供勾選，可以獲得最多、最豐富的資料，用在蒐集額外資料及專業見解時，非常有效。

3. 結構式─不偽裝問卷

不僞裝問卷（Nondisguised Questionnaire）是指問卷設計時，明示研究目的、研究機構、委託機構、主持人或指導人員、研究人員等資訊，讓受訪者可以清楚瞭解研究狀況，決定是否接受訪問。

不涉及產業競爭的行銷研究，以及研究生撰寫學術論文所做的訪問，通常都使用結構式不僞裝問卷，在問卷的訪問函中，明示研究題目與目的、學校系所、指導教授、研究者姓名，一方面誠實相告，另一方面爭取合作塡答。

4. 非結構式─不偽裝問卷

非結構式不僞裝問卷，通常用在不涉及產業競爭的探索性研究場合，明示研究目的、研究單位、委託單位、主持人、研究者姓名，以及只列出訪問題目，沒有附上制式的標準答案，讓受訪者在完全知曉研究背景的情況下暢所欲言，也是可以蒐集到最多、最豐富資料的方法。

行銷研究人員從四種類型的問卷中做選擇時，並沒有一成不變的規範，端視所要蒐集的資料、受訪對象、訪問方式、機密程度、訪問情境，以及後續所要使用的統計分析方法等因素而定。

6.4 問題的型式

問卷所使用問題型式的設計有多種選擇，端視行銷研究人員所要採用的研究方法，以及所要蒐集的資料而定，例如觀察法、焦點訪問法、郵寄問卷訪問法、電話訪問法，所使用的問題型式各不相同；所要蒐集的是標準化資料，或是要聽取受訪者暢所欲言的資料，所使用的問卷也各異其趣。

問卷所使用的問題型式可大略區分爲三大類：開放式問題、分類式問題、數量性問題。開放式問題可分爲有提示與不提示兩種方式；分類式問題又稱爲封閉式問題，可細分爲二分題與多重選擇題；數量性問題可分爲自然數字問題與綜合性問題，如圖6-2所示（註2）。

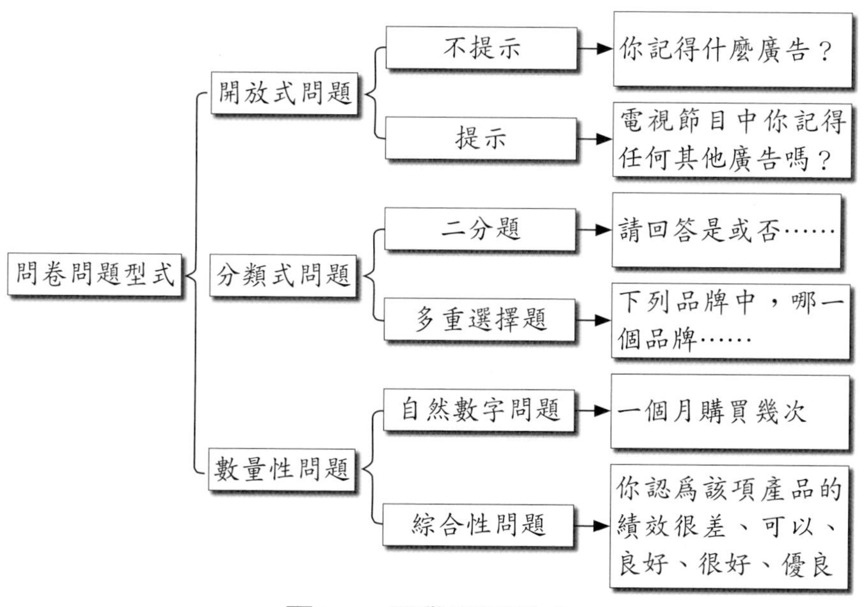

圖6-2　問卷問題型式

資料來源：Burns and Bush, *Basic Marketing Research: Using Microsoft Excel Data Analysis*, 2012, p.176.

1. 開放式問題

開放式問題（Open-Response Questions）就是上述所介紹的非結構式問題，不列出制式的標準答案，好讓受訪者暢所欲言，由訪問人員記錄受訪者所回答的內容。例如：(1)請問貴公司採取授權加盟策略，主要考慮因素為何？(2)請問貴公司在選擇特許加盟對象時，考慮哪些條件？(3)請問貴公司對特許加盟盟友有何期待？

開放式問題可以設計成「不提示」的問題，不提示答案的範圍，例如：請問最近一星期您有看到本公司所播放的電視廣告影片嗎？也可以設計成「提示」的問題，提示答案的範圍，例如：請問最近一星期您有看到本公司所播放罐裝咖啡的電視廣告影片嗎？開放式問題具有下列優點（註3，註4）。

- 問卷設計簡單，只需提出問題即可，無須為受訪者找答案。
- 不會受到事先設定題目的影響，所獲得的答案最廣泛。
- 受訪者回答時有充分的自由度，可以提高接受訪問的機會。
- 受訪者暢所欲言，可以蒐集到最豐富、最真實的資料。

開放式問題設計比較簡單，但是後續的資料整理、分析、比較就不容易了，因為開放式問卷具有下列缺點（註5，註6）。

- 沒有參考答案，受訪者必須自行思考，接受訪問的意願不高。
- 涉及機密性的問題，受訪者容易以機密為由而拒絕回答。
- 受訪者回答的清晰度和深度各不相同，訪問者不易拿捏。
- 訪問人員一面提問，一面聆聽回答，又要迅速記錄回答資料，一心多用，增加訪問的困難度。
- 容易發生訪問人員解釋上的偏見。
- 可能發生不合理的加權現象。
- 訪問人員事後編表、分析與比較，相當困難。
- 進行答案歸類整理時，容易產生歸類偏差。

2. 分類式問題

分類式問題（Categorical Questions）顧名思義是將問卷之問題予以分類的設計方式，顯然是一種封閉式問題（Closed-Response Questions）。分類式問題可分爲二分題（Dual-Choice Questions）與多重選擇題（Multiple-Choice Questions），前者可能是選擇題，也可能爲是非題；後者就是上述所討論的結構式問題，行銷研究人員將問卷設計成附有可能的答案，供受訪者從中做選擇或勾選。

二分題是封閉式問題的一種極端型式，附有兩種答案供受訪者勾選的選擇題或是非題，例如：請問你是否有喝咖啡的習慣？答案有「是」或「否」供選擇。請問你所喝的是國產咖啡或進口咖啡？答案有「國產」或「進口」供勾選。

二分題問卷具有下列優點：

・無論是選擇題或是非題，答案設計相對簡單。

・只有兩個備選答案，一目了然，受訪者容易回答。

・訪問人員事後編表、整理、分析、比較，都很容易。

二分題問卷潛藏有下列缺點（註7）：

・答案過度簡化，而且常常屬於強迫性的答案，無法用來衡量心理傾向。

・答案兩極化，不明確，容易產生大量的衡量誤差。

・忽略其他可能答案，受訪者會找不到合適的答案，造成美中不足的遺憾。

封閉式問題普遍被用在行銷研究實務上，例如下列問題詢問受訪公司有關「理性行銷策略」的問題，設計有七個題目，採用李克特七點尺度法，分別列出七個可能答案：非常不同意、不同意、有點不同意、普通、有點同意、同意、非常同意，請受訪公司勾選他們認爲最合適的答案：

(1) 貴公司的新產品行銷策略採用行爲及所得爲主要訴求。

(2)貴公司的新產品行銷策略採用功能訴求的理性定位。

(3)貴公司的新產品行銷策略考慮整體擴大產品的設計。

(4)貴公司的新產品行銷策略採用足以表達功能特徵的品牌名稱。

(5)貴公司的新產品行銷策略在定價中包含售後服務成本。

(6)貴公司的新產品行銷策略在地方性廣告活動中列出經銷商名稱。

(7)貴公司的新產品行銷策略會對銷售人員提供完整的訓練。

封閉式問題規劃有序，設計完整而嚴謹，列出可能回答的答案，讓受訪者容易理解，容易勾選他們認爲最適合的答案。此外也具有下列優點（註8，註9）。

· 受訪者容易回答。
· 訪問人員容易進行事後編表、整理、分析與比較。
· 設計受訪者可能回答的答案，可以有效降低研究的潛在誤差。
· 訪問進行時間比較短，可提高接受訪問的意願。
· 答案非常清楚，不會有解釋偏差的困擾。

封閉式問題有以上許多優點，所以被使用得最普遍，但是也有下列若干缺點（註10，註11）。

· 研究人員在設計可能的答案時，費時費力，相當不容易。
· 受訪者可能無法從所設計的可能答案中，找到他們認爲合適的答案。
· 答案中是否應該包括中性答案，意見相當分歧。
· 即使所設計的題目與研究毫不相關，受訪者仍然可以勾選答案。
· 可能產生順序偏差的問題。
· 答案出現或排列順序，可能會影響受訪者選擇回答的答案。

3. 數量性問題

數量性問題（Metric Response Questions）是將受訪者回答的可能答案，設計成可以用數字或尺度表示的型式，供受訪者回答或勾選。數量性問題可分為自然數字問題（Natural Metric Questions）與綜合性問題（Synthetic Metric Questions），前者是請求受訪者將他們認為合適的答案用數字來表示，例如年齡、所得、每天上網時間、公司資本額、營業額、員工人數等；後者是採用人為數字來衡量研究變數，例如衡量受訪者接受旅遊服務後的滿意程度，行銷研究人員將答案設計成10個尺度，每一個尺度配給一個人為的數字，從1分到10分，依序衡量之。

綜合性問題也可以設計成採用文字描述的尺度，例如衡量受訪者觀看公司新廣告影片後的態度時，可將答案設計成七點尺度，即：非常不喜歡、不喜歡、有點不喜歡、無意見、有點喜歡、喜歡、非常喜歡，然後將這七個答案配給相對應的數字，從1分到7分衡量之。

行銷研究人員在設計多重選擇與綜合性問題時，常會遇到回答選項到底是奇數或偶數比較好的疑問，以及答案選項數目到底要多少題的抉擇。此時的抉擇要領為：受訪者有感的意見若很重要，為了避免受訪者回答的答案帶有中間傾向現象，則將可能答案設計成偶數選項，強迫受訪者表態；若可接受「無所謂」的中間意見，則將可能答案設計常奇數選項。至於選項數目以5到7個選項最為理想，選項若太少，太過粗糙，會讓受訪者找不到合適的答案；選項若太多，雖然比較精細，但是會讓受訪者在混淆情況之下做選擇，反而會模糊焦點。一般而言，5個選項是有效區別意見所需的最低數字，7個選項比較能精確區別意見，通常採用李克特尺度（Likert Scale）衡量之。

採用自然數字回答的數量性問題，主要的優點是具體、明確，受訪者可以精準的回答，不會有模糊的空間，行銷研究人員事後容易進行編表、整理、分析、比較。缺點則是有些問題涉及個人隱私或機密，例如個人所得、年齡（尤其是女性受訪者）、公司營業額、成本結構、獲利率等；有些資料常非受訪者所能回答，例如公司資本額、營業額、市場占有率、員工人數等。

採用文字描述的綜合性問題，主要的優點是受訪者可能回答的答案，按照一定的邏輯尺度描述，層次分明，一清二楚，容易勾選合適的答案；行銷研究人員也方便進行後續資料處理。缺點則是可能回答答案的層次，不容易使用文字做明確的描述，以致常會有溝通上的障礙。

為彌補這些缺點，問卷可能答案必須設計成互斥型式，讓受訪者只能從中做唯一選擇。自然數字可以採用區間設計，以數字範圍取代精準的設計，例如將新進員工個人月薪設計成幾個區間：20,000元以下；20,001元～25,000元；25,001元～30,000元；30,001元～35,000元；35,001元以上。文字描述的綜合性問題，尺度不宜太多，以5到7個尺度最理想，層次必須做明確的描述，例如衡量受訪者對公司產品新包裝的態度時，設計成六點尺度衡量之，即：非常不喜歡、不喜歡、有點不喜歡、有點喜歡、喜歡、非常喜歡。

6.5 問卷設計的程序與步驟

問卷設計屬於科學研究的一環，有一定的原理與要領，有一定的程序與步驟可循。問卷設計的程序如圖6-3所示（註12），至於問卷設計需要遵循的邏輯步驟，包括：(1)確認研究目的及要衡量什麼；(2)設計適切的問題，以蒐集所需要的資料；(3)修飾問題的用字遣詞，讓受訪者容易瞭解與填答；(4)確定問題的編排順序，以及問卷版面的設計；(5)正試訪問前進行試訪（或稱預試），測試有無疏漏或模糊不清的現象；(6)若有必要，將問卷做必要的修正。

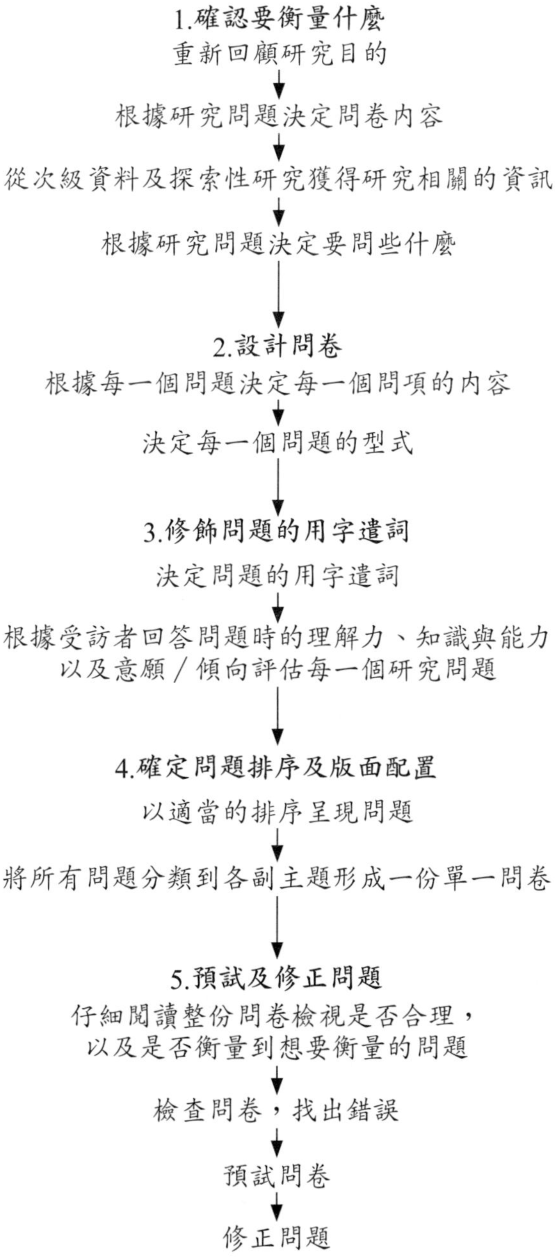

1.確認要衡量什麼

重新回顧研究目的

↓

根據研究問題決定問卷內容

↓

從次級資料及探索性研究獲得研究相關的資訊

↓

根據研究問題決定要問些什麼

↓

2.設計問卷

根據每一個問題決定每一個問項的內容

↓

決定每一個問題的型式

↓

3.修飾問題的用字遣詞

決定問題的用字遣詞

↓

根據受訪者回答問題時的理解力、知識與能力以及意願／傾向評估每一個研究問題

↓

4.確定問題排序及版面配置

以適當的排序呈現問題

↓

將所有問題分類到各副主題形成一份單一問卷

↓

5.預試及修正問題

仔細閱讀整份問卷檢視是否合理，以及是否衡量到想要衡量的問題

↓

檢查問卷，找出錯誤

↓

預試問卷

↓

修正問題

圖6-3　問卷設計程序

資料來源：修改自林隆儀等合譯《行銷研究》，2005，頁340。

1. 確認要衡量什麼

猶如人們做什麼事要選對工具一般，工具選對了，等於問題解決了一半。行銷研究人員在設計研究問卷時，第一個步驟就是要釐清及確認到底是要衡量什麼，確認要衡量什麼之後，根據所要衡量的標的變數，設計合適的問卷題目，如此才能蒐集到所需要的資料，也才能解決所要研究的問題。

確認要衡量什麼，有兩個要領可循，第一、回頭審視研究目的與研究假說，確實掌握要解決什麼問題，解決這些問題需要蒐集什麼資料，然後設計可以蒐集到這些資料的題目。第二、檢視相關文獻，參考類似研究的問卷，觸類旁通，審慎思考，有助於想出所要詢問的題目。

2. 設計問卷題目

確認所要詢問的題目之後，行銷研究人員就可以著手逐一設計問卷題目。問卷設計的嚴謹程度，可以看出研究設計的品質，進而判斷是否可達成研究目的，所以問卷題目的設計是研究成敗的關鍵因素。此一階段包括下列六大要領。

第一、具有相關性：所設計的問卷題目必須和研究問題有密切相關，任何不相關的題目都不宜出現在問卷中。

第二、決定問卷型式：也就是要決定採用開放式問卷、分類式問卷或數量性問卷，這三種型式的問卷各有其優點與缺點，例如開放式問卷只提出問題，由受訪者提供回答，行銷研究人員逐一記錄回答內容；分類式問卷是將受訪者可能回答的答案一一列出，供受訪者從中勾選；數量性問卷是採用具體數字或精確的文字描述來設計問卷。

第三、一問一答設計：每一道題目只問一個問題，避免混淆不清，若涉及兩個或兩個以上的問題，宜設計爲兩個或兩個以上的題目。例如：「最近一星期您有看過本公司在電視上播放保利達B的新廣告影片嗎？請您告訴我們，您對這篇新廣告影片喜歡的程度」。這兩個問題必須分開來問，設計成「最近一星期您有看過本公司在電視上播放保利達B的新廣告影片嗎？」接著再問「請您告訴我們，您對保利達B這篇新廣告影片喜歡的程度」。

第四、題目數要適中：問卷題目數不宜太多，以足可蒐集到所需資料爲最高原則。一般而言，只要研究設計嚴謹、務實，一份經過審愼思考的研究計畫所使用的問卷題目數，通常落在25題到35題之間就足夠所需。

第五、題目務必精簡：每一道題目不宜太冗長，題目太長容易模糊焦點，影響受訪者的思慮與回答的精確度，進而影響到研究的整體品質與價値。

第六、符合邏輯順序：回答選項的順序必須要有一定的邏輯，若是數字性答案，例如個人所得、年齡、服務年資，公司資本額、營業額、員工人數等，可以從數字小排列到數字大，也可以從數字大排列到數字小，但是一定要依序排列；若是文字性描述的答案，例如衡量受訪者對公司新產品、新促銷活動、新廣告活動的喜好程度，可以從非常不喜歡排列到非常喜歡，也可以從非常喜歡排列到非常不喜歡，重點是要有邏輯性的依序排列，一方面讓受訪者容易回答，另一方面方便研究人員後續所要進行的資料整理、分析與比較等工作。

3. 題目的用字遣詞

設計問卷題目必須要有「受訪者導向」的觀念，此時第一個要領就是要隨時記得問卷是提供給受訪者塡答，不是要留供研究人員孤芳自賞，所以必須要使用受訪者慣用的語言，讓他們清楚理解每一道問卷題目的意義，一方面可以使訪問工作順利進行，另一方面可以精準的蒐集到所需要的資料。用字遣詞必須站在受訪者的立場思考，避免使用研究人員熟悉及慣用的專業用詞，專業用詞屬於研究人員的專長知識領域，當然沒有不懂或誤解之虞，但是受訪者有可能缺乏這方面的知識，不瞭解或誤解也就無法避免了。

除了用字遣詞之外，第二個要領是考慮受訪者填答的能力與意願，行銷研究人員所設計的題目必須是受訪者有能力回答，而且願意回答，例如訪問公司一般職員，有關公司經營策略方面的問題，可能已經超出他們回答能力的範圍，即使想回答，也無能爲力；又如詢問有關產品成本結構方面的問題，可能涉及公司機密範疇，愛莫能助，不願意回答。行銷研究人員所設計的問卷中，若包含有受訪者無法回答或不願意回答的題目，勢必無法蒐集到所需要的資料。

行銷研究人員在設計問卷的用字遣詞時，必須一而再，再而三的檢視每一道問題，寧可多花一些時間審慎推敲問題的用字遣詞，多花一些精神思考受訪者回答的能力與意願，才不會因爲一時草率，而使問卷設計陷入徒勞無功的窘境。

4. 題目排序與版面設計

問卷題目設計完成之後，接下來就要決定問題的編排順序與整個問卷的版面設計。所謂排序就是將問題做適當的分類與排列順序，例如將所設計的30個問題，按照某一準則區分爲五大類別，然後再將每一類別內的細分問題，按照另一準則予以排序，這樣一來可以使所設計的題目，組合成一份具有結構性與系統性的問卷，符合科學研究的精神。

問卷題目排序的另一功能，是要避免產生順序偏差（Order Bias）的問題，也就是要避免前一個問題影響到後續問題回答的可能性（註13）。問卷題目排序若不合理或不妥當，常會產生「問題製造問題」的現象，前面的問題會爲受訪者建立參考架構，而此一參考架構會影響下一個問題的回答，所蒐集到的資料就會出現偏差，進而影響整個研究的品質。問卷題目排序有下列四個要領可供參考。

- 將簡單、容易回答、沒有機密、毫無威脅的問題，安排在最前面。
- 從一個議題到下一個議題的流程，必須要有合乎邏輯的連結。

・題目編排順序，從一般性、廣泛性的問題，逐步進展到特殊性問題。

・個人所得、知識、能力，公司經營策略、成本、獲利率等，具有敏感性或帶有困難度的問題，編排在問卷最後。

問卷版面設計會影響到問卷是否帶有趣味性，帶有趣味性的問卷可吸引受訪者填答的興趣，進而影響受訪者回答的意願。影響問卷版面設計的因素很多，必須從整體角度美化問卷設計思考，例如紙張的規格、品質與顏色，字型與字體大小，行與行之間的距離，印刷的精美與清晰程度……等，都必須納入考量。

問卷版面設計要領包括：版面清晰、印刷精美、行距適中、字型適宜、字體大小適切、附有明確指引，以及讓受訪者可以輕鬆、容易、願意填答。

5. 試訪

試訪（Pretest）或稱預試、前測，是指執行正式訪問前，先進行小規模試訪。試訪有兩個目的，其一是要測試問卷上的問題是否可爲受訪者所理解，確保符合行銷研究人員獲得所需資料的期望。其二是要測試問卷的效度與信度。

試訪的要領有二，第一、從所設計的研究母體中，選擇部分樣本做爲試訪對象；第二、樣本數必須達到所要訪問總樣本數的10%以上，並且大於30，如此才具有代表性。

試訪常見三種錯誤，第一是對象不對，第二是抽樣情境不妥，第三是樣本數不足。有些行銷研究人員所選擇的試訪對象和研究母體不相關，例如所要研究的是消費者到百貨公司購買化妝品的行爲，但是試訪對象樣本卻選自前往百貨公司購物的廣大消費者，甚至爲了圖方便，以在校園上課的學生或辦公室同事爲試訪對象。到百貨公司購物的消費者，不見得都是購買化妝品的顧客，在校園上課的學生或辦公室同事，和購買化妝品扯不上關係，以他們做爲試訪樣本，毫不相關，不但不適當，也毫無意義可言。

試訪抽樣地點與情境的選擇，必須和正式訪問的情境相同，如此所獲得的樣本才有意義，才具有代表性。例如所要研究的是消費者到3C專賣店購買3C產品的行爲，試訪地點必須選擇3C專賣店，在此眞實的情境下選購3C產品的消費者，才是行銷研究人員所要試訪的對象。

試訪樣本數不足也是常見的現象，有些行銷研究人員只選擇少數幾位（個位數）做爲試訪樣本，這樣的少數樣本當然缺乏代表性。從統計學原理可知，樣本數必須大於30才具有代表性，行銷研究人員必須牢記此一原理。

試訪樣本數足夠大，而且具有代表性時，檢試問卷的效度與信度才有意義。效度與信度是評估問卷品質與可用性的重要指標，將在本書第七章討論。

試訪機制用意雖然美好，可以減少及修正問卷的錯誤與不妥，提高訪問的品質與所蒐集資料的價值，但是也不見得就是萬靈丹，偶爾也會有不完美的地方。試訪機制受到下列限制（註14）。

．能夠偵測出的錯誤程度仍然有限，例如無法偵測出受訪者負擔是否過重的問題，當回答的選項有遺漏或問題含混不清時，受訪者無從得知。

．雖然只需要有一位受訪者指出問題，或提供改進意見即可，但是受訪者並非提供改進意見的唯一來源。

．試訪的受訪者若非目標樣本，所提供的意見南轅北轍，不但毫無助益，甚至會打亂整個研究的陣腳。

6. 修正問題

問卷經過試訪後可能出現兩種結果，第一種是符合預期，無須修改；第二種是需要局部修正，使問卷更符合所需。第一種結果最符合預期，也是最理想的結果，行銷人員可以更有信心的進行正式訪問。第二種結果可能有幾種情況，例如發現某一題目不適合或多餘，需要刪除；題目的用字遣詞不妥當，受訪者不易理解，需要略加修正；題目排列順序不妥、不合邏輯，甚至會出現順序偏差，需要局部調整；甚至發現遺漏某一問題而需要增加。

前段設計問卷時，如果都嚴守問卷設計原理與要領，此時需要再做修正的機會不多，若有必要修正，修正的幅度也極其有限。至於修正問題的要領：根據試訪結果，務實地做必要的修正，使問卷更符合研究的需要。

問卷設計完成，經過檢視及試訪，做必要的修正之後，就可以準備進行正式訪問，蒐集所需要的資料了。

6.6 本章摘要

一般人或初學行銷研究的人，常常忽略問卷設計的重要性，認為只需列出幾個題目，請受訪者回答，即可蒐集到所需要的資料，其實不然。從本章所介紹與討論中，讀者不難發現問卷設計是一種相當專業的知識，也是一種非常實用的技術，只要是涉及研究的問題，幾乎都需要使用問卷。

本章從廣泛的觀點討論問卷的組成要素與功能，介紹問卷的分類與型式，分析各種問卷的優點與缺點，說明問卷題目的設計與題數的抉擇，答案選項奇數或偶數的抉擇要領，同時逐一介紹問卷設計的程序與步驟，並且指出問卷設計各階段的要領，讀者只要熟諳這些方法，掌握其中的要領，要設計一份適合行銷研究所需的問卷，當可迎刃而解。

不同類型的問卷，設計方法各異其趣，本章聚焦於行銷研究常用的問卷，或許無法滿足其他領域或用途的需要，其他領域或用途的問卷設計或許另有差異，讀者可視實際需要，參閱研究方法的其他書籍。

參考文獻

1. Burns, Alvin C., and Ronald F. Bush, *Basic Marketing Research: Using Microsoft Excel Data Analysis*, 3rd Edition, Pearson Education, Inc., New Jersey, USA, 2012, p.198.
2. 同註1，頁176。
3. 林隆儀、黃榮吉、王俊人合譯，V. Kumar, David A. Aaker and George S. Day 原著，《行銷研究》，第二版，雙葉書廊有限公司，2005，頁343。
4. 黃俊英著，《行銷研究概論》，第六版，華泰文化事業股份有限公司，2012，頁132。
5. 同註3，頁343。
6. 同註4，頁132。
7. 同註3，頁347。
8. 同註3，頁345。
9. 同註4，頁133。
10. 同註3，頁345。
11. 同註4，頁133。
12. 同註3，頁340。
13. 同註3，頁343。
14. 同註3，頁357。

本章附錄：問卷範例

親愛的先生／女士，您好！

這是一份學術性研究問卷，目的在探討網路旅行社對消費者影響的問卷調查，本問卷採用不記名方式填答，請依照您最真實的感受與狀況來填答勾選。

您的協助回答將使本研究獲得莫大的幫助，對於您所提供的資料僅作為學術研究分析之用，不作個別使用，敬請您安心據實填答。

由衷地感激您的撥冗協助與支持，僅此獻上最誠摯的謝意！

敬祝

身體健康　萬事如意

真理大學管理科學研究所
指導教授　林隆儀　博士
研究生　呂清鈺　敬上

本研究以網路旅行業做為研究對象，期望透過您對往來過的旅行業者的看法，對本問卷問題進行回答：

請您就以下列選項中勾選出一項您接觸往來過最有印象的網路旅行社。

□1.雄獅旅遊網／雄獅旅行社。
□2.易遊網（eztravel）／易遊網旅行社。
□3.東南旅行社。
□4.燦星旅遊（startravel）／燦星旅行社。
□5.易飛網（ezfly）／誠信旅行社。
□6.鳳凰旅行社。
□7.五福旅行社。
□8.可樂旅遊／康福旅行社。

請根據您上述所勾選之旅行社來做為下列題項的回答依據：

第一部分：企業形象

此部分乃是您對網路旅行社在企業形象（消費者對公司的主觀態度、感覺和印象的喜愛程度高低）上的感受，請您就以下各個問項，勾選您的同意程度，每個問題均為單選題。

	非常不同意	不同意	有點不同意	普通	有點同意	同意	非常同意
1.該旅行社經營穩健，形象良好。	□	□	□	□	□	□	□
2.該旅行社信用可靠。	□	□	□	□	□	□	□
3.該旅行社具有高知名度。	□	□	□	□	□	□	□
4.該旅行社重視消費者之權益。	□	□	□	□	□	□	□
5.該旅行社收取合理的旅遊費用。	□	□	□	□	□	□	□
6.該旅行社的產品促銷活動和廣告是具有吸引力的。	□	□	□	□	□	□	□
7.該旅行社提供的服務是適切且有效率的。	□	□	□	□	□	□	□
8.該旅行業執業人員有良好專業知識。	□	□	□	□	□	□	□
9.該旅行業能夠提供完善的服務內容。	□	□	□	□	□	□	□
10.該旅行社提供的旅遊服務種類多樣化。	□	□	□	□	□	□	□

第二部分：關係行銷

這部分的問題是想瞭解您對於該旅行社實施關係行銷的感覺。請您就以下各個問項，勾選您的同意程度，每個問題均為單選題。

	非常不同意	不同意	有點不同意	普通	有點同意	同意	非常同意
1.該旅行社提供折扣以吸引購買。	□	□	□	□	□	□	□
2.該旅行社給予價格的優惠讓您感到滿意。	□	□	□	□	□	□	□
3.經常與該旅行社交易可得到贈品或折扣優惠讓您感到滿意。	□	□	□	□	□	□	□
4.在特定節日會收到該旅行社的卡片或禮物，讓您感到窩心。	□	□	□	□	□	□	□
5.該旅行社為維繫和瞭解顧客各項業務需求，會給予電訪或旅遊相關網路資訊。	□	□	□	□	□	□	□
6.該旅行社會主動與您保持溝通並建立友誼。	□	□	□	□	□	□	□
7.該旅行社設有討論區或聯誼性社群。	□	□	□	□	□	□	□
8.該旅行社會提供與產品或服務相關的新知識。	□	□	□	□	□	□	□
9.該旅行社會根據您的需求，提供適合您的旅遊產品或規劃服務。	□	□	□	□	□	□	□
10.該旅行社會建立客户服務中心或網上問答機制，以隨時解答消費者的疑問。	□	□	□	□	□	□	□
11.該旅行社與航空公司或飯店業等結合，提供消費者更完整的相關附加服務。	□	□	□	□	□	□	□

第三部分：信任

這部分的問題是想瞭解有關您對於該旅行社信任的程度。請您就以下各個問項，勾選您的同意程度，每個問題均為單選題。

	非常不同意	不同意	有點不同意	普通	有點同意	同意	非常同意
1.該旅行社擁有豐富的旅遊產品知識和能力與技巧。	□	□	□	□	□	□	□
2.該旅行社提供給顧客的資訊是正確可靠的。	□	□	□	□	□	□	□
3.該旅行社是值得信任與誠實的。	□	□	□	□	□	□	□
4.該旅行社的產品或服務品質有一定的水準。	□	□	□	□	□	□	□
5.該旅行社將顧客利益放在旅行社之上。	□	□	□	□	□	□	□

第四部分：口碑

這部分的問題是想瞭解您對於該旅行社口碑的態度。請您就以下各個問項，勾選您的同意程度，每個問題均為單選題。

	非常不同意	不同意	有點不同意	普通	有點同意	同意	非常同意
1.當我對該旅行社有正面評價時，我會宣傳該旅行社的優點。	□	□	□	□	□	□	□
2.當我對該旅行社有正面評價時，我會推薦該旅行社給親朋好友。	□	□	□	□	□	□	□
3.當您聽到該旅行社的正面口碑時，會提高您去購買該旅行社的產品之意願。	□	□	□	□	□	□	□
4.當我對該旅行社有負面評價時，我會傳播該旅行社的缺點。	□	□	□	□	□	□	□
5.當我對該旅行社有負面評價時，我不會推薦該旅行社給親朋好友。	□	□	□	□	□	□	□
6.當您聽到該旅行社的負面口碑時，會降低您對該旅行社的產品之購買意願。	□	□	□	□	□	□	□

第五部分：購買意願

此部分乃是您對該旅行社購買意願上的感受，請您就以下各個問項，勾選您的同意程度，每個問題均為單選題，謝謝。

	非常不同意	不同意	有點不同意	普通	有點同意	同意	非常同意
1.我會購買該旅行社產品的機率很高。	□	□	□	□	□	□	□
2.我會考慮去購買該旅行社的產品。	□	□	□	□	□	□	□
3.我很願意推薦給我的親朋好友購買該旅行社的產品。	□	□	□	□	□	□	□

第六部分：個人基本資料

以下是有關您的個人資本資料，僅供本研究統計分析之用，絕不供給其他用途，請您放心填答，在適當的方格內勾選，謝謝。

1.性別 □男 □女

2.年齡
□18～25歲 □26～30歲 □31～35歲
□36～40歲 □41～45歲 □46～50歲
□51～55歲 □56～60歲 □61歲及以上

3.婚姻狀況 □未婚 □已婚

4.職業
□電子資訊業 □金融保險業 □農林漁牧礦
□服務業 □軍公教 □自由業
□家管 □學生 □其他______

5.教育程度	□國（初）中以下	□高中（職）	□專科或大學
	□研究所（含）以上		
6.居住地區	□北部地區（北、基、桃、竹苗）	□中部地區（中、彰、投、雲、嘉）	□南部地區（南、高、屏）
	□東部地區（宜、花、東）	□外島地區（澎湖、金門、馬祖）	
7.每年平均旅遊支出	□10,000元及以下	□10,001～50,000元	□50,001～90,000元
	□90,001～130,000元	□130,001～170,000元	□170,001～210,000元
	□210,001～250,000元	□250,001～290,000元	□290,001元及以上
8.每年平均旅遊次數	□1次及以下	□2-4次	□5-7次
	□8次及以上		

問卷到此全部完畢，麻煩您再檢查是否有遺漏未填的選項
～再次感謝您撥空填答～

第7章

態度的衡量

7.1　前言

行銷研究常會面臨衡量受訪者態度的問題，態度的衡量和所使用的尺度密不可分，尺度有多種型態，各有不同意義，尺度的選擇除了會影響衡量之外，也會左右後續的檢定方法。行銷研究人員必須針對研究變數做操作性定義，接著確定要使用什麼尺度來衡量變數，如此才能精確的衡量研究變數。

行銷研究人員想瞭解消費者對公司與產品的態度時，態度衡量扮演關鍵性角色。受訪者對研究變數的態度經過正確衡量後，才能瞭解其態度的傾向，例如受訪者對公司品牌記憶程度，對新產品包裝喜歡程度，對新產品定價接受程度，看過公司廣告影片的次數，對新產品購買意願高低等行爲傾向。

本章聚焦於討論研究變數的操作性定義、態度衡量的意義與方法、尺度的意義與衡量態度所使用的尺度、衡量誤差的來源與改善方法，以及檢視衡量效度與信度的方法。

7.2　變數操作性定義

變數（Variable）是指事件、行動、特性、特質或屬性的象徵，這些象徵可以被衡量，並賦予具體而明確的數值（註1）。變數有許多不同的分類方法，除了本書第二章所討論的分類之外，行銷研究上常會根據變數的特性，區分爲連續變數（Continuous Variable）與不連續變數（Discrete Variable），前者如量測人們的身高與體重、公司員工平均服務年資、產品的良品率、市場占有率、獲利率，可以用帶有小數點的數字表示，也就是統計學上所稱的計量值。後者如不良品數量、交通事故次數、服務失誤次數、消費者上星期看過公司廣告影片次數，只能用整數數字表示，也就是統計學上所稱的計數值。

誠如本書第二章所討論，定義（Definition）是指對一事物所做的正確解釋。研究變數的定義可分爲觀念性定義、文義性定義與操作性定義。操作性定義是指行銷研究人員爲了特定研究的需要，針對研究變數及其構面所賦予的特定定義；同一研究變數，因爲不同的研究需要，其操作性定義可能各異其趣，例如行銷研究人員所稱的投資報酬率，有些是指公司投入資產的報酬率（Return on Assets, ROA），有些是指投入資本的報酬率（Return on Invested Capital, ROIC），有些是指股東權益報酬率（Return on Equity, ROE），另有些是指銷售報酬率（Return on Sales, ROS）。

行銷研究的目的是爲了要解決特定行銷問題，如果採用文義性定義，常會失之太過籠統，例如只將「顧客滿意」定義爲「顧客購買公司產品或服務後，感到心滿意足」，此一定義不知道要衡量什麼，當然也就測量不到所要衡量的態度了，對研究工作毫無幫助可言。

行銷研究要求務實、具體、精準，才能眞正的解決所遭遇到的問題，因此研究變數及其構面必須賦予操作性定義。下列三個實例分別是「顧客滿意」、「購買意願」、「廣告態度」的操作性定義。

1. 顧客滿意：顧客購買公司的產品或服務後，感到心滿意足的程度，滿足的程度愈高，表示顧客滿意度愈高。

2. 購買意願：顧客購買公司新產品機率的高低，購買機率愈高，表示購買意願愈強。

3. 廣告態度：消費者對公司新廣告影片所形成主觀知覺的喜愛程度，喜愛程度愈高，表示消費者對公司的廣告態度愈佳。

以上三個操作性定義，分別明確的點出所要衡量的是「滿足的程度」、「購買機率的高低」、「喜愛的程度」，爲行銷研究人員指引衡量的方向。有了明確而操作化的定義，就容易進行後續的衡量工作了。

7.3 態度衡量與尺度

態度（Attitude）是個人形成對環境認知方法的一種心理狀態，進而引導反應的方法（註2）。和人們的態度相關的因素有三：(1)認知或知識因素：代表人們對一個研究變數的資訊，包括對變數的知曉，對此一變數的特性或屬性的看法，以及每一個屬性相關重要性的衡量。(2)情感或連結因素：採用喜歡或不喜歡，有利或不利的尺度，摘要描述人們對研究變數的整體感覺。(3)意圖或行動因素：人們對一個研究變數未來行爲的期望（註3）。

衡量（Measurement）是根據某些預先設定的規則，將有趣的某些特徵賦予數字或其他符號的過程（註4，註5）。衡量包括三個邏輯步驟：(1)選定所要衡量的對象；(2)設定一套對應的衡量規則；(3)針對衡量變數賦予數字或其他符號。由此可知，衡量過程具有兩個特性：第一、被衡量的變數必須要有一對一的數字和特性的對應；第二、衡量規則必須具有恆常性，也就是不會因爲時間或衡量變數改變而有所改變。

研究變數的衡量和所使用的尺度息息相關，尺度（Scale）是根據研究變數所擁有的可衡量特性的數量，所創造出來的一個連續過程（註6）。研究變數衡量尺度有四：名目尺度、順序尺度、區間尺度、比例尺度、行銷研究人員所選擇使用的尺度，和後續適合採用的統計檢定方法密不可分。四種尺度的特性與應用分述如下。

1. 名目尺度（Nominal Scale）

名目尺度是指爲了辨識或歸類所指派的數值，亦即只將研究標的予以分類，分別被指派到互相獨立，加上標籤的項目上，各項目之間不一定要有關係，數值大小並無意義，沒有順序或空間涉及其中（註7）。例如將受訪者按照性別區分爲男性與女性；將顧客按照公司產品使用量區分爲重量級顧客、中量級顧客、輕量級顧客；又如將人們對創新產品接受速度區分為創新者、早期使用者、早期的多數、晚期的多數、落後者。名目尺度只能用來將衡量標的予以分類、區別，不能進行數學運算，數字的任何比較都沒有意義，也是等級最低的衡量尺度。

2. 順序尺度（Ordinal Scale）

順序尺度是將研究標的區分為幾個等級，或按照某一個一般變數的順序加以排列順序，只能區分出每一個標的的變數是否比其他標的多或少，此時所提供的資訊只是衡量標的之間有多少差異（註8）。例如將飯店按照規模等級區分為六星級、五星級、四星級、三星級……等；員工考評結果按照成績等級予以排序，分別為特優、優等、甲等、乙等、丙等；GMP認證廠商按照成績優異情形區分為優級、良級、普級。順序尺度的衡量水準高於名目尺度，但是只能將衡量標的加以分類等級與排序，不能用來衡量不同等級之間的距離，數學運算僅侷限於辨識中位數與眾數。

3. 區間尺度（Interval Scale）

區間尺度除了將研究標的加以排序之外，排序的數字也代表所衡量屬性的同等增量，其間的差異可加以比較（註9）。例如1和2之間的差異，與2和3之間的差異同樣都是1。區間尺度中，0的位置不是固定，因為0並不表示沒有屬性，例如時鐘刻度就是一種區間尺度，早上5點到10點的距離，與下午3點到8點的距離相同，但是不能說早上10點比5點晚了兩倍。又如溫度計用來表示溫度的尺度有攝氏與華氏，按照不同的區間尺度衡量，有著不同的零點，不能說攝氏30度比攝氏10度熱三倍。區間尺度的衡量水準高於名目尺度與順序尺度，最大的特性在於，可將衡量標的予以分類等級、排序，等級之間的距離都相同，零點是任意選定，可進行數學的加減運算，也就是可以計算出平均數。

4. 比率尺度（Ratio Scale）

比率尺度是一種具有有意義之零點的特殊區間尺度，可以利用絕對值來評估公司的某一項標的，比最大的競爭者大幾倍或小幾倍（註10）。例如A公司的新進人員起薪薪資爲25,000元，B公司新進人員的起薪薪資爲50,000元，顯然B公司新進人員薪資爲A公司的兩倍。比率尺度有一個固定的零點，也是唯一的零點，是最高等級的衡量尺度，可以進行絕對值的比較，以及數學加減乘除的運算。

以上四種尺度的意義與特性，可以整理如表7-1所示。

表7-1　衡量尺度的意義與特性

衡量尺度的類型	態度尺度的類型	指派號碼的規則	典型的運用	統計量／統計檢定
名目尺度	二分法的「是」或「不是」尺度	標的是相同或不同	分類（依性別、地理區域、社會地位）	百分比、眾數／卡方
順序或等級尺度	比較的、等級順序、項目化的種類、成對的比較	標的是大於或小於	等級（偏好、層級地位）	百分位數、中位數、等級順序相關／Friedman ANOVA
區間尺度	李克特、索斯洞、史德培、相關性、語意差異	每一相鄰等級區間相等	指數、溫度、態度衡量	平均數、標準差、積差相關／t檢定、ANOVA、迴歸分析、因數分析
比率尺度	有特殊指示的某些尺度	零是有意義的，所以絕對值的比較是可能的	銷售值、收入、生產的單位、成本、年齡	幾何及調和平均數、變異係數

資料來源：林隆儀等合譯《行銷研究》，2005，頁307。

7.4　態度衡量的選擇

行銷研究人員衡量受訪者的態度時，有多種方法可供選擇，其中最常被採用者，包括評價法、排序法、成對比較法、語意差異法、史德培尺度法、李克特綜合尺度法，以下將分別簡要討論。

1. 評價法

評價法（Rating）利用評價尺度來衡量受訪者的態度，基本上是順序尺度的應用，實際使用時設法使各水準之間的距離相等，而當作區間尺度處理，其中最常被採用者有圖形評價尺度、逐項列舉評價尺度、比較評價尺度（註11）。

・圖形評價尺度：利用連續帶的兩個極端原理，請受訪者在連續帶上自由表達意見，在認為最適當位置畫上「×」或「＋」符號。這是設計最簡單，受訪者可以自由表達意見的一種評價方法。

・逐項列舉評價尺度：逐項列舉法利用文字描述各尺度的差異程度，列出有限度的可能答案，請受訪者從中做選擇的一種評價方法。至於可能答案到底是奇數或偶數比較好，並沒有定論，如同本書第六章所討論問卷題目數一樣，端視行銷研究人員的需要而定。

・比較評價尺度：比較評價法尺度又稱百分點分配法，行銷研究人員列出研究變數的各種屬性，請求受訪者判斷其重要性後，填寫分配的點數，儘管各項屬性所分配的點數各不相同，但是總點數必須為100點。

以上三種評價法如圖7-1所示。

(一) 圖形評價尺度

(a) 請按照您對hTC手機各項屬性的重要性，在各屬性的連續帶上最適當的位置畫上「×」符號。

屬性	不重要 ———— 很重要
設計精美	________________
價格合理	________________
功能最多	________________
省電裝置	________________
服務良好	________________

(b) 請在下列尺度的適當位置畫一「×」號，以表示你對hTC手機各項屬性重要性的看法。

設計不精美	1	2	3	4	5	6	7	設計精美
價格不合理	1	2	3	4	5	6	7	價格合理
功能並非最多	1	2	3	4	5	6	7	功能最多
無省電裝置	1	2	3	4	5	6	7	省電裝置
服務不夠好	1	2	3	4	5	6	7	服務良好

(二) 逐項列舉評價尺度

請按照您對hTC手機各項屬性的看法，在下列各屬性的適當方格中畫上「×」符號。

屬性	很不重要	不重要	無意見	重要	很重要
設計精美	☐	☐	☐	☐	☐
價格合理	☐	☐	☐	☐	☐
功能最多	☐	☐	☐	☐	☐
省電裝置	☐	☐	☐	☐	☐
服務良好	☐	☐	☐	☐	☐

(三) 比較評價尺度

請按照您對hTC手機各項屬性相對重要性的看法，將100點分配給下列各屬性。

設計 ______ 點
價格 ______ 點
功能 ______ 點
服務 ______ 點
省電 ______ 點
合計 100 點

圖7-1 三種評價尺度

資料來源：改寫自黃俊英著《行銷研究概論》，2012，頁224。

評價法列出備選項目與尺度，讓受訪者自行勾選或配點，優點是設計簡單，塡答容易，可以快速蒐集到所需要的資料；缺點是主觀因素太強，常會出現下列三種評價者誤差。

・正負向誤差：有些評價者常會給予較高的評價，而出現寬鬆的正向誤差；有些評價者常會給予較低的評價，而出現嚴格的負向誤差。

・中間傾向誤差：受訪者常因爲礙於情面，不想給予太低的評價，也常爲了隱藏對訪問題目涉入不深的窘境，不願意給予太高的評價，以致所勾選的答案會有集中在中間尺度的現象。

・暈輪效果（Halo Effect）：又稱爲月暈效果，評價者對評價的標的若有普遍化的印象，常會有以偏概全的現象，因而出現系統性誤差，例如對手機的功能感到滿意，常會擴大到對其品質、價格、服務都感到滿意；對手機的服務感到不滿意，也會拖累到對功能、品質、價格感到不滿意。

2. 排序法

排序法（Ranking）是行銷研究人員列出訪問題目的備選答案，請求受訪者按照喜歡程度給予數字排序。例如訪問題目列出六種冷氣機廠牌：大金空調、日立、Panasonic、東元、三洋、大同，請受訪者按照喜歡程度分別給予1到6的排序，這種尺度的設計簡單，受訪者回答容易、具體，有助於後續的資料處理。

3. 配對比較法

配對比較法（Paired Comparison）又稱對比法，將所要比較的研究標的予以配對，利用比較判斷法則，請求受訪者按照某一準則，例如汽車的外觀設計、品牌形象、省油程度、標準配備、操控與駕馭感、保養費用與方便性等，請求受訪者將每對標的逐一比較，以便分出優劣。配對比較法將所要比較的標的予以配對成雙，方便比較，其缺點是設計比較費時，而且可能會有誤導作用，其優點是由受訪者逐項進行直接配對比較，所獲得的結果相當清楚。

4. 語意差異法

語意差異法（Semantic Differential）是利用一組由兩個對立的形容詞，設計成兩個極端的尺度，用來評估公司的整體形象、產品、品質、服務或其他任何觀念。例如行銷研究人員評估便利商店時，採用如圖7-2所示的語意差異法。

商店地點不方便	： ： ： ： ： ：	商店地點方便
營業時間不方便	： ： ： ： ： ：	營業時間方便
產品種類不齊全	： ： ： ： ： ：	產品種類齊全
產品陳列欠妥當	： ： ： ： ： ：	產品陳列妥當
產品經常會缺貨	： ： ： ： ： ：	產品不會缺貨
服務態度不親切	： ： ： ： ： ：	服務態度親切

圖7-2　使用語意差異法評估便利商店

5. 史德培尺度法

史德培尺度（Stapel Scale）是修改自語意差異法的一種衡量尺度，由一組單邊評價的10點尺度所構成，所不同的是尺度數值由負向排列到正向，也就是從−5依序排列到+5所組成的10個數值，請求受訪者勾選他們認爲最適合的答案。

史德培尺度使用方便，最大的優點是尺度以正負數字標示，可以同時衡量受訪者的態度與方向，這一點是語意差異法所不及者，例如評估速食餐廳的點餐及供餐服務時，史德培尺度如圖7-3所示。

速食餐廳點餐及供餐服務

+5	+5	+5	+5
+4	+4	+4	+4
+3	+3	+3	+3
+2	+2	+2	+2
+1	+1	+1	+1
排隊時間短	供餐速度快	服務態度親切	清潔及衛生良好
−1	−1	−1	−1
−2	−2	−2	−2
−3	−3	−3	−3
−4	−4	−4	−4
−5	−5	−5	−5

圖7-3 史德培尺度應用實例

6. 李克特綜合尺度法

李克特綜合尺度（Likert Summated Rating Scale）是請求受訪者勾選他們認爲最適合之意見的一種衡量方法，行銷研究上採用得最普遍。這種尺度最常設計成附有5點、6點、7點尺度，代表受訪者同意或不同意的意見，請受訪者從中勾選。李克特綜合尺度應用實例如圖7-4所示。

李克特綜合尺度的缺點是設計比較複雜而費時，但是其優點是受訪者勾選容易、答案明確可靠、具有區別能力。

態度衡量尺度有如上述的許多種方法，每一種方法各有其優點與缺點，衡量結果會受到各種尺度特徵的影響，行銷研究人員必須瞭解這些影響與限制，以及造成衡量誤差的原因，進而選擇適當的尺度，避免產生錯誤的解釋。下一節將討論衡量誤差的意義與來源。

題　項	1.非常不同意	2.不同意	3.沒意見	4.同意	5.非常同意
我認為一家優良的便利商店應該具備的條件：					
1.這間便利商店商品的種類有多種不同選擇。					
2.這間便利商店有提供桌椅讓客人使用。					
3.這間便利商店裡有提供洗手間讓客人使用。					
4.這間便利商店距離住家或學校近。					
5.這間便利商店商品的品質好（如：新鮮、健康、安全)。					
6.這間便利商店商品擺放整齊。					
7.這間便利商店的內部環境整齊清潔。					
8.這間便利商店的冷氣空調很舒服。					
9.這間便利商店內光線明亮。					
10.這間便利商店店員服務態度親切友善。					

圖7-4　李克特綜合尺度應用實例（問卷部分題項）

7.5　衡量誤差的來源與改善方法

態度衡量牽涉到尺度的設計與答案的勾選，尺度是由行銷研究人員所設計，回答是由受訪者來勾選，兩者都屬於人爲的動作，人爲的動作受到許多因素的影響，要完全掌控似乎不太可能，因此可能會產生誤差，進而影響到研究效果。行銷研究人員必須瞭解衡量誤差的意義與來源，設計可以避免或降低誤差的衡量尺度，以提高衡量品質與研究價值。

衡量誤差可區分爲系統誤差（Systematic Bias）與隨機誤差（Random Bias），前者是因爲衡量錯誤所產生的誤差，所以會一再重複產生同樣的錯誤，後者是因爲機率原因所產生的誤差，不規則出現的誤差。無論是系統誤差或隨機誤差，造成誤差的原因可歸納爲下列四種原因（註12）。

1. 受訪對象

受訪對象個人的特質會造成回答意見的差異，因而產生衡量誤差，例如受訪者所屬的社會階層、參加的社團、服務部門、員工職位、住家與公司的距離等，都有可能產生衡量誤差。受訪者接受訪問時的生理狀況或情緒上，例如疲倦、飢餓、焦慮、心情不佳、缺乏耐心等，都有可能產生衡量誤差。行銷研究人員在設計衡量尺度時，必須審愼探究這些原因，事前設法消除、平衡這些可能的誤差，訪問過程中則要營造輕鬆的氣氛，讓受訪者心情愉快，專心接受訪問。

2. 情境因素

受訪者接受訪問當時的環境與情境，會影響訪問者與受訪者之間的關係，因而造成衡量誤差。例如訪問場所凌亂、噪音的干擾、高溫的不舒適、光線昏暗、有不相關的人士在場、受訪者下班急著趕回家，或遇到其他緊急狀況……等，都是造成衡量誤差的重要原因。行銷研究人員在安排訪問時間與地點時，必須盡可能選擇不致使訪問受到干擾的情境。

3. 研究人員

訪問人員的行爲、作風、態度，也是造成衡量誤差的原因，例如重述受訪者所回答的意見、改變或寫錯回答的意見、不按問題順序訪問；訪問人員的外表和行爲的刻板印象、有意或無意的微笑、鼓勵或阻撓特定意見、高壓式強迫訪問、態度傲慢引起反感等，都會直接或間接造成衡量誤差。行銷研究人員若自行執行訪問，必須要養成高規格研究素養的習慣，若有其他訪問人員協助執行訪問工作，必須審慎甄選具有高度熱忱，願意負責任的訪問人員，並給予充分的訓練，讓他們在「知其然，亦知其所以然」的情況之下，順利執行訪問工作。

4. 衡量工具

選對工具才能做正確的衡量，衡量的工具不對或有瑕疵，可能會造成兩種衡量誤差，第一種是因為工具模糊所造成的衡量誤差，例如用字太過專業，受訪者難以理解；遣詞太過深奧，讓受訪者摸不著頭緒；語法太過專精，超越受訪者的理解能力；操作性定義欠缺妥當，讓受訪者會錯意。第二種是因為工具瑕疵所造成的衡量誤差，例如訪問的問題超越研究範圍、問卷題目設計不當。行銷研究人員在設計訪問問卷時，必須檢視問卷設計要領與衡量尺度的適切性，唯有設計正確的衡量工具，才能避免衡量誤差。

7.6 檢視效度與信度

態度衡量務求有效、正確、精準，要做到這種境界，必須要有一份良好的衡量工具。衡量工具又稱為量表，衡量工具設計完成後，必須要檢視其效度與信度，才能確保衡量的有效性、正確性與精準的程度。

一份良好的衡量工具必須同時具備四項特徵：具有效度、具有信度、具有敏感度、具有可行性（註13），行銷研究所要求的衡量，既要具有效度，又要有信度，而且還要具有敏感度與可行性，四者缺一不可。

1. 效度（Validity）

效度是指衡量工具可以衡量到研究者所要衡量標的的屬性，亦即態度衡量的結果，若可以衡量到所要衡量的事物，則表示該衡量具有效度。例如行銷研究人員所要衡量的是消費者購買公司新產品的意願，所選用衡量工具衡量的結果，正好顯示消費者對公司新產品的購買意願，則可以宣稱該衡量具有效度。

行銷研究常用的效度有多種型態，包括表面效度、準則效度、同時效度、預測效度、收斂效度、鑑別效度、構念效度（註14，註15），以下分別介紹之。每一種效度各有其特色與優缺點，實務應用上為避免偏誤，常視衡量所需要的精確度，同時檢視兩種以上的效度。

・內容效度（Content Validity）：又稱為表面效度（Face Validity）或一致性效度（Consensus Validity），是指衡量工具足夠涵蓋研究主題的程度。例如行銷研究人員所發展的衡量量表，大多是根據參考文獻及相關研究的問卷推演而來，所發展的問卷題目若足以涵蓋研究主題，此時的衡量可以宣稱具有表面效度。

・準則效度（Criterion Validity）：又稱效標關聯效度，是指根據態度衡量與其他準則變數相關的實證證據來衡量的效度。例如衡量如果可以正確估計消費者對公司品牌偏好的比率，則可以宣稱衡量具有同時效度（Concurrent Validity）。若衡量結果可以預測某個未來事件，則稱該衡量具有預測效度（Predictive Validity），例如衡量消費者對公司產品的偏好或購買意願時，如果利用現有銷售資料即可預測未來的銷售，此時的衡量可以宣稱具有預測效度。

・構念效度（Construct Validity）：又稱為建構效度，是指衡量工具實際衡量的標的，如果構念的基礎理論所預測的假設獲得支持，則可以宣稱該衡量具有構念效度。行銷研究實務常利用因素分析後的因素特徵值（Eigenvalue），判斷衡量是否具有構念效度，若因素特徵值大於1，而且以最大變異數法（Varimax）做直交轉軸後，因素負荷量絕對值大於0.4，可以宣稱衡量具有構念效度（註16）。

林隆儀與商懿匀在研究〈老年經濟安全保障、理財知識與逆向抵押貸款意願〉時，所採用的問卷效度，分析如表7-2所示，表中因素負荷量介於0.563～0.999之間，皆大於0.4，特徵值介於3.982～4.454之間，符合大於1的要件，因此可以宣稱衡量工具具有良好的效度（註17）。

表7-2　問卷效度分析實例

變數／構面		題號	因素負荷量	特徵值	解釋變異量（%）
老年經濟安全保障	基本生活需求	1	0.999	4.377	87.549
		2	0.691		
		3	0.999		
		4	0.690		
		5	0.998		
	經濟安全需求	6	0.994	4.454	89.071
		7	0.748		
		8	0.994		
		9	0.732		
		10	0.985		
理財知識	借貸規劃	11	0.997	4.450	89.000
		12	0.740		
		13	0.997		
		14	0.732		
		15	0.993		

（接下頁）

（承上頁）

變數／構面		題號	因素負荷量	特徵值	解釋變異量（%）
理財知識	退休規劃	16	0.998	4.453	89.067
		17	0.721		
		18	0.998		
		19	0.743		
		20	0.994		
涉入		21	0.992	4.443	88.854
		22	0.747		
		23	0.992		
		24	0.732		
		25	0.979		
逆向抵押貸款借款意願		26	0.649	3.982	66.374
		27	0.684		
		28	0.748		
		29	0.675		
		30	0.665		
		31	0.563		

・收斂效度（Convergent Validity）：如果態度衡量與該變數所假設的衡量具有相關或收斂效果，表示能夠適當的代表一個特徵或變數。

・鑑別效度（Discriminate Validity）：變數衡量結果若足以區別變數之間的差異，表示衡量具有鑑別效度。

2. 信度（Reliability）

信度是在檢視衡量工具的正確性（Accuracy）或精確性（Precision），也就是在檢視衡量工具的穩定性（Stability）與一致性（Consistency）。由此定義可知，信度除了正確與精確之外，不同的人在不同的時間所衡量的結果都相同，這就是穩定性與一致性的意義。例如化學實驗上，兩份氫（H_2）加一份氧（O），會成爲水（H_2O），任何人所做的結果都一樣；又如某人的身高是180公分，無論是醫生或護理人員，在不同時間所測量的結果都相同，表示衡量工具具有信度。行銷研究所使用的態度衡量工具，除了必須具有效度之外，還必須同時具有信度，唯有這樣的工具才能滿足衡量的要求。

檢視衡量工具的穩定性，常使用再測信度（Test-retest Reliability）技術，比較兩次衡量結果的相關程度，相關程度高表示衡量工具具有信度。有些變數的衡量間隔時間短，衡量結果的信度高；間隔時間太長，衡量的信度低，例如人們的血壓、消費者購買意願、消費者對公司形象的評價、顧客滿意度與忠誠度……等，都有這種現象。

態度衡量尺度通常包括許多項目，若經檢視結果證實這些項目都是在衡量同一態度，表示各項目的衡量具有一致性。折半信度（Split-half Reliability）常被用來檢視衡量工具的信度，通常是將問卷題目隨機分爲兩份題目數相等的問卷，衡量後分別計算這兩份問卷總分的相關係數，相關係數愈高，表示該問卷的信度愈佳。

行銷實務上常用Cronbach's α係數檢視衡量工具的信度，判定準則爲α值愈大，顯示構面內各題目之間的相關性愈大，表示內部一致性愈高；在探索性研究中，當$\alpha > 0.60$時，衡量工具的信度即可被接受；驗證性研究通常要求更嚴謹的高信度，亦即$\alpha > 0.70$時，衡量工具的信度才能被接受（註18）。

衡量工具的信度愈高，表示衡量結果的正確性與精確性愈佳；反之，則愈差。衡量工具的信度偏低時，改善方法有三：(1)設計毫不含糊的衡量題項；(2)增加類型和品質相同的題項；(3)清楚明確及標準化的指示，以降低衡量誤差（註19）。

林隆儀與商懿勻在研究〈老年經濟安全保障、理財知識與逆向抵押貸款意願〉時，所使用的問卷信度，分析如表7-3所示，表中各變數的Cronbach's α值介於0.917～0.963之間，整體問卷的Cronbach's α值爲0.884，都滿足大於0.7的要求，表示問卷所具信度相當良好。

表7-3　問卷信度分析實例

<table>
<tr><th rowspan="2">衡量變數</th><th rowspan="2">衡量變數之構面</th><th rowspan="2">題項</th><th colspan="3">Cronbach's α值</th></tr>
<tr><th>構面</th><th>變數</th><th>整體</th></tr>
<tr><td rowspan="2">老年經濟安全保障</td><td>基本生活需求</td><td>1～5</td><td>0.955</td><td rowspan="2">0.917</td><td rowspan="6">0.884</td></tr>
<tr><td>經濟安全需求</td><td>6～10</td><td>0.964</td></tr>
<tr><td rowspan="2">理財知識</td><td>借貸規劃</td><td>11～15</td><td>0.963</td><td rowspan="2">0.867</td></tr>
<tr><td>退休規劃</td><td>16～20</td><td>0.963</td></tr>
<tr><td colspan="2">涉入</td><td>21～25</td><td>-</td><td>0.963</td></tr>
<tr><td colspan="2">逆向抵押貸款借款意願</td><td>26～31</td><td>-</td><td>0.898</td></tr>
</table>

3. 敏感度（Sensitivity）

敏感度是指衡量工具辨別受訪者的態度，有意義之差異性的能力。敏感度和問卷題目數有關，題目數愈多，衡量愈精細，敏感度愈高；題目數愈少，衡量愈粗糙，敏感度愈低，但是題目數愈多，也會產生模糊現象，稀釋衡量的精確度，因而降低問卷的信度。由此可知，衡量態度所使用的問卷題目數必須拿捏得宜，誠如本書第六章所討論，以25題至35題最適宜。

4. 可行性（Practicality）

具有可行性的工具，才能衡量到所要衡量標的的特性，衡量工具要具有可行性，必須滿足經濟、便利、可解釋等三個特性。

經濟性（Economy）是指蒐集資料與衡量過程所需投入的預算，如上所述，問卷題目數量愈多，衡量愈精細，信度愈高，但是所需要投入的預算也愈多。行銷研究人員在設計衡量工具時，必須要考量衡量的經濟性。

便利性（Convenience）是指衡量工具方便、容易使用的程度，訪問者方便蒐集到所需要的資料，容易進行態度的衡量，受訪者方便接受訪問，容易回答問題，這樣的衡量工具不但可以蒐集到豐富的資料，也可以提高衡量的信度。

可解釋性（Interpretability）是指態度衡量結果，不僅可以被研究人員解釋，同時也可以被資料使用者理解。行銷研究的目的是要解決行銷活動所遭遇到的問題，態度衡量結果具有可解釋性，才能形成共識，也才能解決所遭遇到的問題。

7.7　態度衡量的要求

良好的態度衡量必須滿足一定的要件，有些學者從更嚴謹的觀點提出很多要件，有些學者從實務應用角度提出基本要求。行銷研究講究實務應用，對衡量的基本要求，必須滿足既有效度，又有信度。

效度和信度有密切的關係，信度對效度來說是必要條件，但不是充分條件。研究上所要求的是做爲衡量工具的量表必須是既有效度又有信度，這樣的量表才能精準的測量到研究變數的眞正特質，而且所測得的結果具有穩定的一致性。

例如打靶或射箭時，射中目標的正確性所衡量的是效度，沒有射中標靶當然是無效（沒有效度）；射擊的精準度所衡量的是信度，雖然射中標靶但著彈點分散四處，形成有效度但沒有信度的結果；若每一次都射中標靶的紅心，則形成既有效度又有信度的局面，這是最理想的狀況，如圖7-5的解析所示（註20）。

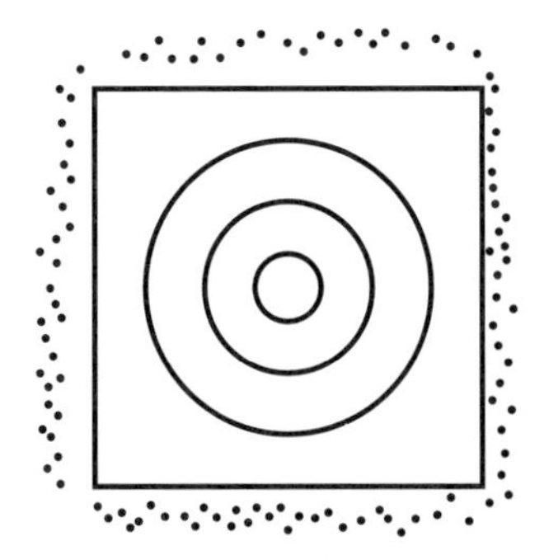

1.霰彈槍射擊：
無效度，無信度。

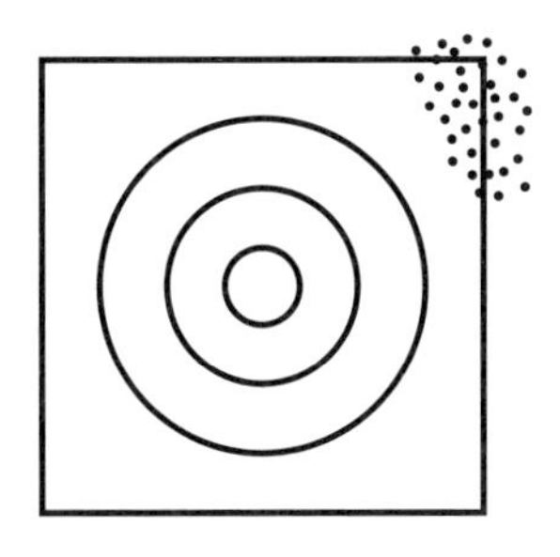

2.霰彈槍射擊：
無效度，有信度，
但是無濟於事。

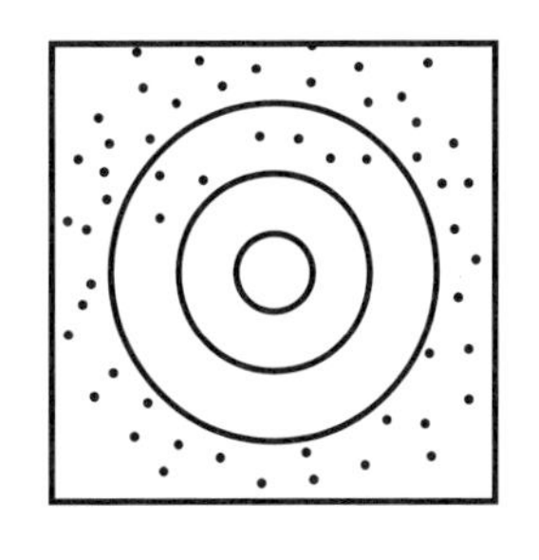

3.霰彈槍射擊：
有效度，無信度。

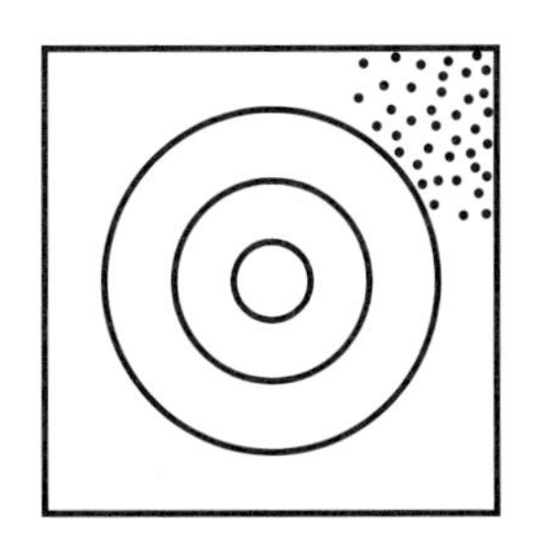

4.來福槍射擊：
有效度，有信度，
但非所期望。

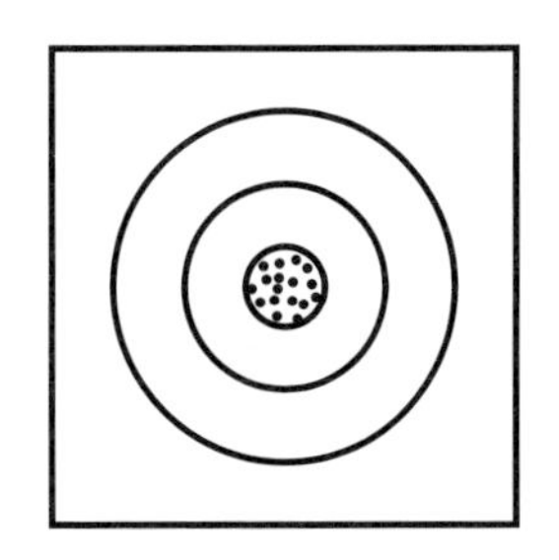

5.來福槍射擊：
既有效度，又有信度，
符合期望。

圖7-5　效度與信度的解析

資料來源：林隆儀著《論文寫作要領》，第二版，2016，頁73。

7.8　本章摘要

行銷研究主要是在研究消費者的行爲，態度可能是消費者表現出來的語言或動作，也可能是藏在消費者內心深處的心理主張，形諸於外的容易觀察得到，也比較容易衡量，潛藏在內心的主張無從觀察，更增添衡量的困難度。然而，無論是消費者形諸於外的行爲，或是潛藏在內心深處的主張，都是行銷研究所要衡量的重要標的。

衡量攸關行銷研究結果的正確性與精確性，所涉及的範圍相當廣泛，本章聚焦於行銷研究實務上常用的衡量技術，從討論研究變數的操作性定義開始，探討常用的衡量尺度、態度衡量的選擇、衡量誤差的來源與改善方法，進而檢視衡量的效度與信度，最後提出行銷研究對態度衡量的要求，除了討論態度衡量的基本原理之外，輔之以這些原理在行銷研究實務上的應用實例，原理與實例相互印證，幫助讀者瞭解態度衡量的實際應用。

參考文獻

1. Cooper, Donald R., and Pamela S. Schindler, *Business Research Methods*, 12th Edition, McGraw-Hill/Irwin, New York, 2014, p.55.
2. 林隆儀、黃榮吉、王俊人合譯，V. Kumar, David A. Aaker and George S. Day 原著，《行銷研究》，第二版，雙葉書廊有限公司，2005，頁304。
3. 同註2，頁305～306。
4. 同註2，頁306。
5. 林隆儀著，《論文寫作要領》，第二版，五南圖書出版股份有限公司，2016，頁36。
6. 同註2，頁306。
7. 同註2，頁306。
8. 同註2，頁307。
9. 同註2，頁308。
10. 同註2，頁309。

11. 黃俊英著，《行銷研究概論》，第六版，華泰文化事業股份有限公司，2012，頁222～225。

12. 同註1，頁256。

13. 同註1，頁257。

14. 同註2，頁325～326。

15. 同註11，頁234～236。

16. 周文賢著，《多變量統計分析》，智勝文化事業股份有限公司，2002，頁648～650。

17. 林隆儀、商懿匀，〈老年經濟安全保障、理財知識與逆向抵押貸款意願之研究〉，《輔仁管理評論》，2015年2月，第22卷，第2期，頁65～94。

18. Nunnally, J., *Psychometric Theory*, 2nd Edition, 1978, New York: McGraw-Hill.

19. 黃營杉、汪志堅編譯，《研究方法》，Fred N. Kerlinger and Howard B. Lee著，第四版，華泰文化事業股份有限公司，2002，頁371～372。

20. 同註5，頁73。

第三篇　抽樣方法與執行

第8章

抽樣方法與樣本數抉擇

8.1 前言

蒐集初級資料的方法，不是採用普查，就是進行抽樣，普查通常用於政府機關所做的研究，因爲需要蒐集全面性的資料，而且又有公權力做後盾，比較容易執行。行銷研究也可以採用普查，但是若遇到研究母體龐大、地域遼闊，需要耗時甚長，投入資源龐大時，常會出現緩不濟急的現象，通常都採用抽樣方法。抽樣方法是一種科學技術的應用，利用統計學原理與方法，進行嚴謹的抽樣，取得所需要的樣本，然後以樣本知識推論研究母體，在經濟、有效、精準、快速的前提下，所獲得的結論，往往和普查相去不遠，抽樣有時甚至是唯一可行的方法。

抽樣是一種非常嚴謹的方法，有其深厚的理論基礎，有其實務應用價值，廣泛被應用於各領域的研究。良好的行銷研究和抽樣方法脫離不了關係，舉凡爲何要抽樣、何時抽樣、在何處抽樣、如何抽樣、抽多少樣本，以及執行抽樣的技巧，無反應偏差的處理……等，行銷研究人員對這一連串的議題，必須要有深刻而確實的理解，才能獲得有意義、有貢獻的結果。

本章從實務的觀點，論述抽樣原理，闡述抽樣架構與抽樣程序的意義，介紹各種抽樣方法在實務上的應用，討論決定樣本數與樣本代表性的方法，以及抽樣過程中出現無反應偏差的原因及其處理方法。

8.2 抽樣與樣本的基本知識

抽樣（Sampling）是從指研究母體（Population）中，按照某一定規則抽選出部分群體，做爲研究對象的過程。經由抽樣過程所抽選出來的部分群體稱爲樣本（Sample），行銷研究者若請求研究母體中的所有受訪者都提供資料，這種作法稱爲普查（Census）。行銷研究實務運作上，常遇到研究母體非常龐大，普查不僅有一定的困難度，而且費時甚長，成本高昂，此時常採用抽樣方法，甚至是唯一可行的方法。抽樣方法若經過嚴謹規劃，執行得宜，不但可以經濟、快速蒐集到所需要的資料，所獲得的結果也不亞於普查。

研究母體中的個別分子稱爲基本單位，所要研究的母體若是某一個產業，則該產業內的公司行號就是母體的基本單位；同理，所要估計的如果是全國家庭每月平均用電度數，此時基本單位就是全國的每一個家庭用戶。行銷研究常用樣本資料所求得的統計值，或稱統計量（Statistic）、估計值（Estimate），估計母體的對應數值，表示母體的某一屬性稱爲母數或參數（Parameter），例如以樣本平均數估計母體平均數；以樣本平均數比例估計母體平均數比例。

抽樣過程中如果能夠取得可供選擇樣本單位的「名冊」，會使抽樣進行得更順利，這份「名冊」稱爲抽樣架構（Sampling Frame），例如產業內的公司名錄、人民團體的會員名冊、修習某一學科的學生名單、電話號碼簿等。然而，並非所有研究都有抽樣架構供作抽樣的依據，尤其是研究對象若是一般消費者，通常都無法取得抽樣架構。此外，抽樣架構不是可遇不可求，就是不一定可靠，因爲常有收錄不完整、沒有登錄、登錄錯誤，以及沒有更新以致登錄資料過時等缺失，這種現象稱爲抽樣架構誤差（Sampling Frame Error）。

抽樣是從研究母體中抽選部分樣本，做爲研究的標的對象，既然是採用「抽樣」方式，過程中難免會有誤差，包括抽樣偏差（Sampling Bias）與抽樣誤差（Sampling Error）。抽樣偏差是抽選到某些具有特殊特徵之基本單位的傾向，這是屬於一種人爲的偏差。例如研究家庭主婦購買醬油的行爲，只選擇下午到賣場進行抽樣，此時就會產生抽樣時段偏差的問題，因爲家庭主婦到賣場購物，有些人選擇上午時段去，有些人利用下午時段去，有些人喜歡晚上時段去，重點是「不同時段的消費者，購買行爲各不相同」，若只從下午時段購買的顧客中抽選樣本，顯然就會產生抽樣偏差。

抽樣誤差是指樣本中包含有某些特殊單位，這些特殊單位稱爲異常值，會嚴重影響樣本代表性，例如研究百貨公司週年慶期間專櫃人員的銷售業績時，少數人的績效特別突出，比一般人員的平均績效高出很多，另有少數人的績效特別遜色，大幅落後一般人員的平均值，這些異常值會影響樣本代表性，研究人員在進行資料整理時，通常都會將異常值予以刪除，不列入統計分析。至於造成抽樣誤差的原因，可能是難以避免的機率原因，也可能是人爲的抽樣偏差所致。

8.3 抽樣的理由與樣本特徵

抽樣方法廣泛用在不同領域的各種研究場合，行銷研究實務上也使用得非常頻繁，探究其原因，可歸納出下列六大理由（註1）。

1. 成本低廉

自母體中抽選部分樣本進行研究，比普查所花費的成本更低廉，更具有經濟效益，所以廣泛被採用。行銷研究經常涉及廣大的地理範圍，研究對象可能包括不同的年齡層，研究標的可能擴及多項產品或服務，研究時程可能是縱剖面的長期追蹤，若採用普查，不但所費不貲，而且不是力有未逮，就是緩不濟急。此時採用抽樣方法不僅成本低廉，有時也是唯一可行的方法。

2. 結果精確

Deming認爲抽樣方法的研究品質，比普查法更精確，因爲90%以上的調查誤差來自非抽樣誤差，只有10%或更少的誤差來自隨機抽樣。抽樣方法以較少的樣本資訊，利用科學的統計方法估計較大母體，研究結果的精確度高，符合成本效益原則。企業環境瞬息萬變，競爭激烈程度有增無減，制定決策猶如和時間賽跑，行銷研究結果是要快速提供充分而精準的資訊，供行銷長或其他主管做策略決策之用，此時科學的抽樣方法將是第一首選。

3. 快速蒐集資料

抽樣方法只需從研究母體的部分樣本蒐集所需的資料，普查則是針對整個母體的每一基本單位蒐集資料，無論是研究的地理範圍、所蒐集的資料數量、投入蒐集資料的時間、執行資料蒐集的容易度與方便性，抽樣方法的速度都比普查更快速，這一點無庸置疑。普查工程浩大，所費不貲，費力驚人，耗時甚長，企業執行行銷研究採用普查方法，不是力有未逮，就是無法滿足「快速」的需求，以致造成無數的「機會」損失。

4. 具高度可行性

抽樣有時是執行研究唯一可行的方法，研究結果的資訊具有高度可行性，被列爲研究最可行的方法。例如政府掌管食品安全的衛生管理部門，爲保障全國消費者的健康把關，經常針對各種類別食品進行抽樣檢驗，抽樣的食品在檢驗時已被破壞，無法再行使用，屬於一種「破壞性檢驗」，此時普查檢驗就派不上用場了。行銷研究採用抽樣方法，不但務實而且具有高度可行性，有可行性才有執行力，有執行力才有可能達成預期的目標，才會創造滿意的結果。

抽樣方法雖然符合科學研究精神，但是執行過程常會遭遇到某些意想不到的狀況，以致所蒐集到資料的品質經常無法滿足研究者的需要。行銷研究的目的是要解決行銷問題，要求快速、經濟、務實、可行，此時樣本的妥適性扮演關鍵性角色。如本書第七章討論衡量時所述，樣本的妥適性首重效度，而效度的良窳會受到正確性與精確度的影響（註2）。

5. 正確性（Accuracy）

正確性是指從樣本所獲得的資訊沒有偏差的程度，然而造成資訊偏差的原因很多，例如抽樣誤差、非抽樣誤差。爲了要提高樣本正確性，首先是要採用最適當的抽樣方法，抽選到正確而具有代表性的樣本，其次是要有足夠的樣本數，才能避免系統性變異所產生的誤差，根據這些樣本所做的研究結果才有價值可言。

6. 精確度（Precision）

精確度是指樣本精準代表母體的程度，精確度愈高，表示樣本愈足以代表母體。既然是採用抽樣方法抽選樣本，要抽選到完全代表母體的樣本也就可遇不可求了。儘管如此，行銷研究人員在揭示及解釋研究發現時，必須清楚交代樣本代表母體的程度，至於提高樣本代表性最佳方法，除了減少抽樣誤差、非抽樣誤差之外，還要控制估計的標準誤（Standard Error of Estimate），估計的標準誤愈小，樣本的精確度愈高。

8.4 抽樣程序與抽樣架構

科學研究方法有一定程序與步驟，行銷研究的抽樣也不例外，需要有完整的規劃與嚴謹的設計，按部就班，逐步進行，才能在效率最高，成本最低，誤差最小的前提下，順利達成目標。行銷研究的抽樣程序如圖8-1所示（註3）。

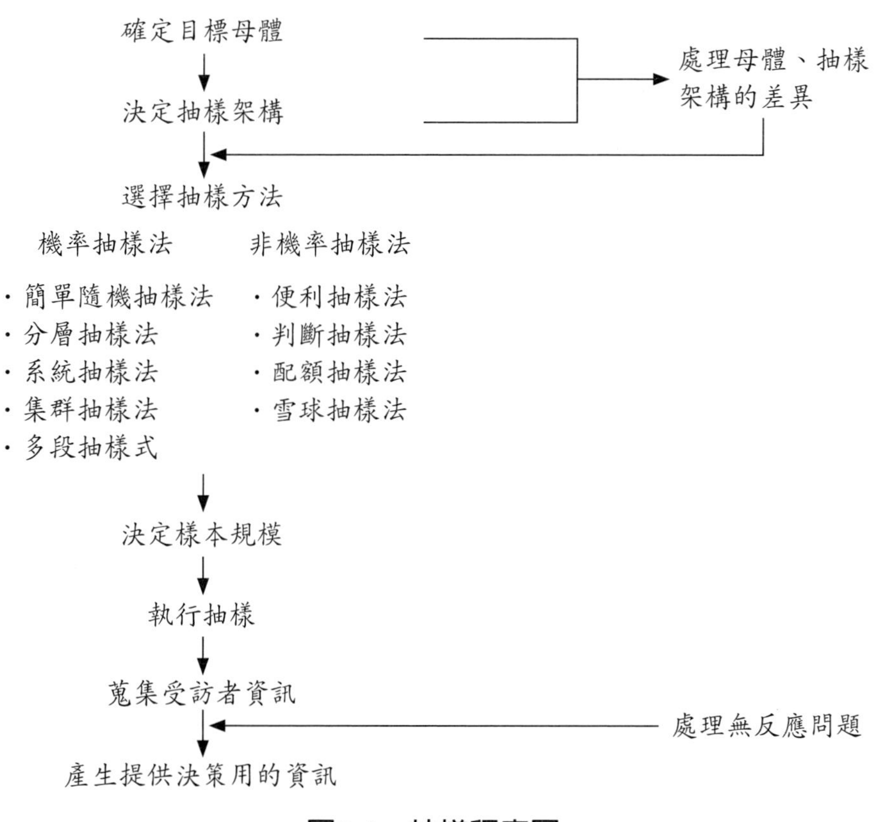

圖8-1　抽樣程序圖

資料來源：修改自林隆儀等合譯《行銷研究》，2005，頁372。

1. 確定目標母體

目標母體（Target Population）就是所要研究的對象母體，樣本必須抽選自目標母體，所以抽樣程序的第一步驟，就是要確定研究母體。確定研究母體最簡便的方法，就是回頭檢視研究目的，例如研究目的若是要探討六大院轄市25歲到35歲女性上班族購買化妝品的行爲，研究母體就必須鎖定「臺北市、新北市、桃園市、臺中市、臺南市、高雄市，25歲到35歲，購買化妝品的女性上班族」。

2. 決定抽樣架構

抽樣架構就是可從中抽選所需樣本的名冊、名錄或名單，例如公司行號名錄、百貨公司貴賓名錄、汽車公司的顧客名單、報紙及雜誌訂戶名單……等。行銷研究實務上，抽樣架構可遇不可求，例如產業公會、協會的會員名冊比較容易取得，針對一般消費者的研究，通常都沒有名冊可供使用，若有也必須檢視其完整性與時效性。

3. 處理母體、抽樣架構的差異

抽樣架構和目標母體常有不一致現象，例如抽樣架構比目標母體小時，會出現子集合問題（Subset Problem），抽樣架構大於目標母體時，會出現超集合問題（Superset Problem），目標母體的某些因素從抽樣架構中被刪掉，以及抽樣架構包含的因素超過目標母體時，會出現交互作用問題（Intersection Problem）。這些問題都會嚴重影響抽樣的正確性，因此行銷研究人員在使用抽樣架構前，必須檢視是否存在這些問題，審慎處理及決定是否使用這些抽樣架構。

4. 選擇抽樣方法

行銷研究常用的抽樣法如圖8-2所示，可區分爲兩大類：機率抽樣法、非機率抽樣法，前者包括簡單隨機抽樣法、分層抽樣法、系統抽樣法、集群抽樣法、多段抽樣法；後者包括便利抽樣法、判斷抽樣法、配額抽樣法、雪球抽樣法。本章稍後將逐一討論這些抽樣方法。

5. 決定樣本規模

樣本足夠大才具有代表性，到底多少樣本才算足夠大，才具有代表性，這是一個値得細究的問題。樣本數具有三層意義，第一層是發出的問卷數，第二層是收回的樣本數，第三層是回收的有效樣本數。行銷研究需

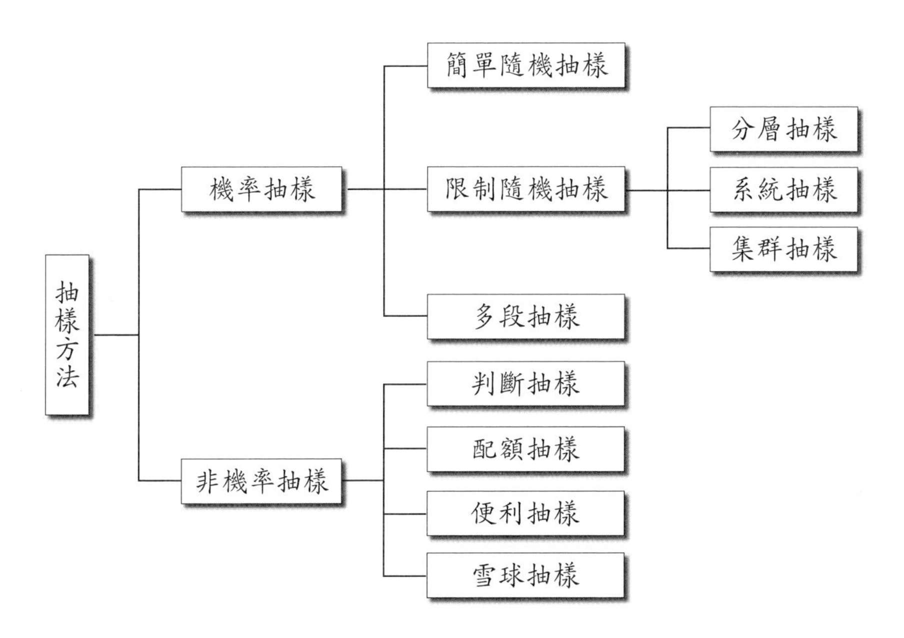

圖8-2　抽樣方法的分類

要更嚴謹的要求，應以回收有效樣本爲準，至於樣本數的抉擇可用科學的統計方法公式求得，將在本章稍後繼續討論，此外還要看研究者要求嚴謹程度而定，嚴謹度愈高的研究，所需要的樣本數愈大。

6. 執行抽樣訪問

行銷研究的第六個步驟是根據所設計的研究計畫按圖索驥，落實執行訪問或調查，蒐集所需要的資料，包括與研究變數相關的資料與受訪者的基本資料。實務運作上常聘用多位訪問人員，分頭執行抽樣訪問工作，訪問人員的工作態度影響訪問品質至鉅，此時訪問人員的甄選、訓練與管理，讓他們都在「知其然，亦知其所以然」的前提下，認眞、努力、務實執行訪問工作，就顯得特別重要。本書第九章將深入討論訪問現場管理的相關課題。

7. 處理無反應偏差問題

受訪者沒有義務一定要接受訪問或調查，所以抽樣訪問過程中，經常會遇到無法接觸到所要訪問的目標對象，或是受訪者拒絕接受訪問等情況，尤其是電話訪問場合，因為詐騙電話頻傳，訪問被拒絕的機率隨之提高；郵寄問卷訪問場合，則有缺乏人員互動，問卷沒收到、不願填答、忘記填答、問卷被丟棄……等情況，問卷回收率偏低也是司空見慣，這些現象都會造成無反應偏差。行銷研究人員遇到無反應偏差問題，必須進行處理，處理的方法將在本章稍後討論。

8. 提供決策所需資訊

行銷研究的目的是為了要解決行銷問題，不是為研究而研究，要解決問題必須要有具體而詳實的資訊做後盾。回收的問卷經過資料整理、分析、比較、檢定之後，緊接著必須提出研究報告、結論，以及具體可行的建議，供行銷長及其他主管做行銷決策的準據。

8.5 機率抽樣法

抽樣過程潛藏有許多不確定性，引用統計學上的機率理論，探討抽樣的方法稱為機率抽樣法（Probability Sampling），採用機率抽樣法所抽取的樣本稱為機率樣本；機率抽樣法具有下列三大特性（註4）。

1. 母體的任何單位都可以確定其包含在樣本中的機率，此機率不等於零。
2. 若事先設定研究目標所期望的精準度，可以有效控制抽樣誤差。
3. 事後可以檢視達成精準度的程度。

行銷研究人員決定採用機率抽樣法時，必須滿足四個要點：(1)明確指出研究母體；(2)確定選擇樣本的方法；(3)決定所需的樣本數，樣本數大小端視研究所要求的準確度、母體的變異情形、抽樣成本等因素而定；(4)說明及處理無反應偏差的問題（註5）。

機率抽樣法又稱爲隨機抽樣法（Random Sampling），所謂隨機抽樣是指抽選樣本所使用方法的隨機性，屬於抽樣方法的特性，而非個別樣本的特性；隨機性是指自許多抽樣方法中選擇一種方法，而隨機樣本是指使用隨機抽樣方法所抽選的樣本（註6）。隨機抽樣有其嚴謹的意義，一般人常將便利抽樣混淆爲隨機抽樣，其實兩者有很大的差異。

1. 簡單隨機抽樣法

簡單隨機抽樣法（Simple Random Sampling）是指母體中每一個成員，以及每一個可能的樣本，被抽選到的機率都相同的一種抽樣方法（註7）。由於抽樣時未對母體做任何限制，所以又稱爲未限制的隨機抽樣法（Unrestricted Random Sampling），和此法相對應的抽樣方法稱爲有限制的隨機抽樣法（Restricted Random Sampling）。

簡單隨機抽樣法操作簡單，例如母體爲擁有500家公司的某一個產業，要從中抽選100家公司做爲研究節能減碳績效的樣本，每一家公司給予一個編有數字號碼的小圓球，然後將這些小圓球放進一個箱子裡，經過充分攪拌後，從中抽選100個小圓球，這100家公司就是所要研究的樣本。抽樣時若允許同一樣本重複出現，稱爲投回抽樣（Sampling with Replacement），若不許同一樣本重複出現，稱爲不投回抽樣（Sampling without Replacement）。簡單隨機抽樣也可以採用亂數表（Random Number Table），根據表中的數字決定所要抽選的樣本。亂數表是一長串的數字，每一個數字都是由電腦隨機從0到9中挑選出來，利用此法所抽選的樣本，也是典型的隨機樣本。

2. 分層抽樣法

分層抽樣法（Stratified Sampling）又稱爲層別法，屬於一種有限制的隨機抽樣法。將母體資料加以分層設計，區分爲分布均勻的若干類別（層），分層的要領爲「層間不同，層內相同」，然後應用簡單隨機抽樣原理，從每一層中抽選樣本，如圖8-3所示，所抽選的樣本稱爲分層樣本（Stratified Sample）。

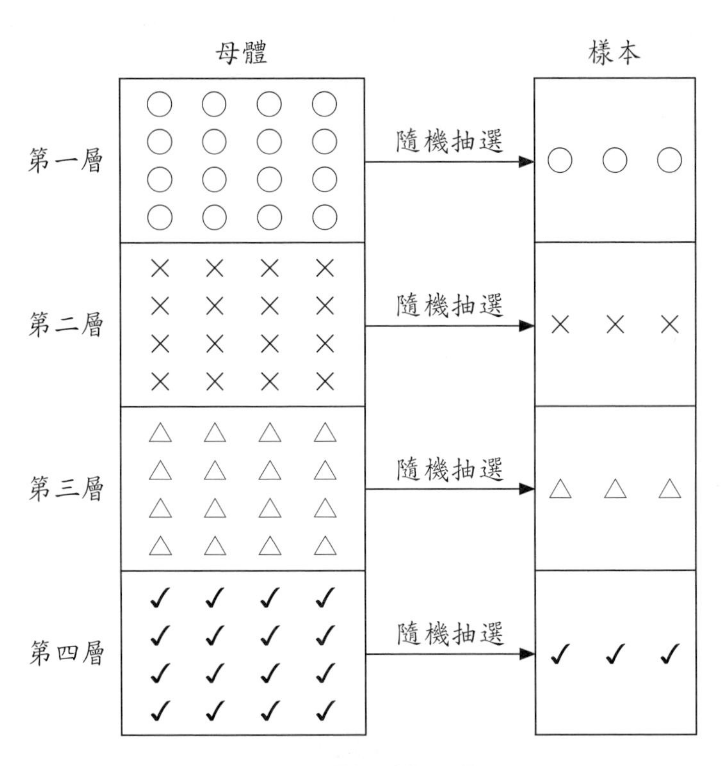

圖8-3　分層抽樣法圖解

分層抽樣法抽選樣本可區分爲兩種方式：(1)比例分層抽樣；(2)不成比例分層抽樣。前者是從每一層所抽選的樣本數目，和母體數目成一定比例，後者是從每一層所抽選的樣本數目，和其個別層的規模不成比例。

行銷研究實務上，常將母體予以分層，然後進行分層抽樣，例如研究家庭主婦的購買行爲時，將前往賣場購物的家庭主婦按照她們所習慣的購物時段，區分爲三個層：上午、下午、晚上，然後從中抽選樣本。又如研究公司新產品的銷售績效時，將經銷商的分布，按照地理區域劃分爲五個層：北部、中部、南部、東部、離島，然後從中抽選經銷商進行研究。

3. 集群抽樣法

集群抽樣法（Cluster Sampling）和分層抽樣法相類似，先將母體按照某一規則區分爲若干群，分群的要領爲「群間相同，群內不同」，然後利用簡單隨機抽樣原理，抽選一群做爲研究樣本，如圖8-4所示。集群抽樣法是經過簡化的一種抽樣方法，可以提高抽樣效率，降低抽樣成本。

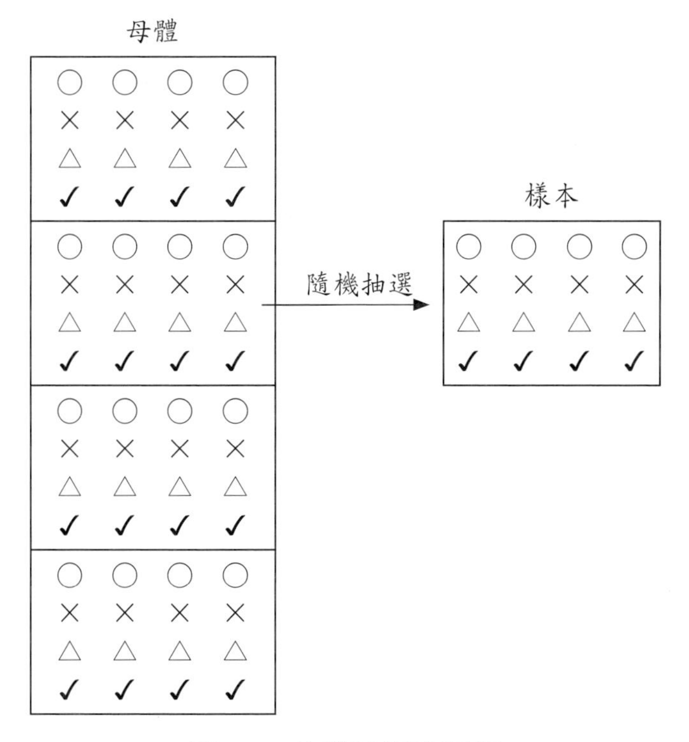

圖8-4　集群抽樣法圖解

分層抽樣法和集群抽樣法有著相似的設計概念，兩者都先將母體按照某一特徵（例如受訪者的性別、所得、學歷、居住地區）予以分層或分群，但是分層或分群的要領各不相同，前者從各層分別隨機抽選樣本，後者則是隨機抽選整個群做爲樣本。這兩種抽樣方法的比較如表8-1所示（註8）。

表8-1　分層抽樣法與集群抽樣法的比較

分層抽樣法	集群抽樣法
1.層內具有一致性。 2.層間具有異質性。 3.層內包含所有母體元素。 4.正確性提高的速度大於抽樣成本的增加速度，因而提高抽樣效率。	1.群間具有一致性。 2.群內具有異質性。 3.隨機抽選一個群做為樣本。 4.抽樣成本下降速度大於正確性下降的速度，因而提高抽樣效率。

資料來源：林隆儀等合譯《行銷研究》，2005，頁383。

行銷研究實務在研究競爭狀況時，常將研究母體按照地理區域，區分五個地區（群）：北部、中部、南部、東部、離島，若可以確定五個地區的競爭狀況都很相似，則只要隨機抽選其中一個地區（群）做爲研究樣本即可。又如高中及國中學生採取常態編班制，若某一個年級有15個班，因爲採用常態編班，所以學生素質基本上都相當接近，若要抽選5個班進行英文科抽考，只需從這15個班級中隨機抽選5個班進行考試即可。

4. 系統抽樣法

系統抽樣法（Systematic Sampling）是有系統或有規則的抽樣設計，將樣本按照某一準則分布於母體中的一種抽樣方法。至於有系統的抽樣準則，可以是母體單位的排列順序，例如某一組汽車車牌號碼（例如AAA-0000到AAA-9999），首先決定一個起始號碼（假設是3），然後以每逢50的倍數做爲研究樣本，第一個樣本是AAA-0003，第二個樣本是AAA-

0053，第三個樣本是AAA-0103，依此類推。系統也可以是抽樣時間的間隔，例如從前往稅捐處申報所得稅的納稅人中，或到電信公司辦理電信相關業務的顧客中，每間隔30分鐘抽選一位做爲樣本，這種抽樣方法樣本間隔都相同，所以也稱爲等間隔抽樣。

系統抽樣法在行銷研究實務上被使用得很普遍，主要優點是設計簡單，有一定的規則可供遵循，不容易出差錯。系統抽樣原理認爲，母體中彼此接近的單位，比互相遠離的單位更均勻，若要提高抽樣的有效性，只需抽取比較接近的樣本即可滿足需求。

5. 多段抽樣法

以上所討論的四種抽樣方法，都是一次抽選所需要的樣本，屬於一次抽樣法（Single Sampling）的領域。多段抽樣法（Multistage Sampling）又稱多次抽樣法，顧名思義是採用多階段的一種抽樣方法。行銷實務上也常採用這種方法，例如在研究公司的全國銷售績效時，第一階段選擇銷售地區（假設是南區），第二階段選擇南區的經銷商（假設是A經銷商），第三階段選擇A經銷商的業務員。

8.6 非機率抽樣法

非機率抽樣法又稱爲非隨機抽樣法（Non-random Sampling），也就是不知樣本被抽選到的機率爲何，所以採用不依隨機原理抽選樣本的一種抽樣方法，例如憑專家的判斷，按照研究者的便利性，或依照其他標準進行抽樣，主要理由是抽樣方法不但具有變異性，而且無法得知變異的型態（註9）。非機率抽樣法可區分爲四種方法：判斷抽樣法、配額抽樣法、便利抽樣法、雪球抽樣法，以下分別討論之。

1. 判斷抽樣法

判斷抽樣法（Judgment Sampling）又稱爲立意抽樣法（Purposive Sampling），根據研究者的判斷來抽選樣本單位的一種抽樣方法（註10）。此法完全根據研究者的經驗、知識或專業判斷，因此研究者對母體特徵必須要有相當程度的瞭解，所抽選的樣本才具有代表性。由此也可以瞭解研究者或訪問人員的判斷，對抽樣結果的信賴度會有很大的影響。

例如公司要設立百貨公司、賣場或商店時，有關城市、地點或商圈的選擇，就是典型的判斷抽樣。又如公司推出一項新產品，最後階段要進行試銷時，試銷地區的選擇也是判斷抽樣法的應用。許多國際知名品牌及國內頂尖品牌甜點、冰品、零嘴、糖果、餅乾，紛紛選擇在信義商圈或西門町商圈試水溫，也都應用判斷抽樣法。這些案例顯然不適用機率抽樣法，而且備選地區（樣本數）很少，適合採用判斷抽樣法。

行銷研究實務廣泛採用判斷抽樣法，尤其是機率抽樣法不可行，抽樣成本太高時，或樣本數很少時，判斷抽樣法不但適合，而且是實用的方法。有些場合判斷抽樣法非常管用，例如到百貨公司的眾多人群，不見得都是到該百貨公司購物的顧客，研究者所要訪問的對象，若是到該百貨公司購物的顧客，鎖定從百貨公司出來而且手提該百貨公司的購物袋者，即可判斷爲適合訪問的對象。儘管如此，判斷抽樣法僅憑個人的「判斷」，帶有幾分主觀性，容易產生偏差是其缺點。

2. 配額抽樣法

配額抽樣法（Quota Sampling）屬於有限制的一種判斷抽樣法，所抽選的樣本是研究母體中每一個特殊群體的微小數量（註11）。抽樣方式是每一位訪員各分配給所指定的訪問對象，訪員根據所分配對象進行訪問的一種抽樣方法。配額可單純按照訪問對象數量，分爲等額或不等額，等額是每位訪員所分配的訪問對象都相等，不等額是每位訪員所分配的訪問對象各不相等；也可以按照受訪對象的屬性特徵予以分配，例如按照受訪者的職業、所得、教育程度、居住地區、消費習慣，混合分配，以減少因爲訪員的主觀判斷所引起的抽樣誤差。此外，配額抽樣法常會出現無法控制的嚴重偏差，因爲訪員常會基於自己的方便性，選擇熟悉或容易接觸到的受訪者進行訪問，所以採用此法時必須審慎規劃，適度限制訪員選樣的自由度。

行銷研究實務也常採用配額抽樣法，林隆儀與王繼福在研究〈不同涉入程度與地理區域下服務品質對知覺風險的影響——以臺北縣政府稅捐稽徵處爲例〉時，針對當時臺北縣政府稅捐稽徵處所轄各分處占各鄉鎮人口比率，進行配額抽樣，問卷分配如表8-2所示（註12）。

表8-2　臺北縣政府稅捐稽徵處所轄各分處占各鄉鎮人口比率及問卷分配數量

總分處別	所轄鄉鎮市	人口數（人）	占總人口數（%）	占人口數小計（%）	問卷分配數量
總處	板橋市	540,769	14.64	29.93	130份
	土城市	235,794	6.38		
	樹林市	159,682	4.32		
	三峽鎮	86,507	2.34		
	鶯歌鎮	83,117	2.25		
三重分處	三重市	384,057	10.40	15.27	70份
	蘆洲市	180,098	4.87		
淡水分處	淡水鎮	125,035	3.38	6.26	35份
	八里鄉	31,267	0.85		
	石門鄉	11,245	0.30		
	金山鄉	21,924	0.59		
	萬里鄉	18,909	0.51		
	三芝鄉	23,263	0.63		

（接下頁）

（承上頁）

總分處別	所轄鄉鎮市	人口數（人）	占總人口數（%）	占人口數小計（%）	問卷分配數量
新店分處	新店市	283,398	7.67	8.75	35份
	烏來鄉	4,777	0.13		
	坪林鄉	6,208	0.17		
	深坑鄉	20,885	0.57		
	石碇鄉	7,711	0.21		
瑞芳分處	瑞芳鎮	45,295	1.23	2.04	20份
	貢寮鄉	13,974	0.38		
	平溪鄉	5,776	0.16		
	雙溪鄉	9,989	0.27		
中和分處	中和市	407,223	11.02	17.33	70份
	永和市	232,996	6.31		
新莊分處	新莊市	385,805	10.44	15.75	70份
	林口鄉	55,709	1.51		
	泰山鄉	66,908	1.81		
	五股鄉	73,706	1.99		
汐止分處	汐止市	172,581	4.67	4.67	20份
合　　計		3,694,608	100.00	100.00	450份

資料來源：林隆儀、王繼福〈不同涉入程度與地理區域下服務品質對知覺風險影響之研究——以臺北縣政府稅捐稽徵處爲例〉，2006，頁264。

又如研究家庭主婦到賣場購買清潔劑的行爲時，將購買時間區分爲三個時段：上午、下午、晚上，將所要訪問的樣本數（假設500份），按照25%、35%、40%的比率分配，上午訪問125份，下午訪問175份，晚上訪問200份。

3. 便利抽樣法

便利抽樣法（Convenience Sampling）是指行銷研究人員按照自己的方便，自研究母體中抽選簡便而有效的一小部分，做爲研究樣本的一種抽樣方法（註13）。此處所稱「便利」，並非「隨便」，而是在「便利」的前提下，所抽選的樣本就是所要研究的對象，而且還要具有代表性，這樣的研究才有意義。

許多研究人員常將便利抽樣誤認爲是隨機抽樣，其實兩者有著明顯不同，如前所述，隨機抽樣有嚴謹的定義，所抽選的樣本和機率有密切相關；便利抽樣所抽選到的樣本，既非得自隨機抽樣，也不是得自判斷抽樣，而是基於研究人員的便利性，行銷研究人員必須釐清這一點。例如爲研究消費者購買飲料、啤酒、糖果、餅乾、罐頭食品等日常生活必需品的行爲，常常基於研究人員的便利，選擇在便利商店或大賣場進行抽樣，這種方法的優點是迅速方便、省錢省事，但是容易造成抽樣偏差，導致研究結果不可靠的遺憾。

4. 雪球抽樣法

雪球抽樣法（Snowball Sampling）又稱滾雪球抽樣法，引用雪球愈滾愈大的特性而得名。行銷研究過程中偶爾會遇到樣本數極其有限，而且不知分布在何處，以致不易訪問到這些樣本的情形，例如研究大型事件行銷的成功關鍵因素，行銷研究人員對大規模而成功的事件行銷案例所知有限時，或是想要研究歷經百年的公司經營成功的祕訣，訪問創業初期的企業功臣時，可以採用雪球抽樣法，先找到第一個對象進行訪問，然後請求這位受訪者提供其他受訪者，再請求第二位受訪者提供其他受訪者，如此依次請求他人提供樣本的漣漪效應，逐一找到所要訪問的對象。

雪球抽樣法是接觸到少量、具有特殊性樣本的好辦法，重點在於訪問人員誠懇請求協助的態度，讓受訪者願意提供正確的樣本。

抽樣有很多方法，每一種方法各有其意義、特性與原理，行銷研究人員必須充分瞭解，以及熟悉每一種方法的適用場合，配合研究的需要與要求，設計最適當的抽樣方法。若能採用機率抽樣法，當然是最優先的選擇，因爲應用機率分配原理，可以減少抽樣誤差，提高研究的精確度與參考價值。行銷研究實務上，常需要退而求其次的選擇非機率抽樣法，此時也有多種方法可供選擇，端視研究設計與研究需要而定，沒有一成不變的規定。

8.7 樣本數與樣本代表性

決定抽樣方法之後，接下來就要決定抽選多少樣本，也就是要決定樣本數大小（Sample Size）。由前述討論可知，樣本精確度和樣本數有密切關係，樣本數愈大，甚至是普查，精確度與代表性愈高，但是抽樣成本也隨著提高，有時甚至造成不必要的浪費；反之，樣本數愈小，誤差愈大，精確度愈差，愈不具有代表性。此時樣本數大小的抉擇就顯得非常重要，任何研究都希望在經濟有效、精確可靠的前提下，圓滿達成目標。

樣本的精確度（Accuracy）通常以衡量數値加減某一百分比表示，例如平均數加減2%或3%，此一百分比數字愈小，表示樣本誤差愈小，衡量的精確度愈高。樣本數大小與樣本誤差的關係如圖8-5所示（註14）。圖中縱軸表示樣本誤差，橫軸表示樣本數大小，由圖上數據可知，樣本數從50到2,000，誤差曲線從左上角（14%）向右下角（2%）延伸，顯示樣本數愈大，誤差愈小，精確度愈高。由圖中曲線可知，當樣本數爲500時，誤差爲4.4%，隨著樣本數增加，誤差呈現逐漸下降現象，當樣本數超過500時，即使樣本數再增加，樣本誤差下降的幅度非常有限，甚至不再下降，這意味著無限制的增加樣本數，對降低抽樣誤差毫無貢獻，此一現象

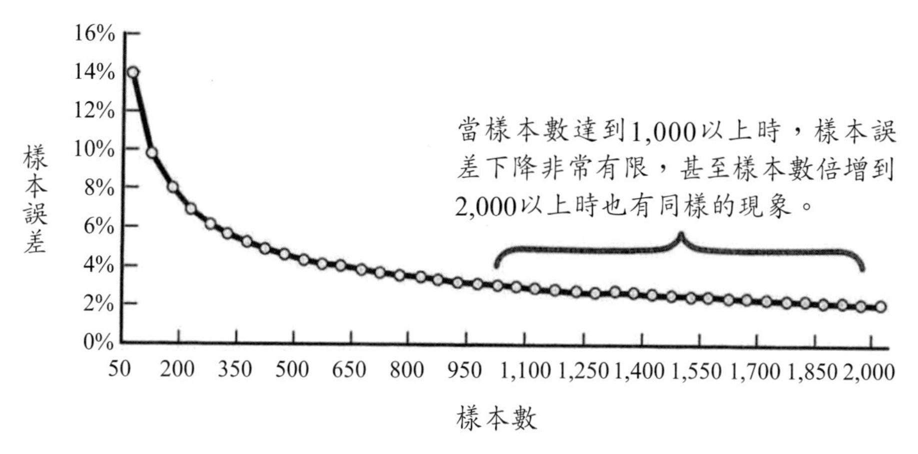

圖8-5　樣本數與精確度的關係

資料來源：Burns and Bush, *Busic Marketing Research: Using Microsoft Excel Data Analysis*, 2012, p.222.

告訴我們決定適量樣本數的重要性。

1. 影響樣本數大小的因素

任何領域的研究，只要涉及抽樣，都必須交代研究母體、抽樣方法、樣本數大小、信賴水準、容許誤差（精確度）、抽樣期間等重要資訊，提供給資料使用者或閱讀者判斷與參考。樣本數規模大小可以利用統計方法計算之，由統計學抽樣分配原理可知，樣本數大小端視下列因素而定。

・母體及次群體的規模：一般而言，母體規模愈大，所需要的樣本數愈多。

・母體變異程度：母體變異愈大，所需要的樣本數愈多。

・估計值要求的信賴水準：信賴水準要求愈高，所需要的樣本數愈大。

・估計母體特徵時對精確度的要求：精確度愈高，所需要的樣本數愈多。

・抽樣成本：樣本數愈多，抽樣成本愈高。

2. 確定母體知識已知或未知

研究母體知識已知或未知，所需要的樣本數各不相同，在相同的信賴水準與精確度要求下，母體知識已知的情況下，所需要的樣本數比較少，在母體知識未知的情況下，所需要的樣本數比較多。在各種不同情況下，計算樣本數的公式可整理如下（註15）：

(1) 估計平均數時

・母變異數已知的情況下：$n = Z^2\sigma^2/e^2$，其中n爲樣本數，Z爲常態變數值（Z值大小視信賴水準而定，可自常態分配表中查得），σ^2爲母變異數，e爲可容許的誤差（精確度）。

・母變異數未知的情況下：$n = Z^2s^2/e^2$，其中n爲樣本數，Z爲常態變數值（Z值大小視信賴水準而定，可自常態分配表中查得），s^2爲樣本變異數（以樣本變異數估計母體變異數），e爲可容許的誤差（精確度）。

・相對精確度：$n = 3^2\ C^2/r^2$，其中n爲樣本數，C爲相對標準差（母體的變異係數，可由σ/μ求得），r爲相對精確度。

(2) 估計比率時

・絕對精確度的情況下：$n = Z^2p(1-p)/e^2$，其中n爲樣本數，Z爲常態變數值（Z值大小視信賴水準而定，可自常態分配表中查得），p爲母體的比率，e爲可容許的誤差（精確度）。

・相對精確度的情況下：$n = Z^2/r^2 \times (1-p)/p$，其中n爲樣本數，Z爲常態變數值（Z值大小視信賴水準而定，可自常態分配表中查得），r爲相對精確度，p爲母體的比率。

3. 決定樣本數大小的步驟

計算樣本數大小的公式確定後，接下來就可以按照研究設計的需要或要求，計算所需要抽選的樣本數。一般而言，計算樣本數大小的步驟如下：

・決定所要求的信賴水準：行銷研究最常採用的信賴水準爲95%；若要求更嚴格，則採用99%的信賴水準。

・決定所要求的精確度：也就是確定可容忍的誤差值e，誤差值大小端視研究設計所要求的精確度而定，通常都在3%以下。

・決定Z的臨界值：自常態分配表上查得與信賴水準相對應Z的臨界值，若採用95%的信賴水準，其對應的Z值爲1.96；若採用99%的信賴水準，其對應的Z值爲2.58。

・選擇計算公式：確認母體知識是否已知，選擇合適的計算公式。

・決定樣本數：利用所選定的公式計算所需要的樣本數。

由上述公式可知，母體知識未知時，需要利用樣本統計值進行估計，例如以樣本變異數估計母體變異數。行銷研究實務上，通常都無法事前得知母體知識，所以在選擇上述計算公式時，需要選用母變異數未知的公式。例如要研究百貨公司週年慶期間，到百貨公司購買化妝品消費者的購買行爲時，無法得知前來惠顧的消費者購買金額的平均數、中位數、眾數、標準差等資訊，因此必須利用樣本統計值進行估計。

母體知識未知時所需要的樣本數，比母體知識已知時所需要的樣本數更多，至於要多到多少才適當，這是一個值得審愼思考的問題。可參考Roscoe（1969）所提出的兩項標準：(1)適合做研究的樣本數，以30至500較適當；(2)進行多變量分析時，樣本數至少要大於研究變數數倍以上，並且以10倍或10倍以上最佳；此外根據簡單隨機抽樣原理，樣本數大小的計算方法如下（註16）。

$$n \geq \left[\frac{Z_{\frac{\alpha}{2}} \times \sqrt{\mathrm{p}} \times (1-p)}{E}\right]^2 = \left[\frac{1.96 \times \sqrt{0.5} \times (1-0.5)}{0.05}\right]^2$$

$$n \geq 384.16 \cong 385$$

其中n爲樣本數，e爲可容忍的誤差，Z(α/2) = 1.96爲標準常態隨機變數，p爲樣本比率，α爲顯著水準；若p值一無所知，可以採取比較保守的態度，設定爲0.5，使n值爲最大；若設定α爲0.05，e爲0.05時，求得有效樣本數至少爲385。由此可知，當研究母體知識未知時，要使研究樣本具有一定的精確度，具有代表性，所需要的有效樣本數必須在385以上。

8.8 無反應偏差的意義與處理

無論是採用哪一種抽方法，抽樣誤差似乎在所難免，至於誤差可以被接受的程度，端視行銷研究者所要求的信賴水準與精確度而定。一般而言，誤差的形成不外乎下列三大原因，如圖8-6所示（註17）。

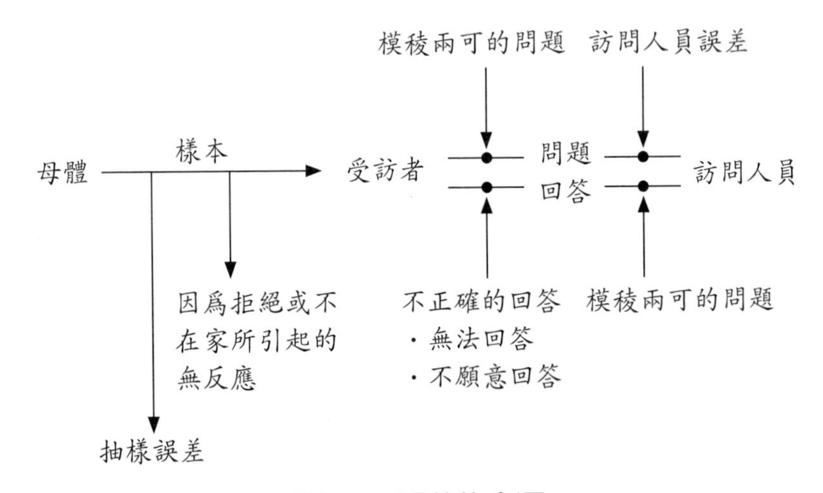

圖8-6 誤差的來源

資料來源：林隆儀等合譯《行銷研究》，2005，頁257。

1. 抽樣誤差：因爲抽樣本身所產生母體參數與樣本統計值之間的誤

差，通常可利用增加抽樣的樣本數改善之。

2. 訪員誤差：每位訪員的個人特質、訪問風格、倫理觀點、努力盡責程度，各不相同，因而所產生的誤差。本書第九章訪問作業的執行與管理，將進一步討論訪員誤差及其改善要領。

3. 來自受訪者的誤差：來自受訪者的誤差，主要是因爲：(1)拒絕回答，例如害怕接受訪問的後果；(2)提供不正確的答案，例如對答案一無所知、擔心隱私被侵犯、時間壓力及疲勞；(3)提供模稜兩可的答案，例如對問題沒有主見、對答案選項舉棋不定、敷衍應付等。

本書第五章曾提及郵寄問卷訪問場合，無反應偏差的問題及其改善方法。無反應偏差屬於非抽樣誤差中的一種非觀察誤差，是指無法從母體所選定的部分單位，以及所設計的樣本獲得所需資訊，因而所產生的誤差。採用郵寄問卷與電話訪問時，最常遇到某些原因，因而出現不回應的情形。無反應偏差的原因可歸類如下：

1. 抽樣架構不完整

抽樣架構不完整，以致無法接觸到所要訪問的受訪者，因而使研究留下無反應偏差的遺憾。例如受訪者名錄登錄不完整、有些沒有登錄、有些登錄不實、有些登錄錯誤，另有些是資料沒有更新。

2. 受訪者不在家

受訪者暫時不在家或不在辦公室，例如出國旅遊、出差洽公，以致電話無人回應、郵寄問卷無法送達，無法接觸到所要訪問的受訪者。

3. 受訪者無法回答

訪問問題超出受訪者所能回答的能力，讓受訪者因爲不知道或沒有答案而無法回答，也是造成無反應偏差的原因，例如訪問對象若是一般員工，有關公司經營策略、願景、目標、競爭等問題，常讓他們有「強人所難」的感覺，無法回答。

4. 受訪者拒絕回答

有些受訪者對訪問的議題不感興趣，甚至根本就不願意接受訪問，認爲此舉是在浪費時間，極盡排斥之能事，一看到訪問人員就避之唯恐不及，再怎麼請求都無動於衷，以致造成無反應偏差。

5. 其他原因

電話訪問不易接觸到企業高階主管，郵寄給主管的問卷常有被祕書人員攔截的風險，即使主管收到問卷，也常因忙於公務，忘記塡答，甚至直接丟棄。此外，訪問期間因爲電話斷線，交通不便，天候不佳，無法接觸到受訪者，都是造成完反應偏差的原因。

這些不反應的受訪者的意見，如果和反應的受訪者相同或近似，或許還可以接受；如果這兩群人的意見有著相當大的差異，而且無反應率又偏高時，行銷研究人員就不能等閒視之，必須進行適當的改善或處理。郵寄問卷無反應偏差的改善方法，請參閱本書第五章圖5-2及表5-3所示。

問卷的無反應率雖然偏高，而且所需要的樣本數也足夠大，此時若能證實無反應者的意見和反應者的意見沒有明顯差異，可根據已經收回的問卷進行分析比較，但是如何證實兩者的意見沒有明顯差異呢？這就是行銷研究者所要處理的無回應偏差問題。

處理無回應偏差的方法，可以設法催收部分問卷，然後針對所催收的問卷進行分析，並且和原來已回收的問卷進行相關比對或檢定，若兩者的相關性高，或檢定結果證實沒有明顯差異，表示兩群受訪者的意見相若，若兩者的相關性低，或檢定結果證實有明顯差異，表示兩群受訪者意見並不相同，此時就需要朝向進行催收問卷，致力於提高問卷回收率。

8.9 本章摘要

抽樣訪問是行銷研究最常使用的方法，抽樣方法有其科學的根據，主要是應用統計學的抽樣與抽樣分配原理，對統計學原理不甚熟悉的行銷研究人員而言，有一定程度的困難度，難免有「知難」的困惑。抽樣方法也是一門非常專業的知識，可區分爲機率抽樣與非機率抽樣，每一種類別各有不同的方法，本章聚焦於實務應用導向，介紹行銷研究實務常用的九種方法，輔之以應用實例，讓讀者因爲「行易」而有豁然開朗的感覺，包括機率抽樣的簡單隨機抽樣法、分層抽樣法、集群抽樣法、系統抽樣法、多段抽樣法，以及非機率抽樣法的判斷抽樣法、配額抽樣法、便利抽樣法、雪球抽樣法。

樣本數的抉擇會影響到行銷研究結果的精確度、成本與時效，適量的研究樣本若能達到所要求的精確度與代表性，不見得要進行大規模的普查。樣本數大小的抉擇和研究者對母體知識的瞭解有密切相關，母體知識已知與否，所選用的計算公式各不相同。本章介紹在各種不同情況下，計算所需樣本數的步驟與方法，最後討論無反應偏差的原因與處理方法。

參考文獻

1. Cooper, Donald R., and Pamela S. Schindler, *Business Research Methods*, 12th Edition, McGraw-Hill/Irwin, New York, 2014, p.338～339.
2. 同註1，頁340～341。
3. 林隆儀、黃榮吉、王俊人合譯，V. Kumar, David A. Aaker and George S. Day 原著，《行銷研究》，第二版，雙葉書廊有限公司，2005，頁372～378。

4. 陳文哲、楊銘賢、林隆儀合著，《管理統計》（新版），中興管理顧問公司，1992，頁176。
5. 同註3，頁378。
6. 同註4，頁177。
7. 同註3，頁378。
8. 同註3，頁383。
9. 同註4，頁177。
10. 黃俊英著，行銷研究概論，第六版，華泰文化事業股份有限公司，2012，頁192。
11. 同註3，頁378。
12. 林隆儀、王繼福，〈不同涉入程度與地理區域下服務品質對知覺風險影響之研究——以臺北縣政府稅捐稽徵處爲例〉，《行銷評論》，第3卷，第3期，2006，秋季，251～278。
13. 同註4，頁189。
14. Burns, Alvin C., and Ronald F. Bush, *Basic Marketing Research: Using Microsoft Excel Data Analysis*, 3rd Edition, Pearson Education, Inc., New Jersey, USA, 2012, p.222.
15. 同註10，頁209～213。
16. Roscoe, Joseph T., *Fundamental Research Statistics for Behavior Science*, 1969, 2nd ed. Rinehart and Winston Press.
17. 同註3，頁257。

第9章

訪問作業的執行與管理

9.1 前言

誠如聯邦快遞的一篇電視廣告影片所言，「貨物運送過程中，常常會遇到很多不可預期的狀況」，行銷研究也有同樣的情形。儘管行銷研究設計得再完美，訪問過程中也會遇到許多狀況，這就凸顯了「徒法不足以自行」的道理，這些狀況所造成的偏差，輕者會影響研究的品質，重者可能使整個研究陷入功虧一簣的窘境。這些狀況中有些是可以事前防範的，有些雖然不見得可以預期，但是只要落實執行，輔之以嚴密的管理機制，仍然可以將偏差降到最低限度。

行銷研究通常都徵聘許多訪問人員執行訪問工作，訪員的甄選與訓練會直接影響訪問品質；配合研究的需求，需要有明確的訪問時程與預算；公司通常都會指派一位管理人員，負責管理及督導整個訪問作業，處理訪問過程中所遇到的問題，每一種訪問方法所遇到的問題可能都各不相同；訪問作業管理的目的，在於落實執行訪問工作，確保訪問品質。

本章首先討論訪員的甄選與訓練，訪問時程與預算的規劃，然後剖析及檢討行銷研究最常使用的四種方法的管理要領，包括人員訪問、電話訪問、郵寄問卷訪問、網際網路訪問，最後討論提高訪問作業品質的兩大支柱：訪員與督導員的工作要領。

9.2 訪員的甄選與訓練

「事在人為，有人才能做事，沒有人就一事無成」，這是放諸四海皆準的基本道理。美國鋼鐵大王卡內基（Andrew Carnegie）曾說，其他資源都可以不要，只要把人才留下來，幾年後我仍然是鋼鐵大王。公司若自行執行行銷研究，通常都由行銷部門主管出任研究主持人，若委託研究機構執行，例如委託行銷研究公司、市場調查公司、廣告公司、顧問公司、大學院校，以及其他機構，也會指派一位主管負責與研究機構聯絡。無論是自行研究或是委託研究，都需要有適當的人選來督導與執行。高水準的訪問是優秀訪員們的傑作，也是研究機構對訪員的基本要求，然而天底下沒有天生的優秀訪員，優秀訪員都是經過審慎甄選，有計畫、有系統、嚴格訓練出來的。

訪員的甄選有很多種方式，有些公司甄選爲正式員工，專職負責行銷研究工作，尤其是行銷研究公司與廣告公司；有些公司採取短期約聘制，視研究計畫的需要，聘用短期員工或部分時間的兼職人員；有些公司和大學院校建教合作，由大學老師帶領學生進行實地訪問作業。作者在企業服務時，曾經和成功大學、東海大學、淡水工商專校（即現今眞理大學）合作，進行市場調查工作。

公司甄選訪員的途徑很多，有登報公開甄選者、有公布在公司網站者、有透過104及1111人力銀行甄選者、有利用就業博覽會甄選者、也有到大學院校的就業博覽會徵才者，不一而足。無論是甄選正式員工或短期約聘人員，甄選過程與要領，和甄選其他員工並無不同，只是特別重視面談，以及對訪問工作態度的基本要求，例如對訪問工作有高度興趣、熱心務實、負責盡職、遵守及貫徹訪問要領、按時回報訪問資料與進度。採用部分時間的兼職人員執行訪問工作，和大學院校建教合作是一個絕佳的選擇，一方面提供學校參與行銷實務的機會，另一方面讓學生提前接觸企業的行銷運作，做到教學合一的境界；一方面使公司活用社會人力資源，節省公司人力成本，一舉數得。建教合作的學校通常都會指派專責老師，負責甄選合適的訪員（學生），協助執行訪員訓練，以及訪問過程中協調、管理與督導等工作。

訪員訓練有兩種方式，其一是集中訓練，其二是分區訓練，兩種方式各有其優點與缺點，視行銷研究的規模、訪問區域分布與訪員人數而定。

公司若自行執行行銷研究，當然是由公司負責訪員全程訓練工作；若是委託專業機構執行行銷研究，訪員訓練宜由雙方共同負責，分工合作，公司負責介紹經營現況，產品特徵，行銷研究的動機、目的、計畫時程與進行方式；受託專業機構負責教導訪問作業要領與技巧，逐一說明問卷上每一道題目的意義，示範、演練與試訪，訪問過程中可能遇到的各種狀況與處理方法，訪問作業品質與時程控制，對訪員的期盼與管理等，使每一位訪員都充分瞭解自己的任務。

訪問作業管理又稱爲現場作業管理（Field Operation Management），其中有很大部分屬於訪問人員的行爲表現與管理。每一位訪員的想法與做法可能會有差異，表現與訪問結果也可能參差不齊，透過訓練機制教導正確方法與技巧，輔之以督導與查核訪問作業，讓他們充分瞭解公司的重視與態度，在「知其然，亦知其所以然」的共識下，縮小個別差異，提高訪問品質。

9.3 訪問時程與預算的規劃

訪問時程與預算是訪問作業管理的兩大支柱，時程規劃包括執行每一項工作所需要的時間，以及開始時間與完成時間，作爲管制訪問時間的主要依據。除了在公司內形成共識之外，還需要讓督導訪問作業者充分瞭解，並且轉知所有訪問人員，共同遵守。

時程規劃有兩種呈現方式，第一種是訪問作業時間進度表，如表9-1所示，列出所有工作項目，輔之以完成每一項工作所需要的時間（天數），以及每一項作業的開始日期與完成日期。第二種爲訪問進度流程圖，可以用簡明的甘特圖（Gantt Chart）表示，如圖9-1所示，也可以用詳細的PERT圖表示。

表9-1　訪問作業時間進度表

工作項目	所需時間（天數）	開始日期	完成日期
1.研擬訪問問卷	15	1月6日	1月20日
2.修正問卷及初稿定案	2	1月22日	1月23日
3.問卷試訪	6	1月26日	1月31日
4.問卷再修正及定案	2	2月4日	2月5日
5.印刷問卷	10	2月7日	2月16日
6.甄選訪員	12	2月15日	2月26日
7.研擬訪員訓練教材	8	2月21日	2月28日
8.訪員訓練	2	3月1日	3月2日
9.訪員工作分配	1	3月3日	3月3日
10.正式展開訪問	21	3月5日	3月25日
11.召開訪員座談會	1	3月28日	3月28日
12.撰寫訪問報告	3	3月29日	3月31日
13.提出訪問報告及簡報	1	4月10日	4月10日

工作項目	1月	2月	3月	4月
1.研擬訪問問卷	———			
2.修正問卷及初稿定案	-			
3.問卷試訪	-			
4.問卷再修正及定案		-		
5.印刷問卷		——		
6.甄選訪員		——		
7.研擬訪員訓練教材		——		
8.訪員訓練			-	
9.訪員工作分配			-	
10.正式展開訪問			———	
11.召開訪員座談會			-	
12.撰寫訪問報告			-	
13.提出訪問報告及簡報				-

圖9-1　訪問進度流程圖（甘特圖）

訪問工作完成後需要召開訪員座談會，可以集中召開，也可以分區舉辦，無論是公司自行執行訪問工作，或是委託專業研究機構執行訪問工作，公司都要指派相關主管參加。座談會主要目的是要檢討整個訪問工作的成果，以及有待改進事項，一方面肯定及感謝全體訪員的通力合作，使訪問工作順利完成；一方面傾聽訪員的訪問心得與建議，訪問期間表現特別優秀的訪員給予適當獎勵，爲下一次合作建立良好關係；另一方面若有訪問費用尚未支付者，利用此一場合支付所有費用。

訪問工作完成後需要撰寫一份報告，並向公司行銷長或其他高階主管做一場簡報，接受委託執行訪問工作的專業機構，特別需要重視此項工作，一方面表示負責任的態度，一方面表示合作愉快。

預算規劃也是訪問計畫的重要項目，行銷研究人員必須確實瞭解，並且掌握整個訪問工作需要投入多少費用，例如問卷印刷費、交通費、支付給受訪者的紀念品、支付給訪員的訪問費（通常都採用計件制）、電話費、郵費……等，按照訪問作業項目別一一列出，確實編列，同時也必須瞭解各項費用的估算基礎。若是委託研究，受託的專業機構在提出訪問計畫時，一定會附上一份收費報價表，做爲「做多少事、做到什麼境界、收多少費用」的依據，行銷研究人員瞭解預算編列基礎與方法，才能判斷受託機構所提出的收費報價是否合理，以及哪些項目可以有議價的空間。

9.4 訪問作業的管理

訪員接受訓練後，隨即展開實地訪問作業。訪問作業有如推銷員的工作，都是分散在各地，分頭進行，尤其是人員訪問，亟需督導人員的鼓勵，訪問過程中也需要有適當的管理，才能達成預期的目標。不同的訪問方法，需要給予不同的管理，以下討論行銷研究最常採用的四種訪問作業管理要點。

1. 人員訪問

人員訪問管理需要掌握四項要領，首先是訪問地區、時間與工作量的管理。分配訪員的訪問地區時，最好是考量訪員熟悉與意願，這樣一來可以減少訪員摸索的時間，加速訪問作業的進行。分配工作量時，給予適當的寬裕時間，使訪員有足夠的時間落實執行訪問作業，如此一來有助於提高訪問品質。

其次是掌握訪問作業品質。掌握訪問作業品質必須從過程管理著手，明確傳授要領，規範每天繳交問卷的時間，督導員收回問卷後，必須在當天檢視每一份問卷，例如檢查問卷是否填答完整，字跡或勾選是否清楚，若有填答不完整或不清楚，必須馬上詢問訪員或追蹤，以免事後難以追蹤，如此才能確保每一份問卷的品質。

第三、確實掌握訪問進度。從訪員每天繳交問卷數量，可以掌握整體訪問作業的進度，針對進度落後的訪員給予面授機宜，加油打氣，期能趕上進度。若有進度異常超前者，也需要瞭解原因，防止訪員因為求快心切而影響訪問品質。

第四、實施抽樣查核。訪員訓練時，除了讓他們瞭解查核機制之外，訪問過程中由督導員執行抽樣查核，一方面感謝受訪者接受訪問，一方面瞭解訪員的工作態度與表現，此舉有助於落實訪問工作，同時也有助於確保訪問作業品質。

2. 電話訪問

電話訪問依照事前所建立的訪問名單，逐一打電話訪問，通常都集中在一個辦公室進行，也有設置電話訪問中心（Call Center）者，因為集中訪問，每一位訪員的工作與表現一目了然，所以訪問作業的管理比較容易掌握。但是訪員和受訪者缺乏互動，加上詐騙電話頻傳，受訪者拒絕回答的機會很高，導致訪員失去信心，甚至離職而去，嚴重影響訪問進度，督導員必須適時給予關懷與鼓勵，個別面授機宜，幫助解決問題。

進度落後是電話訪問管理最常見的問題，主要有六個原因：母體名單不足、電話號碼不正確、重打率高、被拒絕比率高、問卷太長、問卷太複雜，這些問題的根源在於研究設計欠周詳，以及未落實試訪（註1）。此時的改善必須從熟諳技巧，降低重打率與被拒絕比率著手。

3. 郵寄問卷訪問

郵寄問卷訪問也是集中在辦公室，統一進行郵寄問卷及追蹤訪問，訪問作業進度的管理相對容易，通常都將訪問作業分爲幾個階段管理：第一次郵寄、第二次或第三次郵寄、問卷追蹤與補寄、抽選部分問卷處理無反應偏差問題（註2）。

郵寄問卷訪問的優點是可以同時寄出許多問卷，因爲沒有和受訪者互動，問卷填答不會受到訪員個人因素的影響，但是無反應率偏高則是其缺點，爲了降低無反應率，管理重點在於進行多次追蹤，受訪者若未收到問卷，則即刻補寄，若已經收到問卷而未回覆，則懇請儘速填答並回覆。

請記得「受訪者沒有任何義務幫訪問人員填答問卷」，此時問卷追蹤就顯得特別重要，Churchill, Jr.（1995）提出改善無反應偏差的三項策略，包括：(1)控制研究過程，提高初期反應率：告知研究的價値及受訪者意見的重要性，事先告知訪問訊息，懇請惠予填答問卷；(2)追蹤再追蹤：找出尚未回應的受訪者，並且在受訪者最方便的時間補寄給追蹤問卷；(3)調整研究結果：估計無反應偏差可能造成的影響，然後斟酌調整研究結果（註3）。

問卷追蹤有多種方法，包括單一方法與混合方法，請參閱本書第5章圖5-2所示。Duncan（1979）認爲只要在研究過程中多下點工夫，降低無反應偏差有多種方法可循（註4）。追蹤次數不限於一次，通常都需要進行多次追蹤，Armstrong and Overton（1977）指出，只要研究過程控制得法，郵寄問卷訪問的無反應偏差可以降到30%以下（註5）。林隆儀（2000）在研究郵寄問卷調查無反應偏差改善方法之效果時發現，追蹤方式以採用電話催收最普遍，占採取改善行動的39%，電話催收配合補寄問卷占16%，而且有採取改善行動比未採取改善行動的無反應偏差小（註6）。

問卷訪問常會遇到反應率偏低的問題，此時訪問作業管理的重點有二，其一是預留寬裕時間，避免有遺珠之憾；其二是進行無反應偏差的影響分析，做爲判定訪問作業截止日期的參考。

4. 網際網路訪問

拜電腦應用普及與資訊科技進步所賜，加上網際網路具有無遠弗屆的特性，利用網際網路進行行銷研究，有愈來愈普遍的趨勢。網際網路訪問速度快，可以大幅縮短訪問所需要的時間，而且可以設計成自動回答的方式，減少訪問人員人數，受訪者填答不會受到訪問人員、督導人員及其他人員的影響，訪問作業進度管理是相對最容易的一種方法。

9.5　訪員訪問作業要領

對許多人來說，訪問工作可能是第一份正式的工作，也可能是第一份兼差的工作，從訪問人員訓練中學到很多彌足珍貴的知識與技巧，從訪問過程中也可以學到許多寶貴的工作經驗與歷練。只要虛心學習，學以致用，這些知識與技巧將會受用不盡；只要用心投入，發揮創意，這些經驗與歷練將會成爲工作生涯中非常精彩的一頁。訪員不只是一位訪員，在訪問作業管理中扮演舉足輕重的角色，對整個行銷研究具有很大的貢獻，只要掌握下列作業要領，勝任訪問工作，愉快完成任務，必定指日可待。

1. 堅守崗位，務實訪問

堅守訪員的工作崗位，抱持「做什麼，像什麼」的工作信念，一步一腳印，遵照所學到的訪問要領，務實執行訪問作業，勝任愉快，完成任務，將是預料中的事。訪員在市場第一線執行訪問工作，常會有失落感與挫折感，需要有樂觀進取的精神，堅持到底的信念，務實落實訪問的決心，發揮過人的執行毅力與克服困難的勇氣，才能創造豐碩而甜美的成果。

2. 活用技巧，完成任務

訪問作業如果只是隨意問問而已，那就沒有什麼價值可言了。從縝密而嚴謹的行銷研究計畫可知，行銷研究的現場訪問作業是一種相當專業的技術，需要應用許多技巧，訪員訓練就是在傳授這些技術與技巧。訪問技術與技巧可貴的是，要適時而巧思的用在訪問作業上，否則光有技術與技巧，缺乏應用的藝術，無法隨機應變，臨場活用，還是無濟於事。訪員學會這些技術與技巧，加上個人眼觀四方，耳聽八方的功夫，完成訪問任務當易如反掌。

3. 遵守約定，誠實以對

無論是公司和訪員之間，或是督導員和訪員之間，都存在有一種約定，可能是書面的約定，可能是口頭約束，也可能只是心裡默契。無論是哪一種形式的約定，訪員都必須將此約定視爲至高無上的承諾，並且要有實踐承諾的決心，誠實務實的執行訪問工作。遵守約定，嚴以律己，所換來的是心安理得；實現承諾，美夢成眞，所得到的是熱烈的掌聲，利己利人，絕對是大功一件。

4. 養成習慣，迅速回報

訪員執行訪問作業，無論是在一個地區訪問，或是在外縣市訪問，都必須養成「今日事，今日畢」的習慣，按照事前規劃的時程與進度，落實執行，同時還必須主動提供中間報告。一方面表示個人負責盡責的態度，另一方面表示對督導員的尊重，溝通管道暢通無阻，可讓督導員隨時掌握訪問作業狀況。

5. 徹底執行，自我檢討

訪員需要有積極任事的態度，不斷思考提高效率的方法，以及不達目的絕不終止的決心，徹底執行，不拖泥帶水，確實做好訪問工作。優秀的訪員必須修練「自我檢討，反求諸己」的人格特質，每天工作結束後，誠實檢討，力求精進，不怨天尤人，不垂頭喪氣。除了自己進步之外，贏得信任，委以重任，爲更上一層樓儘早做好準備。

6. 可貴經驗，發展基礎

「經一事，長一智」，訪問作業所學到的知識、技術與技巧，都是非常寶貴的經驗，這些經驗很有可能成爲職涯發展的基礎，本著「多做多學」的心情，好好珍惜，當可受用不盡。抱持「從工作中歷練自己」的信念，自我管理，講究方法，追求卓越，有助於個人的生涯發展。

成功者都是精通找方法的能手，認爲事情雖然有困難，只要心不難，事就不難；失敗者都是善於找理由的高手，認爲事情雖有可能達成，但是困難重重，以致裹足不前，甚至就此停擺。日本最大的廣告公司——電通廣告公司前社長吉田秀雄的座右銘，精簡務實，意義非凡，具有高度啓發性，被發現並發展成爲聞名的「電通鬼才十則」如下，非常値得訪員學習與效法。

‧工作是自己找的，不是別人給的。

- 工作應積極搶先去做，而不只是消極被動的應付。
- 找大的工作做，小的工作只會使你的眼界狹小。
- 挑戰困難的工作，完成困難的工作才會有進步。
- 一旦開始工作就不能放棄，不達目的絕不終止。
- 積極主動，主動與被動之間久而久之會有天壤之別。
- 做事要有計畫才會產生忍耐，下工夫去做才會激發出希望與毅力。
- 信任自己，工作時才會有魄力。
- 時時刻刻動腦筋，全面觀察，才不會有懈可擊。
- 不要怕摩擦，摩擦是進步之因，推動力的泉源。

9.6 督導員的品質管理

現場訪問作業落實執行的程度，攸關訪問作業品質甚鉅，訪問作業管理的責任，很自然的落在督導員的身上，尤其是人員訪問場合，訪員分散在各地實際執行訪問作業，此時督導員的角色更爲重要。一位督導員通常都帶領多位訪員，在市場第一線執行訪問作業，督導工作範圍廣泛，包括肩負工作分配、作業協調、掌握進度、抽樣查核，以及訪問期間訪員日常生活管理等重責大任，對訪員的工作態度與表現必須瞭若指掌，隨時給予指導與激勵，期能圓滿完成任務。要圓滿完成任務，督導員必須具備下列人格特質與工作要領。

1. 積極進取，視工作為己任

督導員扮演訪問作業主管的角色，全程管理訪問作業的進行，首先必須具備「積極進取，視工作爲己任」的人格特質。完美的行銷研究計畫，需要有落實執行的機制與決心，才能創造滿意的結果；將書面計畫轉換爲實際訪問行動，進而一一落實執行，促使美夢成眞，現場督導員扮演關鍵性角色。

2. 關懷訪員，協助解決困難

訪員分散在各地執行訪問作業，猶如推銷員在市場第一線執行推銷工作，難免會有孤軍奮鬥的失落感，加上訪問作業變化多端，可能衍生出許多問題，例如找不到目標訪問對象、受訪者提供不實資料、受訪者拒絕接受訪問……等，於是失去信心、充滿挫折感，時有所聞。訪問工作需要有溫馨的關懷，誠懇的協助解決問題，此時的最佳關懷者，就落在現場督導員的身上。

3. 激勵士氣，善用團隊力量

管理講究透過他人的努力達成目標，在達成目標過程中，領導能力成爲不可或缺的關鍵要素。督導員帶領訪員執行訪問作業，需要靠團隊力量才能竟訪問之全功，訪問團隊潛藏無限的力量，需要督導員設法激發，彙集力量，眾志成城。善於激勵士氣的督導員，必定是優秀的管理人員，士氣高昂的訪問團隊，必定是高品質訪問作業的實踐者。

4. 負責盡職，抽查訪問作業

訪問作業的督導相當廣泛，督導員必須面面俱到，善盡職責，抽查訪問作業執行情形成爲例行而重要的職責。除了行銷研究計畫列有查訪項目，訪員訓練安排有抽訪課程之外，訪問作業執行過程中必須實際抽訪，以便隨時掌握訪問作業動態。抽訪的方式很多，例如電話抽訪、簡訊抽訪、電子郵件抽訪、人員抽訪。抽查訪問作業有多層意義，一方面感謝受訪者接受訪問及提供資料，一方面瞭解訪員工作態度與禮貌，另一方面查核訪員是否誠實執行訪問工作。

5. 正確記錄，今日事今日畢

督導員的工作範圍廣泛，訪問期間的時程長，帶領的訪員人數多，不可能將所有的事情都記在腦子裡。優秀的督導員必須養成勤做筆記，以及保存記錄的習慣。要在繁忙的工作中，仍然保持清晰的頭腦，最好的祕訣就是勤做筆記，記錄下來才不會遺忘，保持記錄可供日後查考，也才符合科學精神。訪問作業逐日進行，督導員還必須養成「今日事，今日畢」的習慣，每天檢討，務實改進，不能拖延到明天，因爲明天還有更重要的事情要處理。

6. 即時回報，掌握訪問進度

督導員在訪問作業進行期間，扮演公司代表的角色，最基本的職責是誠實、務實、落實執行督導工作，同時也必須和公司行銷長及相關主管保持密切聯繫，即時回報訪問狀況，讓行銷長也同步掌握訪問進度。即時回報一方面表示對工作的熱愛與尊重，一方面表示對行銷長及相關主管的敬重，另一方面可做爲全體訪員的表率。

9.7 本章摘要

可行的策略才是良好的策略，良好的策略務實執行才會產生不凡的結果，在計畫（Plan）、執行（Do）、檢討（Check）、採取行動（Action）的PDCA管理循環中，行銷研究的執行屬於第二個環節的工作，執行得徹底與否，影響行銷研究成敗至鉅。行銷研究的執行需要有正確的人選，包括訪問人員與督導人員，天底下沒有天生優秀的訪員，優秀訪員都是訓練出來的。

本章首先討論訪員的甄選與訓練要領，闡述訪員甄選與訓練的重要性。行銷研究結果是要提供行銷長做決策之用，時程上有一定期限，加上行銷研究需要在經濟有效的前提下達成目標，投入的預算必須是必要與合理的，本章介紹訪問時程與預算的規劃，接著討論各種訪問方法的管理要領，包括人員訪問、電話訪問、郵寄問卷訪問、網際網路訪問。

訪員與督導員的人格特質與工作態度，會直接影響訪問作業的品質，本章後半段分別指出並討論訪員與督導員的工作準則，引用日本電通廣告公司所發展的「電通鬼才十則」，提供給訪問人員及行銷研究人員參考。

參考文獻

1. 黃俊英著，《行銷研究概論》，第六版，華泰文化事業股份有限公司，2012，頁267。
2. 同註1，頁267。
3. Churchill, Jr., G. A., *Marketing Research Methodological Foundations*, 6th Edition, 1995, pp.670～675, Orlando: The Dryden Press.
4. Duncan, W. J., Mail Questionnaires in Survey Research: A Review of Response Inducement Techniques. *Journal of Management*, 1979, Vol.5, No.1, pp.39～55.
5. Armstrong, J. S. and Overton J. S., Estimating Nonresponse Bias in Mail Surveys, *Journal of Marketing Research*, 1977, Vol. 14, pp.396～404.
6. 林隆儀，〈郵寄問卷調查無反應偏差改善方法之效果——Meta分析〉，《文大商管學報》，2000，第5卷，第1期，頁70。

第四篇　資料整理與統計檢定

第10章

資料整理與分析

10.1 前言

10.2 資料檢查

10.3 資料編輯與編碼

10.4 資料編表

10.5 樣本特性分析

10.6 相關分析

10.7 效度與信度分析

10.8 本章摘要

10.1 前言

現場訪問作業執行過程中，行銷研究人員會陸續收回問卷，收回的問卷當天就要進行初步檢視，整個訪問作業結束後，資料蒐集工作告一段落，此時的工作重點在於資料的整理與分析。

整理是指將所蒐集的資料做一次總檢查，進而整理成可供管理實務上應用的格式，透過編碼與編表技術，將原來沒有規則，毫無系統的原始資料（Data），整理成有規則、有系統、有意義的資訊（Information），提供給行銷長及相關主管做爲下定管理決策的依據。

分析是指將訪問所蒐集到的資料進行基本的統計分析，以便對所蒐集的原始資料有進一步的瞭解，包括樣本特性分析、相關分析、效度與信度分析……等，更重要的是爲後續統計推論與檢定建構良好的基礎。

資料整理與分析的範圍非常廣泛，用途各不相同，端視後續作業與管理上的需求而定，本章針對行銷研究所要求的資料整理與基本分析，輔之以實際案例，提供給讀者參考。

10.2 資料檢查

資料檢查是要將訪問所蒐集到的資料做一次總檢查，目的是要確認資料的正確性與可用性，確實爲資料品質把關。行銷研究所蒐集到的資料，猶如工廠所要投入的原料、材料一般，投入不對的原料或品質不佳的材料，絕對不可能生產出品質優良的產品；做爲行銷研究的基本資料，如果不正確或無法使用，絕對不可能產生有價值的決策資訊，這就是「投入的若是垃圾，產出的必然也是垃圾（Garbage in, garbage out）」的道理。

進行資料檢查之前，行消研究人員必須先確認發出多少份問卷，收回多少份問卷，確定問卷的回收率。收回的問卷不見得都是「合格」而「可用」的問卷，因此必須逐一檢查。爲確保行銷研究資料具有一定的品質水準，通常可以從下列五個項目進行檢查（註1）。

1. 填答的齊全性

逐一檢查問卷是否填答齊全，每一項問題是否回答完整，若是採用封閉式問卷，這部分資料檢查相對容易，若是採用開放式問卷，檢查比較費時。行銷研究實務上，最常見的是人口統計資料有遺漏現象，檢查時必須格外謹愼。

2. 字跡的清晰度

每個人書寫的字跡就和他的性格一樣，各不相同，加上訪問當時基於時間匆促，可能出現字跡潦草現象，以致不容易辨識。行銷研究所要求的不一定是字寫得漂亮，而是要求字跡清晰、容易辨識，若無法辨識，可請原受訪者重新塡寫，若找不到原受訪者重新塡寫，爲了確保研究品質，該份問卷必須捨棄不用。

3. 填答的一致性

檢查塡答有無前後不一致，不合邏輯，甚至互相矛盾現象，也是資料檢查的要項之一，尤其是問卷設計有過濾題目時，更需要檢查是否有矛盾現象。若發現有前後不一致的現象，若可以設法澄清，則宜儘速澄清，若無法澄清，該份問卷必須捨棄不用。

4. 抽樣的正確性

抽樣設計時通常都訂有嚴謹的抽樣方法，要求訪員按照指示確實執行，資料檢查就是檢視及核對訪員有無確實執行，以便確認資料的正確性，例如受訪者是否就是所要訪問的目標對象，因爲訪問對象不正確，所蒐集到的資料就不正確，後續的分析不但白費工夫，分析結果也將毫無意義可言。

5. 意義的明確性

每個人慣用的語詞都不盡相同，不相同的語詞各有不同的解讀，缺乏共識與明確性，尤其是採用開放式問卷訪問時，必須特別檢查及澄清受訪者所填答語詞的明確性，以便正確解讀受訪者填答的眞正意義，避免因爲語詞模糊不清，意義南轅北轍，嚴重影響研究的正確性。

訪問作業管理階段中，督導員若每天嚴格而徹底的檢視問卷，有問題者馬上追查及釐清，可使此時的檢查工作事半功倍。收回的問卷經過檢查，捨棄「不合格」及「不可用」的問卷後，就可以得知有效問卷數，進而確定有效問卷回收率。

10.3 資料編輯與編碼

資料編輯（Data Editing）是在確認受訪者回答問題時，是否有忽略、含糊不清以及錯誤等現象，包括確認下列各項問題（註2）。

1. 訪員爲引導受訪者回答問題，是否產生的錯誤。
2. 受訪者是否有意或無意未回答問卷上某一問題。
3. 受訪者是否有不清楚問題的意義，以致答案模糊不清。
4. 受訪者所回答的答案是否具有邏輯性。
5. 受訪者回答時，是否有全部勾選相同答案的情形。
6. 填答問卷的人是否就是所要求的目標訪問對象。

資料編輯過程中，若發現有上述情形，研究者需要迅速做出適當處理，以免事過境遷失去處理的黃金時機。至於處理的方法，通常包括三項要領：(1)若可以找到原受訪者，則再次訪問該受訪者，以確認該問題；(2)有上述情形的問卷若只是少數，將該問卷視為無效問卷，捨棄不用；(3)在進行下一階段編碼時，將遺漏的題項歸類為「不知道」或「沒意見」（註3）。

編碼（Coding）是指將資料予以分類，並指派給適當數字或符號的過程。原始資料經過編碼後，轉換為方便採用電腦處理的數字或符號，進而整理成行銷研究者可以進行統計與分析的資料。

行銷研究人員在進行編碼時，必須先決定要分為幾類，以及分類的一致性規則，然後依序指派給一定的數字或符號。資料分類必須符合下列規則（註4）。

1. 適合性（Appropriate）：將資料做最適當的分類，以便做為比較的基礎，以及後續假說檢定與推論之用。

2. 包羅性（Exhaustive）：分類後的資料必須包含所有可能的答案，實際應用上唯恐掛一漏萬，通常都在列舉答案項目後，增加「其他」選項。

3. 互斥性（Mutually Exclusive）：分類後的資料必須具備互斥性，也就是所有答案只能歸入其中一類，而且只能歸入一類。

4. 單一構面（Single Dimension）：資料分類的類別必須根據同一觀念或構念加以定義，如此才能避免產生雞同鴨講的現象，以及非互斥的情況。

指派給數字或符號並不困難，但是需要研究者正確及一致性的判斷，例如採用李克特七點尺度的封閉式問卷時，從非常不同意到非常同意，分別指派給數字1到7，當然也可以分別指派給數字7到1，端視研究者的設計需要而定。當採用二分法問卷時，例如是、否；男性、女性；同意、不同意；願意購買、不願意購買；分別指派給數字1、2，或符號A、B，或○、×均無不可。

編碼可區分爲兩大類，其一是事前編碼（Precoding），其二是事後編碼（Postcoding）。事前編碼是指行銷研究人員在設計問卷時，就已經決定可能答案的分類，並指派給適當的數字或符號，而且直接標示在問卷上，好讓研究者與受訪者都一目了然；或在問卷填答指引上做說明，指導問卷填答方法，通常都用在封閉式問卷場合。事後編碼通常用在開放式問卷場合，資料蒐集完成後，檢視受訪者填寫的答案時，先將這些答案予以分類，然後指派給適當的數字或符號。

有些數字性資料，例如公司資本額、營業額、員工人數、產品線數目、市場占有率，個人年齡、職業、服務年資、年薪所得等，爲免自我混淆，通常都直接採用原始數字編碼。

10.4 資料編表

行銷研究資料經過整理，轉換爲可供決策使用的資訊後，有多種呈現方式，包括：(1)以文字與數字呈現；(2)以表格方式呈現；(3)以圖形呈現。這些資訊是要提供給行銷長及相關主管做決策之用，別忘了高階主管所需要的是具體、簡潔、清楚、明確的資訊，因此資訊的最佳呈現方式以圖形爲第一優先，其次是表格，第三才是文字與數字的呈現。

資料編表可以看出問卷中每一道問題衡量的結果，並且計算落在不同類別的資料有多少筆，進而瞭解研究變數的次數分配（資料分配情形），敘述性統計量（平均數、百分比……等），以及變數之間的相關關係（相關分析）。編表也可以用來找出錯誤，發現異常值，確定受訪者回答「不知道」和「空白」的比率，以供後續判斷之用，以下將介紹行銷研究實務上常用的資料編表方法。

1. 次數分配表

統計學上的次數分配（Frequency Distribution），是將所蒐集到的資料組織成一個組別或一群數值，並且顯示每一個組別資料的觀察值之數目（註5）。行銷研究實務上的次數分配，是指受訪者回答每一個問題的分布情形，也是找出研究變數分配情形最簡單的方法。

次數分配表是將觀察單位依其數量大小予以分類，並將結果歸納而成的統計表（註6）。次數分配情形以數字呈現者稱爲次數分配表，以圖形呈現者稱爲次數分配圖，實務上最常見的有直方圖（Histogram）、次數多邊形圖（Frequency Polygon）、累積次數分配函數圖（Cumulative Frequency Distribution Function）。

2. 敘述性統計表

敘述性統計表是在呈現與次數分配相對應的統計量，彙整次數分配表中的相關資訊，好讓行銷研究人員對所蒐集資料的特性有進一步的瞭解。行銷研究實務上最常使用的有三種敘述統計表：(1)集中趨勢，例如平均數、中位數、眾數；(2)離散程度，例如全距、變異數、標準差；(3)分配型態，例如偏態、峰態。

平均數中又以算數平均數被用得最普遍，計算方法也最簡單，將樣本統計量總和除以樣本數，即可計算出算數平均數。離散趨勢中以變異數與標準差最常被採用，將變異數開平方所算得的數值就是標準差；變異數或標準差愈小，表示所蒐集到的資料同質性愈高，也就是愈集中在平均數附近；反之，則異質性愈高，資料愈形分散。分配型態中以常態分配最爲重要，也最常被使用。有關敘述統計量的計算屬於統計學的基本課程，請讀者參閱統計學書籍。

3. 交叉編表

交叉編表（Cross Tabulation）用於呈現兩個名目變數之間的關係，

又稱爲交差分類表、交叉標示表、列聯表分析（Contingency Table Analysis）。編表要領是將樣本分類爲許多群體，以列或行總和爲基礎，計算表中每一個方格的百分比，以觀察不同群體之間在變數上的獨立性。

行銷研究實務經常想瞭解不同研究變數與某一現象的關係，此時最適合採用交叉分析表來呈現。例如消費者的所得水準、年齡、教育程度與購買新手機的意願，可用表10-1的交叉編表表示如下。

表10-1　交叉編表範例

所得水準與新手機購買意願				
	30,000元以下	30,001～40,000元	40,001～50,000元	50,001元以上
一定會買	18.4%	21.6%	25.6%	30.3%
可能會買	20.4%	25.9%	27.9%	36.0%
不會購買	61.2%	52.5%	46.5%	33.7%
合計	100%	100%	100%	100%
年齡與新手機購買意願				
	20歲以下	21～25歲	26～30歲	31歲以上
一定會買	12.0%	17.5%	20.6%	22.3%
可能會買	25.9%	28.8%	30.9%	36.0%
不會購買	62.1%	53.7%	48.5%	41.7%
合計	100%	100%	100%	100%
教育程度與新手機購買意願				
	國中以下	高中	大學	研究所
一定會買	20.2%	23.4%	30.7%	28.6%
可能會買	28.7%	30.6%	34.2%	36.2%
不會購買	51.1%	46.0%	35.1%	35.2%
合計	100%	100%	100%	100%

10.5 樣本特性分析

樣本特性分析又稱樣本結構分析，主要是在分析所蒐集到的研究樣本資料，以便對樣本結構與特性有進一步瞭解。樣本特性分析有兩種呈現方式，第一種爲簡單描述法，以文字描述樣本的重要特性及其百分比；第二種是列表描述法，以表格呈現詳細數據及其百分比。

林隆儀（2011）在研究〈服務品質、品牌形象、顧客忠誠與再購買意願的關係〉時，採用人員訪問法，發出470份問卷，回收440份，扣除資料不全及填答錯誤的無效問卷12份，蒐集到有效問卷428份，有效樣本回收率爲91.06%。受訪者在性別分類上，女性顧客（65%）約比男性顧客（35%）多出一倍；年齡集中在21～30歲（38.1%）及31～40歲（40.4%）；每月可支配所得則集中在5,000～10,000元（20.8%）、20,001～30,000元（19.4%）和30,001～40,000元（21.3%）；教育程度主要是大學（58.8%）；購買金融產品的年資集中在1年以上、3年以下（33.6%）；和該銀行往來的年資集中在1年以上、3年以下（25.2%）、3年以上～5年以下（22.0%）和5年以上～10年以下（24.1%）（註7）。

呂清鈺在研究〈企業形象、關係行銷及信任對購買意願之影響關係——口碑的干擾效果〉時，採用人員訪問法，發出500份問卷，收回有效問卷458份，有效問卷回收率爲92%，樣本特性分析如表10-2所示（註8）。

表10-2　樣本特性分析範例

項目	基本資料	有效問卷（件）	百分比（%）
性別	男	167	36.5
	女	291	63.5
合　　計		458	100.0
年齡	18～25歲	120	26.2
	26～30歲	123	26.9
	31～35歲	50	10.9
	36～40歲	48	10.5
	41～45歲	16	3.5
	46～50歲	37	8.1
	51～55歲	40	8.7
	56～60歲	15	3.3
	61歲及以上	9	2.0
合　　計		458	100.0
婚姻狀況	未婚	283	61.8
	已婚	175	38.2
合　　計		458	100.0
職業	電子資訊業	36	7.9
	金融保險業	13	2.8
	農林漁牧礦	0	0
	服務業	106	23.1
	軍公教	144	31.4
	自由業	20	4.4
	家管	11	2.4
	學生	93	20.3
	其他	35	7.7
合　　計		458	100.0

（接下頁）

（承上頁）

項目	基本資料	有效問卷（件）	百分比（%）
教育程度	國（初）中以下	1	0.2
	高中（職）	26	5.7
	專科或大學	331	72.3
	研究所（含）以上	100	21.8
合　計		458	100.0
居住地區	北部地區	350	76.4
	中部地區	48	10.5
	南部地區	48	10.5
	東部地區	9	2.0
	外島地區	3	0.7
合　計		458	100.0
每年平均旅遊支出	10,000元及以下	111	24.2
	10,001～50,000元	218	47.6
	50,001～90,000元	89	19.4
	90,001～130,000元	26	5.7
	130,001～170,000元	6	1.3
	170,001～210,000元	4	0.9
	210,001～250,000元	2	0.4
	250,001～290,000元	0	0
	290,001元及以上	2	0.4
合　計		458	100.0
每年平均旅遊次數	1次及以下	125	27.3
	2～4次	273	59.6
	5～7次	36	7.9
	8次及以上	24	5.2
合　計		458	100.0

（接下頁）

（承上頁）

項目	基本資料	有效問卷（件）	百分比（%）
網路旅行社	雄獅旅遊網／雄獅旅行社	139	30.3
	易遊網／易遊網旅行社	122	26.6
	東南旅行社	57	12.4
	燦星旅遊／燦星旅行社	52	11.4
	易飛網／誠信旅行社	16	3.5
	鳳凰旅行社	15	3.3
	五福旅行社	5	1.1
	可樂旅遊／康福旅行社	52	11.4
合　計		458	100.0

10.6　相關分析

相關分析（Correlation Analysis）是在調查兩種或兩種以上變數之間的關係。變數之間的關係可分爲：(1)正相關：例如服務愈佳，顧客滿意度愈高；(2)負相關：例如等待時間愈久，顧客滿意度愈低；(3)無相關：例如年節期間顧客購買高鐵車票的意願和高鐵班次無關；(4)曲線相關：在某一資源水準之下，生產規模愈大，愈有助於降低成本，但是超過某一極限後，繼續擴大生產規模，成本會出現遞增的規模不經濟現象。變數之間的相關關係，可用圖10-1的相關圖表示。

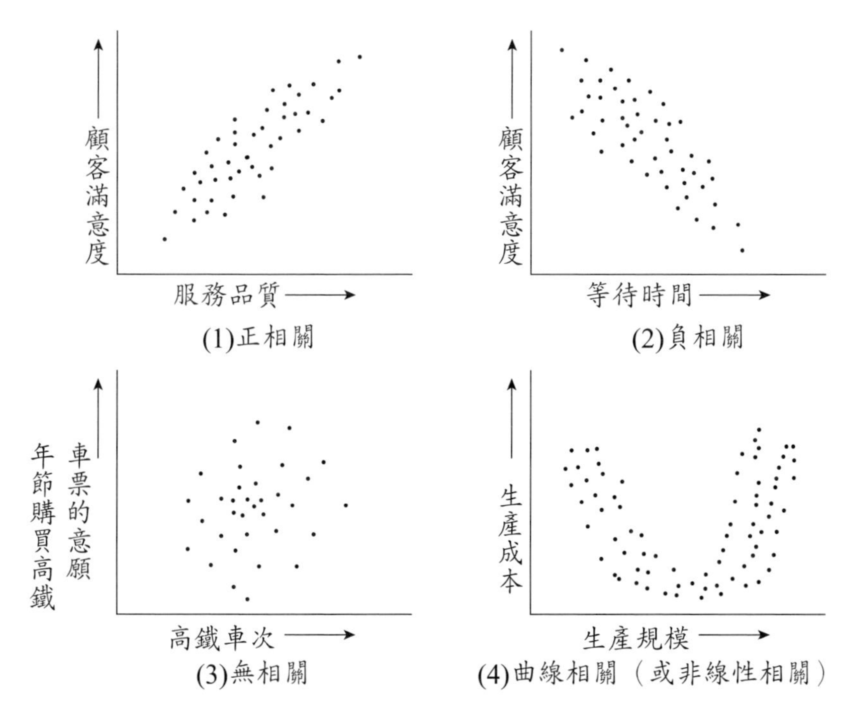

圖10-1　相關關係圖範例

行銷研究人員在整理資料時，必須檢視研究變數之間的關係，以便判定研究變數之間的意義。變數之間若無相關關係，表示變數各自獨立，沒有因果關係存在；變數之間若具有相關關係，則需要進一步確認何種相關關係，以及相關程度高低，相關程度愈高，表示因果關係愈強。

林隆儀與林聖薇（2012）在研究〈一對一行銷對顧客忠誠的影響——網站服務品質與消費者生活型態的干擾效果〉時，採用Pearson積差相關分析，確認各變數與構面之間的關聯性，相關分析結果整理如表10-3所示（註9）。表10-3的分析包括確認顧客、區隔顧客、與顧客互動及客製化的一對一行銷、態度忠誠與行爲忠誠的顧客忠誠、網站服務品質、消費者生活型態，從相關係數矩陣中發現，各變數與構面間具有顯著的相關，相關係數範圍介於0.309至0.768之間，顯示各變數與構面間呈現正向低度到高度的相關。

表10-3　研究變數的相關分析範例

變數與構面	1	2	3	4	5	6	7	8
1.確認顧客	1							
2.區隔顧客	0.587*** (0.000)	1						
3.與顧客互動	0.517*** (0.000)	0.629*** (0.000)	1					
4.客製化	0.528*** (0.000)	0.651*** (0.000)	0.768*** (0.000)	1				
5.態度忠誠	0.309*** (0.000)	0.401*** (0.000)	0.380*** (0.000)	0.458*** (0.000)	1			
6.行為忠誠	0.389*** (0.000)	0.473*** (0.000)	0.454*** (0.000)	0.519*** (0.000)	0.586*** (0.000)	1		
7.網站服務品質	0.474*** (0.000)	0.575*** (0.000)	0.570*** (0.000)	0.630*** (0.000)	0.562*** (0.000)	0.649*** (0.000)	1	
8.消費者生活型態	0.366*** (0.000)	0.441*** (0.000)	0.385*** (0.000)	0.454*** (0.000)	0.527*** (0.000)	0.521*** (0.000)	0.577*** (0.000)	1

註：*：$p \leq 0.10$；**：$p \leq 0.05$；***：$p \leq 0.01$；（）內數據爲p值。

資料來源：林隆儀、林聖薇〈一對一行銷對顧客忠誠的影響——網站服務品質與消費者生活型態的干擾效果〉，2012，頁123。

10.7 效度與信度分析

如本書第七章所討論，效度分析檢視研究變數衡量結果正好就是所要衡量的特性時，表示衡量具有效度。第七章討論行銷研究最常使用的三種效度，包括內容效度、準則效度、構念效度。實務應用上，完成問卷前測時，需要檢視小樣本衡量的效度，整個訪問工作完成後，必須再次檢視大樣本衡量結果的效度。

信度是在衡量沒有誤差的程度，也就是測量結果的一致性程度，通常都採用Cronbach's α值表示。驗證性研究的Cronbach's α值若大於0.7，表示衡量具有高信度；用在探索性研究時，Cronbach's α值若大於0.6即可被接受，低於0.6表示衡量不具有信度，本書第七章已有詳細討論。同理，完成問卷前測時，需要檢視小樣本衡量信度，整個訪問工作完成後，必須再次檢視大樣本衡量結果的信度。

Cronbach's α值有一個特性，α值會隨著樣本數增加而提高，也就是說，當問卷前測時，利用小樣本檢視結果若具有信度，則進行資料整理時，使用大樣本檢視結果的信度值會略高於前測時的信度值。

效度與信度的意義及分析方法，本書第七章已有討論，並且輔之以實例說明，爲節省篇幅，不再贅述。

10.8 本章摘要

資料整理是要將行銷研究所蒐集到的原始資料，做有系統、合乎邏輯的加工與整理，使之轉換爲有意義、可應用的資訊，做爲後續統計推論與檢定的基礎。至於要整成什麼型態的資料、要加工到什麼程度，端視研究者的特定需要而定。

善於整理資料者猶如精通料理的優秀廚師一般，可以將既有食材烹調成精緻可口的料理，迎合及滿足不同顧客的口味偏好。同理，善於整理資料的行銷研究人員，可以根據決策者的特定需求與要求，將所蒐集到的資料進行精緻的加工與整理，提供給相關主管做爲下定決策的最適資訊。

資料整理雖然是統計學的基礎課程，但是整理的工夫因人而異，整理的需求各不相同，卻是行銷研究實務應用上非常重要與實用的一環。本章從實用觀點出發，討論資料整理的意義與內涵，介紹資料檢查的要領，說明資料編輯、編碼、編表的方法，闡述行銷實務上最常使用的樣本特性分析、相關分析，以及再次檢視變數衡量效度與信度的必要性，並且輔以實際案例提供參考，增加臨場感。

參考文獻

1. 黃俊英著，《行銷研究概論》，第六版，華泰文化事業股份有限公司，2012，頁280～281。
2. 林隆儀、黃榮吉、王俊人合譯，V. Kumar, David A. Aaker and George S. Day原著，《行銷研究》，第二版，雙葉書廊有限公司，2005，頁438～439。
3. 同註2，頁439。
4. 同註1，頁281～282。
5. 同註2，頁444。
6. 陳文哲、楊銘賢、林隆儀合著，《管理統計》（新版），中興管理顧問公司，1992，頁15。
7. 林隆儀，〈服務品質、品牌形象、顧客忠誠與再購買意願的關係〉，經濟部中小企業處，《中小企業發展季刊》，2011年3月，第19期，頁31～59。

8. 呂清鈺，〈企業形象、關係行銷及信任對購買意願之影響關係——口碑的干擾效果〉，2009年6月，眞理大學管理科學研究所碩士論文。
9. 林隆儀、林聖薇，〈一對一行銷對顧客忠誠的影響——網站服務品質與消費者生活型態的干擾效果〉，經濟部中小企業處，《中小企業發展季刊》，2012年3月，第23期，頁109～136。

第11章

統計檢定分析

11.1 前言

行銷研究所蒐集到的資料經過整理與初步分析，做爲後續各種統計檢定分析的基礎，接下來就要檢定各種假說，確定研究發現，進而提出研究結論。

資料分析結果是否具有特定意義，常非一般判斷所能解釋，例如兩個群體的平均數不同，在科學研究上是否具有統計顯著性，不得而知，此時需要利用統計方法檢定之。

統計檢定分析是利用統計方法，解釋資料分析結果的一種科學方法。一般人都將統計學視爲艱深難懂的學科，學得都不是很專精，對統計方法的應用也常有陌生的感覺。拜電腦與資訊科技進步之賜，統計方法在實務應用上已經豁然開朗，研究者只要學會操作電腦及各種應用軟體，熟悉統計原理的應用與判斷，通常都可以迎刃而解，不再將統計檢定分析視爲畏途。

統計檢定分析有許多不同的方法，包括母數統計分法、無母數統計方法，這兩大類方法各有許多細分方法。本章受限於篇幅，聚焦於討論行銷研究實務上常用的方法，包括卡方法、平均數差異的檢定方法、變異數分析、迴歸分析、階層迴歸分析、線性結構模型分析，其餘方法請讀者斟酌需要，參閱統計方法相關書籍。

11.2 行銷研究常用的檢定分析

行銷研究常用的檢定分析方法，可以利用座標予以分類如圖11-1所示，圖中橫軸表示分析的複雜程度，從簡單到複雜；縱軸表示研究發現的價值，從一般價值到高度價值（註1）。

由圖上可知，行銷研究常用的資料分析方法，可區分爲四大類：第一類爲彙整分析（Summarization Analysis），屬於複雜程度簡單，研究發現爲一般性的分析，包括百分比、平均數分析。第二類爲概化分析（Generalization Analysis），例如信賴區間與假說檢定。第三類爲差異分析（Differences Analysis），例如兩個群體之間的差異程度。第四類爲關係分析（Relationship Analysis），包括列聯表分析、相關分析、迴歸分析。

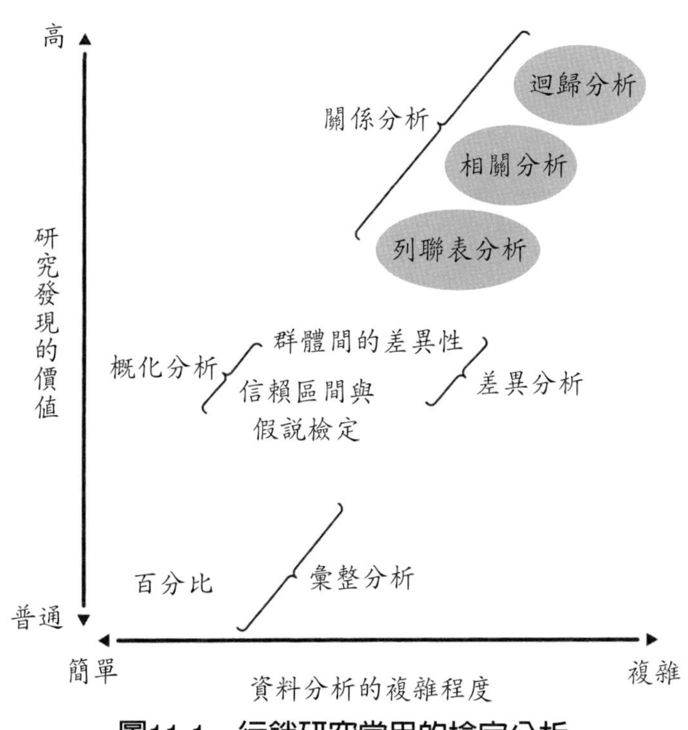

圖11-1 行銷研究常用的檢定分析

資料來源：Burns and Bush, *Basic Marketing Research: Using Microsoft Excel Data Analysis*, 2012, p.268.

平均數與百分比分析，屬於最簡單、最基本的資料分析方法，本章將予以省略；第10章討論資料編表時，已討論相關分析，本章不再贅述。本章將聚焦於討論假說檢定最常採用的變異數分析、迴歸分析、階層迴歸分析、線性結構模型分析，並且輔之以實例，分別說明這四種方法的實際應用。

11.3 統計檢定的程序

科學研究常需要發揮「大膽假設，虛心求證」的精神。研究者針對某項事物或現象所提出的假設，行銷研究上稱爲假說（Hypothesis），至於假說是否正確，不是研究者說了算，而是需要應用科學方法審慎驗證，這種驗證過程稱爲統計檢定（Statistical Testing）或假說檢定（Hypothesis Testing），簡稱檢定（Testing）。質言之，統計檢定是利用樣本所獲取的資訊，驗證研究假說是否正確的過程，目的並非在質疑由樣本統計量所獲得資訊的正確與否，而是在判斷兩樣本統計量之間的差異，或是單一樣本統計量的母體參數（註2）。

統計檢定屬於科學研究的範疇，有其深厚的理論基礎，有一定的邏輯程序或步驟，如圖11-2所示（註3）。

行銷研究者按照圖11-2所列出的統計檢定程序與步驟，按部就班，逐一進行檢定，直到最後判定檢定結果。謹將統計檢定程序逐步簡述如下：

1. 清楚定義問題：清楚定義所要研究的問題，以及所要檢定問題的定義。

2. 建立研究假說：配合研究需要，建立虛無假說（H_0）與對立假說（H_1）。

3. 選擇檢定方法：選擇適當的機率分配及其對應的檢定方法。

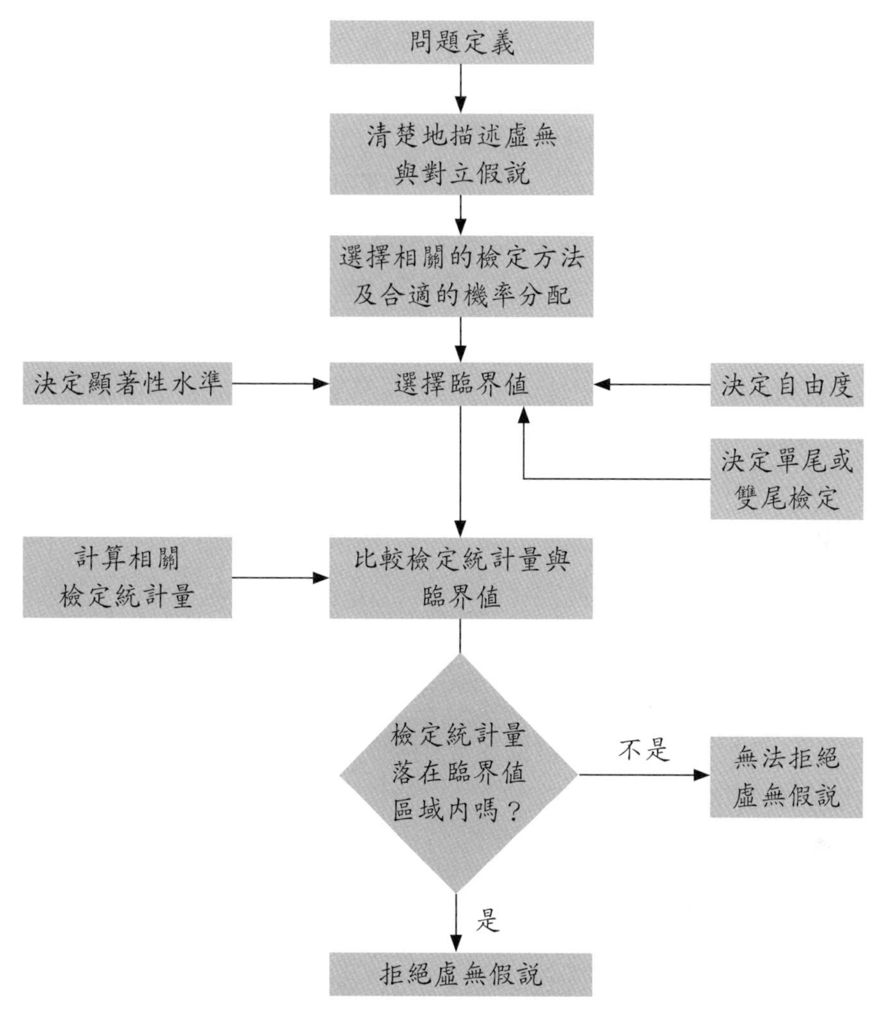

圖11-2　統計檢定程序

資料來源：林隆儀等合譯《行銷研究》，2005，頁468。

4. 決定顯著水準：視研究需要，決定顯著水準，例如1%、5%、10%。

5. 決定自由度：決定檢定統計量時，可自由使用的資料個數。

6. 決定檢定型態：根據所要檢定的資料型態，決定單尾或雙尾檢定，並參照步驟四的顯著水準，確定統計檢定的信賴區間。

7. 決定臨界值：查表確定單尾或雙尾檢定的臨界值（Critical Point）。

8. 計算統計量：根據所蒐集的資料，計算相關的統計量。

9. 比較統計量與臨界值：比較所計算的統計量與臨界值。

10.判定檢定結果：當計算的統計量落在臨界值區域（信賴區間）以外時，判定爲無法拒絕虛無假說；當計算的統計量落在臨界值區域（信賴區間）內時，判定爲拒絕虛無假說。

行銷研究者進行統計檢定時，母體知識已知與否，扮演關鍵性的角色，尤其是母體標準差（變異數）是否已知，所選擇的統計方法各不相同，例如檢定樣本與母體的比例值時，若已知母體標準差，而且是大樣本時，可選用標準常態分配的Z檢定；若母體標準差未知，而且是小樣本時，需要選用小樣本的t檢定。表11-1說明進行各種假說檢定時，選擇統計檢定方法的要領（註4）。

表11-1　假說檢定與相關的統計檢定方法

假說檢定	組數／樣本數	目的	統計檢定	假設／說明
次數分配	一個	適合度	χ^2	
	兩個	獨立性檢定	χ^2	
比例值	一個	比較樣本及母體比例	Z	假如σ已知，且為大樣本
		比較樣本及母體比例	t	假如σ未知，且為小樣本
	兩個	比較兩個樣本的比例	Z	假如σ已知
		比較兩個樣本的比例	t	假如σ未知
平均數	一個	比較樣本及母體平均數	Z	假如σ已知
		比較樣本及母體平均數	t	假如σ未知

（接下頁）

(承上頁)

假說檢定	組數/樣本數	目的	統計檢定	假設/說明
平均數	兩個	比較兩個樣本平均數	Z	假如σ已知
		比較兩個樣本平均數(由獨立樣本)	t	假如σ未知
		比較兩個樣本平均數(由相關樣本)	t	假如σ未知
	兩個以上	比較多重樣本平均數	F	運用變異數分析架構(於下一章中討論)
變異數	一個	比較樣本及母體變異數	χ^2	
	兩個	比較樣本間變異數	F	

圖例:σ= 母體標準差

資料來源:林隆儀等合譯《行銷研究》,2005,頁470。

11.4　卡方檢定法

行銷研究實務上,當研究者想要瞭解兩個以上研究變數之間是否相關時,例如購買新手機的意願和年齡層是否有關,此時就可以採用統計獨立性(Statistical Independence)檢定之。當研究者想要確認所觀察到的機率分配與理論上的機率分配是否有顯著差異時,可以採用適合度檢定(Goodness-of-Fit Test)。研究人員進行統計獨立性與適合度檢定時,需要選用卡方檢定法(Chi-Square Test),簡稱χ^2檢定。

1. 統計獨立性檢定

愛好棒球運動的球迷,觀看球賽的頻率可分爲常常觀看者(例如每季

6次以上）、偶爾觀看者，當然也有從不觀看者。這三種類型屬於名目尺度，假設有200位球迷，觀看球賽的頻率與觀看地點整理成表11-2的交叉列聯表所示，表中顯示在意球場地點便利性之受訪者的比率，例如O_1=22表示22個人經常觀看者，同時也在意地點的便利性。列總和、行總和及其比率，分別列於表的右端與下方，例如行總80表示80位受訪者認爲地點很便利，120位受訪者認爲地點不便利。研究者想要瞭解在顯著水準α爲0.05之下，觀看頻率是否和球場地點遠近有關，此時可用 χ^2 檢定法檢定之。

表11-2　棒球迷觀看球賽的交差列聯表

	頻率	地點（L）			
		便利	不便利	列總和	P_A
	常常（一季超過六次）	1	2		
		27.5%	15%	20%	0.20
		$O_1 = 22$	$O_2 = 18$	(40)	
	偶爾	3	4		
		60%	43.3%	50%	0.50
		$O_3 = 48$	$O_4 = 52$	(100)	
觀看球賽（A）	未曾	5	6		
		12.5%	41.7%	30%	0.30
		$O_5 = 10$	$O_6 = 50$	(60)	
				100%	1.00
	行總和	100%(80)	100%(120)	(200)	
	P_L	0.40	0.60	1.00	
		$\chi^2 = \Sigma \frac{(O_i - E_i)^2}{E_i} = 20$			

註：E_i等於期望值，O_i等於觀察值。

檢定步驟要點如下，首先建立虛無假說H_0：觀看球賽頻率與球場地點遠近無關；對立假說H_1：觀看球賽頻率與球場地點遠近有關。這兩個研究變數之間，若具有統計獨立性，則卡方統計量的抽樣分配就會接近卡方分配。其次決定 χ^2 臨界值，當α爲0.05時，χ^2 分配的自由度爲$(3-1)\times(2-1)=2$，查閱 χ^2 分配表，查得臨界值爲5.99。再利用公式計算卡方統計量，計算得到 $\chi_o^2 = 20.03$。最後比較統計量與臨界值，因爲計算的 χ_o^2 統計量爲20.03，遠大於臨界值5.99，具有統計顯著性，拒絕虛無假說，所以判定球迷觀看球賽頻率與球場地點遠近有關。卡方檢定圖解如圖13-3所示。

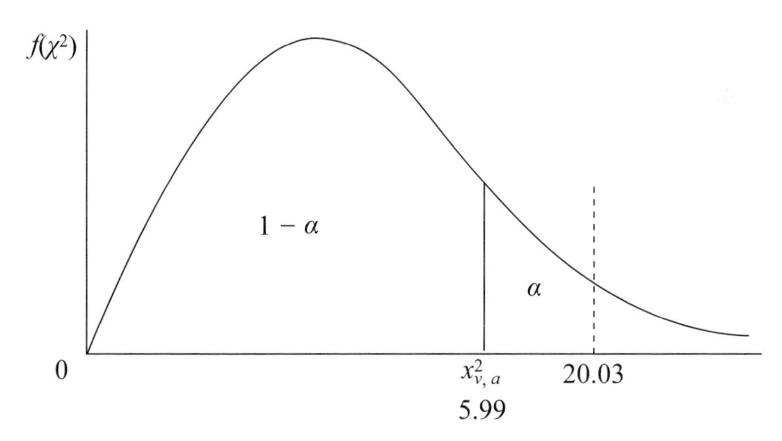

圖11-3　卡方檢定圖解

2. 統計適合度檢定

行銷研究實務上，研究母體的分配狀態，是否符合常態分配；某些觀察值的次數分配，是否符合某種期望的型態，這是行銷長與行銷研究人員很有興趣的問題。觀察值的分配型態與期望型態的適合度問題，可應用卡方檢定法檢定之。

某一汽車生產廠商正在規劃新產品（汽車）生產策略，想要確定生產幾種顏色的汽車，以及每一種顏色的汽車各生產多少數量最適當。根據過去銷售的大數據資料顯示，最受歡迎的汽車顏色及銷售百分比，分別爲黑色45%、銀灰色30%、灰色15%、白色10%。去年銷售3,500台汽車中，黑色占1,800台、銀灰色占960台、灰色占530台、白色占210台。

廠商發現消費者的偏好不斷在改變，對汽車顏色的喜好也有微妙的變化，沿用過去銷售45%、30%、15%、10%的比率規劃生產，顯然不妥，因此想要在顯著水準0.05的前提下，檢定每一種顏色的汽車各生產多少最適當。

檢定步驟要點如下，首先建立虛無假說H_0：消費者對汽車顏色的偏好正好符合所預期的型態；對立假說H_1：消費者對汽車顏色的偏好並不符合所預期的型態。其次決定χ^2臨界值，當α爲0.05時，χ^2分配的自由度爲3，查閱 χ^2 分配表，查得臨界值爲7.81。再利用公式計算卡方統計量，計算後所得到的 $\chi_o^2 = (1{,}800 - 1{,}575)^2/1{,}575 + (960 - 1{,}050)^2/1{,}050 + (530 - 525)^2/525 + (210 - 350)^2/350 = 95.90$。最後比較統計量與臨界值，因爲計算的 χ_o^2 統計量爲95.90，遠大於臨界值7.81，具有統計顯著性，拒絕虛無假說，所以判定消費者對汽車顏色的偏好確實有明顯的改變。卡方檢定圖解如圖11-4所示。

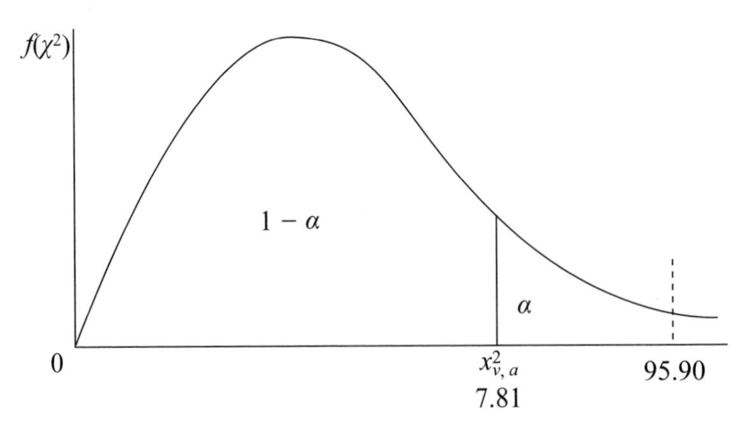

圖11-4　卡方檢定圖解

11.5　平均數差異的檢定

行銷研究常會用到檢定平均數的場合，平均數的檢定有許多不同的情況，已如表11-1所示。儘管面對許多情況，需要選擇不同的檢定方法，但是檢定程序與要領皆相似，本節僅舉例討論計量值平均數差異的檢定，其餘情況的檢定請讀者參閱統計學書籍。

行銷活動常會遇到群體平均數是否相同的問題，例如大學生與上班族對速食店服務品質滿意度是否相同；男性顧客與女性顧客對參加旅遊的滿意度是否相同，如果有所不同，這些差異是否具有統計顯著性，這是行銷長最感興趣的事，此時就可利用平均數差異檢定法檢定之。

某一公司推出一篇新的電視廣告影片，想要知道目標對象男生與女生觀看廣告影片後，偏好度平均值是否相同，經隨機抽選450位男生與580位女生，計算男生的平均偏好度及標準差分別爲88.6及5.2，女生爲66.3及3.6，公司想要檢定在顯著水準爲0.01情況下，男生與女生的平均偏好度是否相同。

檢定步驟要點如下，首先建立虛無假說H_0：男生與女生的平均偏好度相同；對立假說H_1：男生與女生的平均偏好度不同。這種情形顯示研究者對母體知識一無所知，也就是母體標準差未知，適合採用t檢定方法，又公司只想知道兩個群體的平均偏好度是否相同，顯然屬於雙尾檢定。其次決定t檢定的臨界值，當α爲0.01時，自由度爲$(n_1 + n_2 - 2)$，此時t分配在雙尾檢定時的臨界值爲2.58。然後計算樣本平均數的標準差，$\sqrt{(5.2)^2/450 + (3.6)^2/580} = 0.53$，接著計算Z值$[(88.6 - 66.3) - 0]/0.53 = 42.07$。因Z值爲42.07，大於t檢定的臨界值2.58，拒絕虛無假說，所以判定男生與女生對新的電視廣告影片的平均偏好度不同。有關t分配檢定圖解如圖11-5所示。

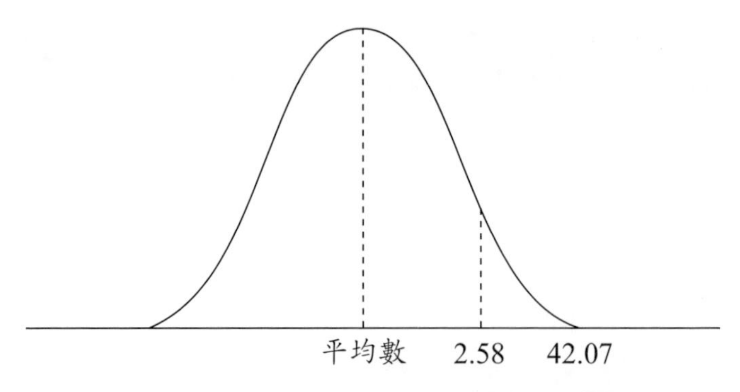

圖11-5　平均數差異的t分配檢定圖解

11.6　變異數分析

行銷研究實務上，經常面臨確定研究變數之間的影響關係，例如變數A對B的影響，尤其是同時研究多個變數之間的影響關係，例如三種款式新產品包裝設計、四種訂價方案的抉擇，此時最常被採用的方法有變異數分析、迴歸分析，本節先討論變異數分析在行銷實務上的應用。

變異數分析（Analysis of Variance, ANOVA）可分爲單因子變異數分析、雙因子變異數分析、單因子多變量變異數分析，檢定過程雖然有點複雜，但卻是普遍被應用的一種統計檢定方法。變異數分析可分爲下列四個基本步驟（註5）：

1. 將資料整理成包括兩個研究變數的變異數分析表。

2. 利用樣本平均數間的變異（群間變異），求得群體變異數的第一個估計值。

3. 利用樣本平均數內的變異（群內變異），求得群體變異數的第二個估計值。

4. 比較上述兩個估計值，經由某一給定的顯著水準檢定結果若大約相等，表示無法拒絕各群體平均數相等的虛無假說，所以認爲各群體的平均數相同。

例如公司推出A、B、C三種產品包裝設計款式，進行12次偏好度測試，得到的結果如表11-3所示，假設三種測試平均偏好度的變異數相同，行銷長想瞭解在0.01顯著水準之下，這三種測試的平均偏好度是否有差異。

表11-3　三種包裝設計款式測試結果

	1	2	3	4	合計
A	80	72	78	70	300
B	78	83	81	85	327
C	86	90	82	84	342
合計					969

首先建立虛無假說H_0：三組平均數相同；對立假說H_1：三組平均數不相同。其次計算組間誤差平方和、組內誤差平方和、總誤差平方和，如表11-4所示。查F分配表得知在顯著水準爲0.01，自由度爲(2, 9)時，F值爲8.022。然後將資料整理成表11-5的變異數分析表，檢定結果$F_o = 7.85^{**} < F_{0.01(2, 9)}$，具有統計顯著性，無法拒絕虛無假說，判定三組平均數相同。

表11-4　三種包裝設計款式測試結果（平方和）

	1	2	3	4	合計
A	6,400	5,841	6,084	4,900	22,568
B	6,084	6,889	6,561	7,225	26,759
C	7,396	8,100	6,724	7,056	29,276
合計					78,603

表11-5　三種包裝設計款式的變異數分析表

變異來源	平方和	自由度	均方和	F	結論
水準間	226	2	113	7.85**	$F < F_{0.01(2,9)}$ 無法拒絕虛無假說
水準內	130	9	14		
總變異	356				

林隆儀（2010）在研究〈議題行銷的社會顯著性、活動持續度與執行保證對品牌權益的影響〉時，採用變異數分析法檢定研究假說，檢定結果如下（註6），爲節省篇幅，部分原始數據予以省略，或請參閱本書附錄一。

假說1：企業實行議題行銷時，選擇社會顯著性高的議題，對品牌權益的影響顯著高於社會顯著性低的議題。

在議題的社會顯著性高和低這兩組得到的品牌權益平均數分別爲80.98和73.88。議題的社會顯著性對品牌權益的影響，經採用變異數分析檢定結果整理如表11-6所示。由表中的數據可知，$F = 20.39$，$P = 0.000 < 0.01$，具有統計顯著性，表示社會顯著性高的議題，對品牌權益的影響，顯著高於社會顯著性低的議題，因此假說1獲得支持。

表11-6　議題的社會顯著性對品牌權益影響的變異數分析

變異來源	平方和	自由度	平均平方和	F檢定	P值
組間	3,794.12	1	3,794.112	20.39	0.000***
組內	55,644.77	299	186.103		
總和	59,438.89	300			

假說2：企業實行議題行銷時，活動持續度高的計畫對品牌權益的影響顯著高於活動持續度低的計畫。

在議題的活動持續度高和低這兩組得到的品牌權益平均數分別爲79.66和75.28。議題行銷活動的持續度對品牌權益的影響，經採用變異數分析結果整理如表11-7所示。由表中數據可知，$F = 7.43$，$P = 0.007 < 0.01$，具有統計顯著性，表示企業實行議題行銷時，活動持續度高的計畫，對品牌權益的影響，顯著高於活動持續度低的計畫，因此假說2獲得支持。

表11-7　議題行銷的持續度對品牌權益影響的變異數分析

變異來源	平方和	自由度	平均平方和	F檢定	P值
組間	1,440.47	1	1,440.47	7.43	0.007***
組內	57,998.42	299	193.98		
總和	59,438.89	300			

假說3：企業實行議題行銷時，議題的社會顯著性高低，對品牌權益的影響，在不同持續度下有顯著性的差異。

品牌權益在社會顯著性與活動持續度不同組合下的平均數，如表11-8所示。議題行銷的社會顯著性和活動持續度對品牌權益的影響，經採用二因子變異數分析檢定結果整理如表11-9所示。由表中的數據可知，交互效果檢定之$F = 1.07$，$P = 0.302 > 0.01$，表示社會顯著性和活動持續度並無共同作用而產生交互效果，即社會顯著性高低對品牌權益的影響，不因活動持續度而有所差異，因此假說3未獲得支持。

表11-8　品牌權益在社會顯著性與活動持續度不同組合下的平均數

	社會顯著性高	社會顯著性低
活動持續度高	82.43	76.89
活動持續度低	79.57	70.82

表11-9　社會顯著性與持續度組合對品牌權益影響的變異數分析

變異來源	平方和	自由度	平均平方和	F檢定	P值
模式	5,475.82	3	1,825.27	10.05	0.000***
社會顯著性	3,835.65	1	3,835.65	21.11	0.000***
活動持續度	1,497.96	1	1,497.96	8.24	0.004***
交互效果	194.26	1	194.26	1.07	0.302
誤差	53,963.07	297	181.69		
校正後的總數	59,438.89	300			

假說4：企業實行議題行銷時，有執行保證的活動對品牌權益的影響，顯著高於無執行保證的活動。

議題有、無執行保證，這兩組品牌權益平均數分別爲78.47和76.47。變異數分析結果整理如表11-10所示。由表中數據可知，$F = 1.52$，$P = 0.219 > 0.10$，不具有統計顯著性，表示廠商實行議題行銷時，有無執行保證對品牌權益的影響沒有顯著差異，因此假說4未獲得支持。

表11-10　議題行銷執行保證對品牌權益影響的變異數分析

變異來源	平方和	自由度	平均平方和	F檢定	P值
組間	299.93	1	299.93	1.52	0.219
組內	59,138.95	299	197.79		
總和	59,438.88	300			

假說5：企業實行議題行銷時，議題的社會顯著性高、低對品牌權益的影響，在有無執行保證的活動下有顯著的差異。

品牌權益在社會顯著性與執行保證不同組合下的平均數，如表11-11所示。議題行銷的社會顯著性和執行保證對品牌權益的影響，經採用二因子變異數分析檢定結果整理如表11-12所示。由表中的數據可知，交互效果檢定之F = 0.07，P = 0.794 > 0.01，表示社會顯著性和執行保證並無共同作用而產生交互效果，即社會顯著性高低對品牌權益的影響，不因執行保證而有所差異，因此假說5未獲得支持。

表11-11　品牌權益在社會顯著性與執行保證不同組合下的平均數

	社會顯著性高	社會顯著性低
有執行保證	81.76	75.08
無執行保證	80.20	72.69

表11-12　社會顯著性與執行保證組合對品牌權益影響的變異數分析

變異來源	平方和	自由度	平均平方和	F檢定	P值
模式	4,099.65	3	1,366.55	7.334	0.000***
社會顯著性	3,785.47	1	3,785.47	20.316	0.000***
執行保證	294.01	1	294.01	1.58	0.210
交互效果	12.71	1	12.708	0.07	0.794
誤差	55,339.24	297	186.33		
校正後的總數	59,438.89	300			

11.7 迴歸分析

行銷研究實務上，行銷長常想要確認研究變數中，一個被解釋變數（從屬變數、依變數、應變數）受到一個或多個解釋變數（獨立變數、自變數、因變數）影響的關係，例如銷售績效受到產品、價格、通路、推廣、競爭等多項因素的影響。確認這種影響關係的方法很多，迴歸分析（Regression Analysis）則是被廣泛應用的方法。迴歸分析是在研究迴歸關係的變異數分析，可分爲簡單迴歸、複迴歸，利用迴歸模型檢定研究變數之間的影響關係。本節介紹及討論迴歸分析在行銷研究實務的應用實例，至於迴歸模型的建立與迴歸分析的原理，請讀者參閱統計學書籍。

林隆儀與郭乃鼎（2008）在研究〈通路策略、服務品質與通路滿意及通路績效的關係之研究〉時，採用迴歸分析法檢定研究假說，檢定結果如下（註7），爲節省篇幅，部分原始數據予以省略。

假說1：供應商的通路策略對經銷商的通路滿意有顯著的影響。

假說1-1：供應商使用強制策略對經銷商的經濟滿意有負向的影響。

假說1-2：供應商使用強制策略對經銷商的社會滿意有負向的影響。

假說1-3：供應商使用允諾策略對經銷商的經濟滿意有正向的影響。

假說1-4：供應商使用允諾策略對經銷商的社會滿意有負向的影響。

假說1-5：供應商使用非強制策略對經銷商的經濟滿意有正向的影響。

假說1-6：供應商使用非強制策略對經銷商的社會滿意有正向的影響。

通路策略對通路滿意影響的迴歸分析，整理如表11-13所示。由表中數據可知，$\beta = 0.132$，$t = 2.917$，$p = 0.004 < 0.01$，雖具有統計顯著性，但是β值爲正數，因此假說1-1未獲得支持。又$\beta = -0.061$，$t = -1.334$，p =

0.183 > 0.05，不具有統計顯著性，因此假說1-2未獲得支持。

由表中的數據可知，β = 0.358，t = 8.430，p = 0.000<0.01，具有統計顯著性，因此假說1-3獲得強烈支持。又β = 0.139，t = 3.083，p = 0.002 < 0.01，雖具有統計顯著性，但是β值為正數，因此假說1-4未獲得支持。

由表中的數據可知，β = 0.094，t = 2.070，p = 0.039 < 0.05，具有統計顯著性，因此假說1-5獲得支持。又β = 0.176，t = 3.926，p = 0.000 < 0.01，具有統計顯著性，因此假說1-6獲得強烈支持。

經由以上檢定結果，假說1-3、1-5及1-6獲得支持，假說1-1、1-2及1-4未獲得支持，所以假說1獲得部分支持。

表11-13　通路策略對通路滿意影響的迴歸分析

自變數 ＼ 應變數 ＼ 統計分析		β值	t值	p值	F值	$\overline{R}^2$
強制策略	經濟滿意	0.132	2.917	0.004***	8.511	0.015
	社會滿意	−0.061	−1.334	0.183	1.780	0.002
允諾策略	經濟滿意	0.358	8.430	0.000***	71.067	0.126
	社會滿意	0.139	3.083	0.002***	9.503	0.017
非強制策略	經濟滿意	0.094	2.070	0.039**	4.285	0.007
	社會滿意	0.176	3.926	0.000***	15.411	0.029

註：*：p ≦ 0.10；**：p ≦ 0.05；***：p ≦ 0.01。

假說2：供應商的服務品質對經銷商的通路滿意有顯著的正向影響。

假說2-1：供應商的服務品質對經銷商的經濟滿意有顯著的正向影響。

假說2-2：供應商的服務品質對經銷商的社會滿意有顯著的正向影響。

服務品質對通路滿意影響的迴歸分析，整理如表11-14所示。由表中的數據可知，β = 0.316，t = 7.320，p = 0.000 < 0.01，具有統計顯著性，

因此假說2-1獲得強烈支持。β = 0.517，t = 13.290，p = 0.000 < 0.01，具有統計顯著性，因此假說2-2獲得強烈支持。假說2-1及2-2均獲得強烈支持，所以假說2獲得強烈支持。

表11-14　服務品質對通路滿意影響的迴歸分析

自變數 ＼ 應變數 ＼ 統計分析		β值	t值	p值	F值	$\overline{R}^2$
服務品質	經濟滿意	0.316	7.320	0.000***	53.585	0.098
	社會滿意	0.517	13.290	0.000***	176.635	0.266

註：*：p ≦ 0.10；**：p ≦ 0.05；***：p ≦ 0.01。

假說3：供應商的通路策略對經銷商的通路績效有顯著的正向影響。

假說3-1：供應商所使用的強制策略對經銷商的通路績效（銷售績效、經銷商能力、經銷商配合度、經銷商適應力、經銷商滿意）有顯著的正向影響。

假說3-2：供應商所使用的允諾策略對經銷商的通路績效（銷售績效、經銷商能力、經銷商配合度、經銷商適應力、經銷商滿意）有顯著的正向影響。

假說3-3：供應商所使用的非強制策略對經銷商的通路績效（銷售績效、經銷商能力、經銷商配合度、經銷商適應力、經銷商滿意）有顯著的正向影響。

通路策略對通路績效影響的迴歸分析整理如表11-15所示。由表中的數據可知，強制策略對通路績效的影響，經檢定結果β = 0.101，t = 2.223，p = 0.000 < 0.05，具有統計顯著性，因此假說3-1獲得支持。允諾策略對通路績效的影響，檢定結果β = 0.309，t = 7.140，p = 0.000 < 0.01，具有統計顯著性，因此假說3-2獲得強烈支持。非強制策略對通路

績效的影響，檢定結果$\beta = 0.211$，$F = 22.435$，$p = 0.000 < 0.01$，具有統計顯著性，因此假說3-3獲得強烈支持。假說3-1、3-2及3-3均獲得支持，所以假說3獲得支持。

表11-15　通路策略對通路績效的簡單迴歸分析

自變數＼應變數＼統計分析		β值	t值	p值	F值	$\overline{R}^2$
強制策略	銷售績效	0.031	0.682	0.000***	0.465	−0.001
	經銷能力	0.042	0.928	0.000***	0.862	0.000
	配合度	0.132	2.933	0.000***	8.601	0.015
	適應能力	−0.085	−1.878	0.000***	3.528	0.005
	滿意	0.105	2.331	0.000***	5.435	0.009
強制策略	通路績效	0.101	2.223	0.027**	4.943	0.008
允諾策略	銷售績效	0.162	3.605	0.000***	12.996	0.024
	經銷能力	0.059	1.294	0.000***	1.674	0.001
	配合度	0.116	2.577	0.000***	6.642	0.012
	適應能力	0.074	1.622	0.000***	2.631	0.003
	滿意	0.335	7.821	0.000***	61.169	0.111
允諾策略	銷售績效	0.309	7.140	0.000***	50.975	0.094
非強制策略	銷售績效	0.024	0.534	0.000***	0.285	−0.001
	經銷能力	0.103	2.267	0.000***	5.140	0.008
	配合度	0.160	3.570	0.000***	12.743	0.024
	適應能力	0.080	1.772	0.000***	3.141	0.004
	滿意	0.096	2.115	0.000***	4.475	0.007
非強制策略	通路績效	0.211	4.737	0.000***	22.435	0.042
通路策略	通路績效	0.310	7.713	0.000***	51.451	0.094

註：*：$p \leqq 0.10$；**：$p \leqq 0.05$；***：$p \leqq 0.01$。

假說4：供應商的服務品質對經銷商的通路績效（銷售績效、經銷商能力、經銷商配合度、經銷商適應力、經銷商滿意）有顯著的正向影響。

服務品質對通路績效影響的迴歸分析整理如表11-16所示。由表中的數據可知，通路品質分別對通路績效各構面的影響，經檢定結果p = 0.000 < 0.01，具有統計顯著性。整體而言，通路品質對通路績效的影響，檢定結果β = 0.522，t = 13.454，p = 0.000 < 0.01，具有統計顯著性，因此假說4獲得強烈支持。

表11-16　服務品質對通路績效的簡單迴歸分析

自變數	應變數 ＼ 統計分析	β值	t值	p值	F值	$\overline{R}^2$
服務品質	銷售績效	0.066	1.449	0.000***	2.099	0.002
	經銷能力	0.268	6.118	0.000***	37.429	0.070
	配合度	0.184	4.120	0.000***	16.971	0.032
	適應能力	0.318	7.367	0.000***	54.275	0.099
	滿意	0.369	8.714	0.000***	75.927	0.134
服務品質	通路績效	0.522	13.454	0.000***	181.003	0.271

註：*：p ≦ 0.10；**：p ≦ 0.05；***：p ≦ 0.01。

假說5：經銷商的通路滿意對經銷商的通路績效有顯著的正向影響。

假說5-1：經銷商的經濟滿意對其銷售績效有顯著的正向影響。

假說5-2：經銷商的社會滿意對其銷售績效有顯著的正向影響。

假說5-3：經銷商的經濟滿意對其經銷商能力有顯著的正向影響。

假說5-4：經銷商的經社會意對其經銷商能力有顯著的正向影響。

假說5-5：經銷商的經濟滿意對其配合度有顯著的正向影響。

假說5-6：經銷商的社會滿意對其配合度有顯著的正向影響。

假說5-7：經銷商的經濟滿意對其適應力有顯著的正向影響。

假說5-8：經銷商的社會滿意對其適應力有顯著的正向影響。

假說5-9：經銷商的經濟滿意對經銷商滿意有顯著的正向影響。

假說5-10：經銷商的社會滿意對經銷商滿意有顯著的正向影響。

通路滿意對通路績效影響的迴歸分析，整理如表11-17所示。由表中的數據顯示，假說5-1、假說5-2獲得強烈支持；假說5-3未獲得支持，假說5-4獲得強烈支持。假說5-5、假說5-6獲得支持；假說5-7未獲得支持，假說5-8獲得強烈支持。假說5-9獲得強烈支持，假說5-10獲得支持。

經由以上檢定結果，假說5-3及5-7未獲得支持，其餘假說雖然獲得支持，所以假說5獲得部分支持。

表11-17　通路滿意對通路績效影響的迴歸分析

自變數 ＼ 應變數 ＼ 統計分析		β值	t值	p值	F值	$\overline{R}^2$
經濟滿意	銷售績效	0.191	4.277	0.000***	18.292	0.034
	經銷能力	0.036	0.794	0.427	0.631	−0.001
	配合度	0.103	2.271	0.024**	5.518	0.009
	適應能力	−0.035	−0.769	0.442	0.592	−0.001
	滿意	0.914	49.548	0.000***	2454	0.835
社會滿意	銷售績效	0.168	3.737	0.000***	13.962	0.026
	經銷能力	0.438	10.717	0.000***	114.85	0.19
	配合度	0.173	3.860	0.000***	14.899	0.028
	適應能力	0.208	4.683	0.000***	21.927	0.041
	滿意	0.096	2.130	0.034**	4.536	0.007
通路滿意	通路績效	0.672	19.935	0.000***	397.41	0.450

註：*：$p \leqq 0.10$；**：$p \leqq 0.05$；***：$p \leqq 0.01$。

11.8 階層迴歸分析

階層迴歸分析（Hierarchical Regression Analysis）又稱爲層級迴歸分析、逐步迴歸分析（Stepwise Regression Analysis），是迴歸分析的一種方法，是指將解釋變數對被解釋變數的影響加以控制，使解釋變數對被解釋變數的影響更精確的一種統計方法。

階層迴歸分析通常需要建立幾個迴歸模式，分析過程中每一步驟（模式）投入一個解釋變數，觀察該變數的影響效果。至於模式的建立原理與方法，已經超出本書討論的範圍，請讀者參閱多變量分析或統計軟體操作相關書籍。本節介紹行銷研究上，階層迴歸分析的應用實例。

林隆儀與商懿匀（2015）在研究〈老年經濟安全保障、理財知識與逆向抵押貸款意願之研究〉時，採用階層迴歸分析，檢定研究假說，檢定結果整理如表11-18所示（註8），爲節省篇幅，部分原始數據予以省略。

假說1：老年經濟安全保障對逆向抵押貸款借款意願有顯著的正向影響。

假說1-1：基本生活需求對逆向抵押貸款借款意願有顯著的正向影響。

假說1-2：經濟安全需求對逆向抵押貸款借款意願有顯著的正向影響。

由表中模式一的檢定結果可知，其對逆向抵押貸款意願的解釋能力爲45.0%（$R^2 = 0.450$；$\triangle R^2 = 0.45$；$F = 66.119$），判定模型合適性的$p < 0.01$，具有統計顯著性。共線性統計量的VIF值皆小於10，符合迴歸分析無共線性需求，可知共線性不明顯，並不會影響本研究中有關統計數據的精確性與結果解釋。

其中基本生活需求之β係數爲0.112，$t = 2.868$，$p < 0.05$，具有統計顯

著性，表示基本生活需求對逆向抵押貸款借款意願有顯著的正向影響，故假說1-1獲得支持；經濟安全需求的β係數爲0.088，t = 2.220，p < 0.1，具有統計顯著性，顯示經濟安全需求對逆向抵押貸款借款意願有顯著的正向影響，假說1-2亦獲得支持。

表11-18　階層迴歸分析（依變數：逆向抵押貸款借款意願）

自變數	模式1	模式2	模式3	VIFs
主效果				
基本生活需求	0.112**(2.868)	0.124***(3.212)	0.133***(3.427)	1.228
經濟安全需求	0.088*(2.220)	0.074*(1.891)	0.070*(1.790)	1.239
借貸規劃	0.076*(2.059)	0.080*(2.231)	0.097*(2.649)	1.094
退休規劃	0.098*(2.623)	0.153***(4.123)	0.152***(4.113)	1.123
涉入	0.601***(15.802)	0.569***(15.304)	0.577***(15.514)	1.137
二因子交互效果				
基本生活×借貸規劃		0.106*(2.612)	0.101*(2.494)	1.336
基本生活×退休規劃		0.068*(1.825)	0.070*(1.880)	1.137
經濟安全×借貸規劃		0.073*(1.849)	0.075*(1.908)	1.261
經濟安全×退休規劃		0.071*(1.911)	0.078*(2.097)	1.132
基本生活×涉入		0.122**(3.174)	0.123***(3.202)	1.209
經濟安全×涉入		0.098*(2.577)	0.121**(3.082)	1.263
借貸規劃×涉入		0.098*(2.550)	0.107*(2.778)	1.208
退休規劃×涉入		0.065*(1.767)	0.067*(1.816)	1.105
三因子交互效果				
經濟×理財×涉入			0.084*(2.170)	1.238
F	66.119***	32.101***	30.424**	
△F	66.119***	6.411***	4.711**	
R^2	0.450	0.513	0.519	
調整後的 R^2	0.443	0.497	0.502	
$\triangle R^2$	0.450	0.063	0.006	

註：*：$p \leqq 0.10$；**：$p \leqq 0.05$；***：$p \leqq 0.01$。

假設2：理財知識對逆向抵押貸款借款意願有顯著的正向影響。

假設2-1：借款規劃對逆向抵押貸款借款意願有顯著的正向影響。

假設2-2：退休規劃對逆向抵押貸款借款意願有顯著的正向影響。

同表中模式一的檢定結果顯示，借貸規劃的β值爲0.076，$t = 2.059$，$p < 0.1$，具有統計顯著性，顯示借貸規劃對逆向抵押貸款借款意願有顯著的正向影響；退休規劃的β值爲0.098，$t = 2.623$，$p < 0.1$，具有統計顯著性，表示退休規劃對逆向抵押貸款借款意願有顯著的正向影響，因此假說2-1、假說2-2獲得支持。

假說3：老年經濟安全保障與理財知識的交互作用對逆向抵押貸款借款意願的影響。

本研究進一步檢定老年經濟安全保障與理財知識對逆向抵押貸款借款意願的交互作用，首先將所有變數進行中心化後，再進行分析以免產生共線性的問題。由表中數據可知，模式二可解釋逆向抵押貸款借款意願51.3%的變異量（$R^2 = 0.513$；$\triangle R^2 = 0.063$；$F = 32.101$；$p < 0.01$），VIF值皆爲小於10，符合無共線性需求。

依據表中模式二之分析結果顯示，基本生活需求與借貸規劃的交互作用的β值爲0.106，$t = 2.612$，$p < 0.1$；基本生活需求與退休規劃的交互作用之β值爲0.068，$t = 1.825$，$p < 0.1$；經濟安全需求與借貸規劃的交互作用的β值爲0.073，$t = 1.849$，$p < 0.1$；經濟安全需求與退休規劃的交互作用的β值爲0.071，$t = 1.911$，$p < 0.1$。根據檢定結果得知，老年經濟安全保障與理財知識的交互作用對逆向抵押貸款借款意願有顯著的正向影響，故研究假說3獲得支持。

假說4：涉入在老年經濟安全保障對逆向抵押貸款借款意願影響有顯著的正向干擾效果。

假說4-1：涉入在基本生活需求對逆向抵押貸款借款意願影響有顯著的正向干擾效果。

假說4-2：涉入在經濟安全需求對逆向抵押貸款借款意願影響有顯著的正向干擾效果。

探討涉入程度在老年經濟安全保障對逆向抵押貸款借款意願的干擾效果分析，其檢定結果如模式二所示，基本生活需求與涉入干擾的β值爲0.122，$t = 3.174$，$p < 0.05$；經濟安全需求與涉入干擾的β值爲0.098，$t = 2.577$，$p < 0.1$。根據檢定結果得知，基本生活需求和經濟安全需求在涉入的干擾下對逆向抵押貸款借款意願有顯著的正向影響，研究假說4-1、假4-2獲得支持。

假說5：涉入在理財知識對逆向抵押貸款借款意願有顯著的正向干擾效果。

假說5-1：涉入在借貸規劃對逆向抵押貸款借款意願有顯著的正向干擾效果。

假說5-2：涉入在退休規劃對逆向抵押貸款借款意願有顯著的正向干擾效果。

將涉入在理財知識對逆向抵押貸款借款意願的干擾效果進行迴歸分析，其檢定結果如模式二所示，涉入程度在借貸規劃對逆向抵押貸款借款意願的干擾效果之β值爲0.098，$t = 2.550$，$p < 0.1$；退休規劃對逆向抵押貸款借款意願的影響，涉入的干擾效果之β值爲0.065，$t = 1.767$，$p < 0.1$。根據檢定結果得知，涉入在理財知識對逆向抵押貸款借款意願的影響有顯著的正向干擾效果，研究假說5-1、假5-2亦獲得支持。

假說6：涉入在老年經濟安全保障與理財知識的交互作用對逆向抵押貸款借款意願影響的干擾效果。

在探究涉入程度在老年經濟安全保障與理財知識的交互作用對逆向抵押貸款借款意願的干擾效果時，首先將所有變數進行中心化後，再進行分析以免產生共線性的問題。由表11-18中數據可知，模式三整體可解釋逆向抵押貸款借款意願51.9%的變異量（$R^2 = 0.519$；$\triangle R^2 = 0.006$；$F =$

30.424），判定模型合適性的$p < 0.01$，具有統計顯著性，VIF值小於10，符合無共線性需求，並不會影響研究中統計數據的精確性與結果解釋。

如模式三所示，涉入程度在經濟安全保障與理財知識的交互作用對逆向抵押貸款意願的影響中，其干擾β值爲0.084，$t = 2.170$，$p < 0.1$。根據檢定結果得知，涉入在老年經濟安全保障與理財知識的交互作用對逆向抵押貸款借款意願影響的正向干擾效果，研究假說6亦獲得支持。

11.9 線性結構模型

線性結構模型（Linear Structural Relations, LISREL）屬於結構等式的一種分析模型，用於探討多變量或單變量之間的因果關係。檢定步驟包括：(1)發展研究的理論基礎模型；(2)建構變數之間因果關係路徑圖；(3)將路徑圖轉換爲結構等式，並指定其衡量模式；(4)選擇輸入矩陣類型，衡量及檢定研究者所假設的理論模型。建構LISREL模型雖然有點複雜，但是檢定結果的數據清楚的呈現在模型圖示上，一目了然，容易判定，這是LISREL最大的優點，行銷研究實務上應用得相當普遍。

林隆儀與鄭君豪（2005）在研究〈產品品質外在屬性訊號、產品知識與顧客滿意之整合分析——以臺北市筆記型電腦消費者爲例〉時，採用LISREL驗證研究假說（註9）。爲節省篇幅，部分原始數據予以省略。

假說1之驗證：產品品質外在屬性訊號會影響消費者對產品的期望績效。

本研究之LISREL模型架構如圖11-6及表11-19所示，採用LISREL最大概似估計法估計結果，模型路徑圖如圖11-7所示。

在產品品質外在屬性訊號上，本研究預期價格、廣告與品牌形象對期望績效的影響係數爲正值，且達到統計顯著性。由圖11-7可以發現，價格訊號對期望績效影響符號為負值（$\gamma_{11} = -0.019$），但未達統計顯著性；而廣告與品牌形象對期望績效影響符號皆為正值（$\gamma_{21} = 0.105$，$\gamma_{31} = 0.327$），並且都達到統計顯著性；由此可知，消費者應該會首先考量以品牌形象與廣告訊號作為筆記型電腦品質的訊號。此一訊息透露出當消費者所認知該筆記型電腦廠商的廣告量愈多，以及該廠商的品牌形象愈好時，對該筆記型電腦的期望品質會較高。所以經由上述數據驗證結果顯示，研究假說1獲得部分支持，即價格會影響消費者對產品期望績效的假說未獲得支持，而廣告與品牌形象會影響消費者對產品期望效的假說均獲得支持。

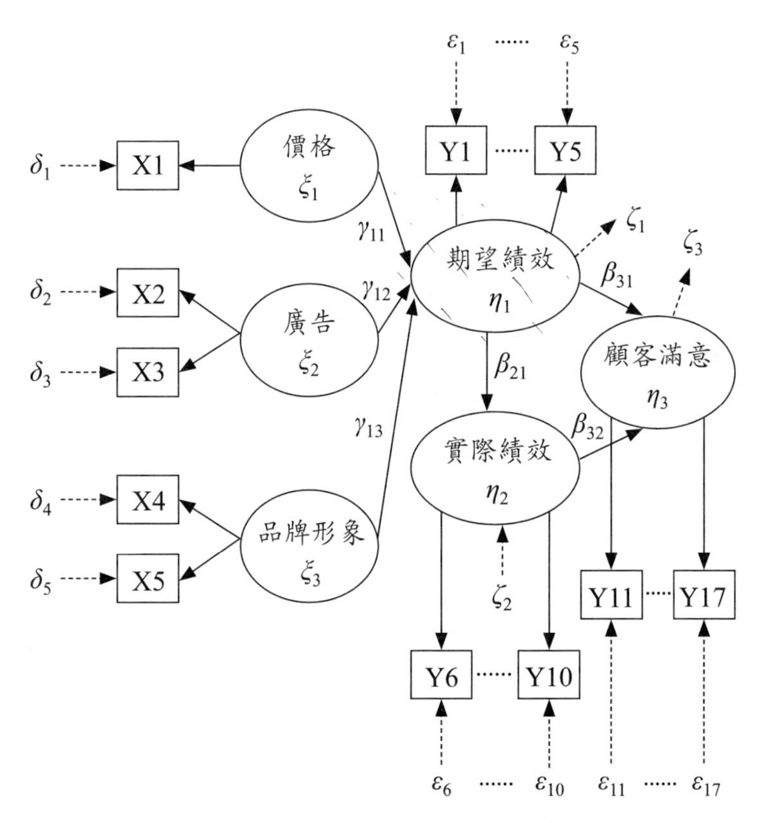

圖11-6　LISREL模型架構圖

假說2之驗證：消費者產品知識的高低，會影響產品品質外在屬性訊號對產品期望績效之認知。

假說2是要驗證消費者產品知識的高低，影響產品品質外在屬性訊號對產品期望績效的干擾效果。本研究從問卷中的產品知識的五個題項，由受訪者勾選自己所擁有產品知識的自信程度，每題分數最高分爲7分，最低分爲1分，將每一位受訪者依五題平均分數之高低，由低到高排序，測量受訪者的主觀產品知識。以整體消費者產品知識平均分數4.47爲基準，將平均分數在5分以上者歸爲高產品知識群，平均分數在4分以下者歸爲低產品知識群，以確保能確實區分出高產品知識的消費者與低產品知識的消費者，最後以變異數分析檢定這兩群的F值爲476.63（$P < 0.05$），結果顯示高產品知識群與低產品知識群確實呈現統計顯著性。高產品知識群與低產品知識群的LISREL的模型如圖11-8所示。

至於低產品知識群對產品品質外在屬性訊號對產品期望績效認知之干擾效果，本研究發現除了價格訊號爲負值，且未達統計顯著性（$\gamma_{11} = -0.052$）以外，廣告訊號與品牌形象均會顯著且正向的影響期望績效（$\gamma_{21} = 0.164$，$\gamma_{31} = 0.309$）。而在高產品知識群對產品品質外在屬性訊號對產品期望績效認知之干擾效果中，本研究發現除了價格不會顯著的影響實際績效以外（$\gamma_{11} = 0.027$），廣告與品牌形象對實際績效的影響均呈統計顯著性，而且是正向影響效果（$\gamma_{21} = 0.156$，$\gamma_{31} = 0.273$）。根據上述數據驗證結果顯示，本研究假說2獲得部分支持。

表11-19　潛在變數與觀察變數

潛在變數	
自變數	依變數
ξ_1：價格	η_1：期望績效
ξ_2：廣告	η_2：實際績效
ξ_3：品牌形象	η_3：顧客滿意

（接下頁）

（承上頁）

觀察變數		
自變數	依變數	
X1：購買該筆記型電腦時的價位 X2：消費者受廣告宣傳的影響程度 X3：消費者所認知的廣告量 X4：消費者所認知筆記型電腦廠牌的優點 X5：消費者所認知該廠牌與其他廠牌之差異	Y1：期望績效廣告可信度 Y3：期望績效產品品質與功能表現 Y5：期望績效售後服務 Y7：實際績效經銷商表現 Y9：實際績效外型表現 Y11：顧客滿意的廣告可信度 Y13：顧客滿意的售後服務 Y15：顧客滿意的外型表現	Y2：期望績效經銷商表現 Y4：期望績效外型表現 Y6：實際績效廣告可信度 Y8：實際績效產品品質與功能表現 Y10：實際績效售後服務 Y12：顧客滿意的經銷商表現 Y14：顧客滿意的產品品質與功能表現 Y16：就整體品質而言，價格的合理性 Y17：就價格而言，整體品質的合理性

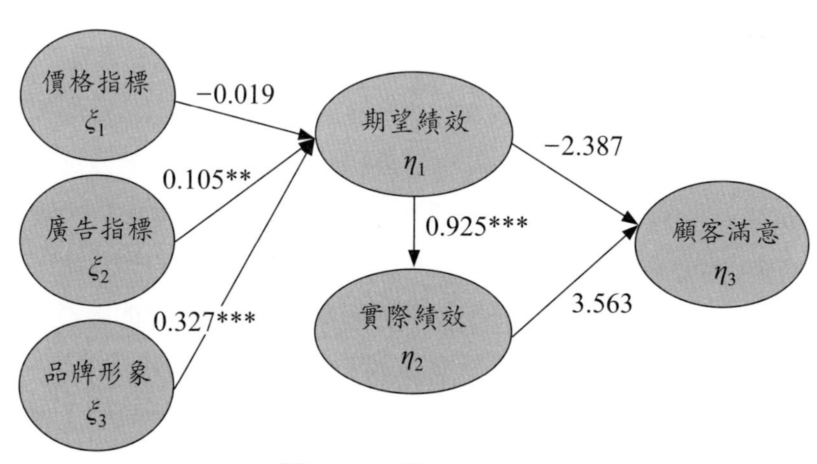

圖11-7　模型路徑圖

註：*表示p ≦ 0.1；**表示p ≦ 0.05；***表示p ≦ 0.01。

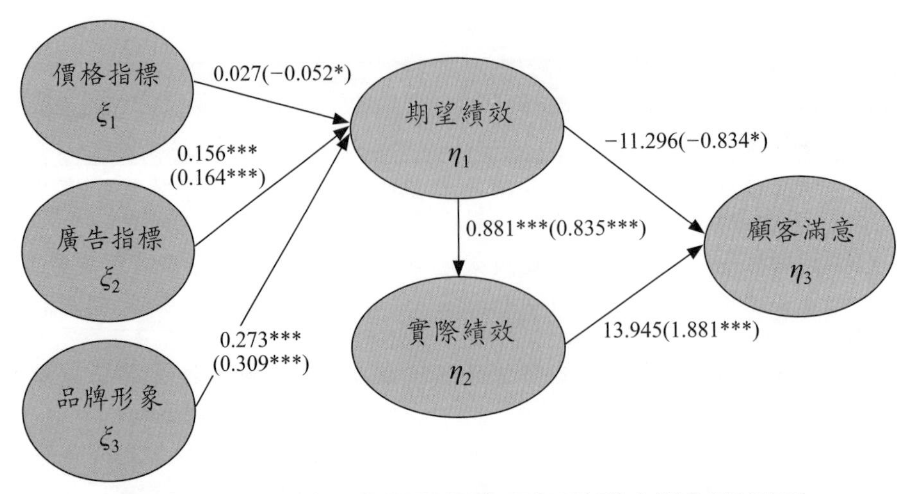

圖11-8　高產品知識群與低產品知識群之模型路徑圖

註1：*表示達顯著水準$p \leqq 0.1$；**表示達顯著水準$p \leqq 0.05$；***表示達顯著水準$p \leqq 0.01$。

註2：括號外的數值爲高產品知識群之估計參數；括號內的數值爲低產品知識群之估計參數。

假說3之驗證：期望績效對顧客滿意會有直接的正向影響效果。

假說4之驗證：期望績效對實際績效會有直接的正向影響效果。

假說5之驗證：實際績效對顧客滿意會有直接的正向影響效果。

本研究在內生隱藏變數的探討中，分別探討消費者對產品的期望績效、實際績效與顧客滿意三者之間的關係。由表11-20的數據可知，在直接效果方面，本研究發現期望績效對實際績效之影響效果爲正數（$\beta_{21} = 0.925$），且有高度統計顯著性，與理論預期相吻合，顯示期望績效愈高，會正向影響實際績效。其次，期望績效對顧客滿意的影響爲負數（$\beta_{31} = -2.387$），不過並未達到統計顯著性，雖然β_{31}估計值頗大，不過由於此參數的標準誤頗大，達2.652（$t = -2.387/2.652 = -0.9$），模式內的每一個參數值是否都達到顯著水準，也是檢測模式內在品質的一項重要訊號，由於本模式的參數共有λ^x_{31}、β_{31}、β_{32}與γ_{11}四個估計參數未達統計顯著水準，故本模式內在品質似乎不盡理想。另外，本研究也發現實際績效對顧客滿意的影響爲正向，不過並未達到統計顯著性（β_{32} = 3.563，t = 3.563/2.80 = 1.272）。由上述的驗證可知，就直接影響效果而言，研究假說3與研究假說5未獲得支持，而研究假說4則獲得強烈支持。

在隱藏變數（ξ與η）之間接效果與總效果（總效果 = 直接效果 + 間接效果）的驗證方面，首先以表11-20彙總外生隱藏變數對內生變數之間接效果。由表11-19可知廣告與品牌形象對期望績效影響的總效果爲最大（分別爲0.105與0.327），且達到統計顯著水準，表示做爲產品品質外在屬性訊號的功能很強。同時，由於廣告與品牌形象對期望績效、實際績效（0.097與0.302）與顧客滿意（0.095與0.297）之總效果均爲正，且達到統計顯著水準，由此可知，消費者對該廠牌的廣告量與品牌形象的認知評價愈高，會正向的提升期望績效與實際績效，進而提高顧客滿意程度。在各項效果影響的程度而言，品牌形象都大於廣告與價格訊號。

其次，以表11-21說明內生隱藏變數之間的間接效果與總效果。由表11-21的數據可知，期望績效對實際績效與顧客滿意之總效果均爲正數，且達到統計顯著水準（0.925與0.907），此一數據除了再次證實研究假說4獲得支持之外，亦證實期望績效透過實際績效影響顧客滿意的間接效果；而實際績效對顧客滿意之總效果爲正數（3.563，t值 = 1.272），不過未達到統計顯著水準，期望績效對顧客滿意程度的總效果爲最大（0.907，t = 5.533），此一結果透露一個事實，即實際績效與期望績效不具單獨影響效果，兩者必須相輔相成，才足以影響顧客滿意，因爲顧客滿意通常是以實際績效與期望績效比較的結果來評價的。此外，期望之表現透過實際績效的間接影響，最後對顧客滿意的總效果爲0.907（t = 5.533），其影響力甚至比實際績效對顧客滿意之總效果（3.563，t = 1.272）還來得大。

表11-20　ξ對η的直接效果、間接效果與總效果

	效果	價格ξ_1	廣告ξ_2	品牌形象ξ_3
期望績效η1	直接	−0.019(−0.610)	0.105(2.007)	0.327(4.701)
	間接	0.000	0.000	0.000
	總效	−0.019(−0.610)	0.105(2.007)	0.327(4.701)
實際績效η2	直接	0.000	0.000	0.000
	間接	−0.018(−0.609)	0.097(2.003)	0.302(4.648)
	總效	−0.018(−0.609)	0.097(2.003)	0.302(4.648)
顧客滿意η3	直接	0.000	0.000	0.000
	間接	−0.017(−0.601)	0.095(2.018)	0.297(4.839)
	總效	−0.017(−0.601)	0.095(2.018)	0.297(4.839)

註：括號內的數值爲t值。

表11-21　η對η的直接效果、間接效果與總效果

	效果	期望績效η_1	實際績效η_2	顧客滿意η_3
期望績效η_1	直接	0.000	0.000	0.000
	間接	0.000	0.000	0.000
	總效果	0.000	0.000	0.000
實際績效η_2	直接	0.925(5.252)	0.000	0.000
	間接	0.000	0.000	0.000
	總效果	0.925(5.252)	0.000	0.000
顧客滿意η_3	直接	−2.387(−0.900)	3.653(1.272)	0.000
	間接	3.249(1.226)	0.000	0.000
	總效果	0.907(5.533)	3.653(1.272)	0.000

註：括號內的數值爲t值。

11.10 本章摘要

統計檢定有很多方法可供選擇，重點在於配合行銷研究的設計，然而要達到檢定的目的，選擇的要領可視行銷研究人員對檢定方法的熟諳程度，採用簡單又能夠達到目的的方法為原則。

統計檢定方法有其完整而科學的理論基礎，一般人對統計檢定都存有一定的困難度。拜電腦與資訊科技進步之賜，繁雜的演算過程有專用軟體代勞，行銷研究人員只要學會解釋統計數據的意義，正確判定檢定結果的價值，不再將統計檢定視為困難的差事。

統計檢定方法很多，包括母數統計方法與無母數統計分法，統計方法原理的介紹，已經超出本書討論的範圍，本章從實務應用觀點出發，簡述統計檢定的程序，行銷研究上常用的幾種統計方法，包括卡方檢定、平均數差異的檢定、變異數分析、迴歸分析、階層迴歸分析、線性結構模型分析，輔之以這些方法的實際應用實例，幫助讀者對這幾種統計方法的瞭解。

參考文獻

1. Burns, Alvin C., and Ronald F. Bush, *Basic Marketing Research: Using Microsoft Excel Data Analysis*, 3rd Edition, Pearson Education, Inc., New Jersey, USA, 2012, p.268.
2. 林隆儀、黃榮吉、王俊人合譯，V. Kumar, David A. Aaker and George S. Day 原著，《行銷研究》，第二版，雙葉書廊有限公司，2005，頁466。
3. 同註2，頁468。
4. 同註2，頁470。

5. 陳文哲、楊銘賢、林隆儀合著，《管理統計》，新版，中興管理顧問公司，1992，頁319。

6. 林隆儀，〈議題行銷的社會顯著性、活動持續度與執行保證對品牌權益的影響〉，《輔仁管理評論》，2010，第17卷，第3期，頁31～54。

7. 林隆儀、郭乃鼎，〈通路策略、服務品質與通路滿意及通路績效的關係之研究〉，《管理與資訊學報》，2008，第13期，頁1～40。

8. 林隆儀、商懿勻，〈老年經濟安全保障、理財知識與逆向抵押貸款意願之研究〉，《輔仁管理評論》，2015，第22卷，第2期，頁65～94。

9. 林隆儀、鄭君豪，〈產品品質外在屬性訊號、產品知識與顧客滿意之整合分析——以臺北市筆記型電腦消費者爲例〉，《輔仁管理評論》，2005，第12卷，第1期，頁65～92。

第五篇　結果呈現與研究倫理

第12章

研究結果的呈現

12.1 前言

行銷研究人員所蒐集到的資料，經過資料整理、分析、檢定之後，接著必須提出具體的研究結果，提供研究發現及其管理與實務意涵，指出研究限制、研究建議，以及提出研究報告。這一連串的作業與任務，目的是要提供有意義、有價值的資訊，供行銷長及其他相關主管做爲行銷決策的依據。

研究結果的呈現，旨在將研究結果做結論性的報告，透過書面與口頭簡報方式，提出關鍵性報告。行銷長及相關主管日理萬機，沒有太多時間閱讀冗長的報告，他們最感興趣的是，直接看到研究結果中最有管理意義的資訊，對行銷決策最有參考價值的結論，所以行銷研究人員必須掌握「投主管之所好」的原則，務實提出研究報告。

研究結論的報告沒有想像中那麼簡單，而是另一個階段的挑戰，行銷研究人員除了熟諳每一個項目的呈現要領之外，還必須掌握閱讀報告者的背景與需求，提供滿足個別需求的報告，圓滿完成行銷研究的最後一哩路。例如提供給高階主管與基層主管的報告內容與篇幅各不相同；技術背景主管與商管背景主管的需求與興趣，通常也都各異其趣；平行單位同仁所關心的議題，也不見得相同，然而無論是要提供給誰的報告，都必須本著誠懇、務實原則，提供正確、精準的報告，避免誤導行銷決策。

12.2 提出研究報告

提出研究報告是研究結果最重要的呈現方式，報告旨在溝通研究過程的來龍去脈，本著「麻雀雖小，五臟俱全」的原則，提出研究發現、提供管理上的重要見解、交代研究限制，以及提供具體可行的建議。

研究報告通常包含研究發現、結果分析、解釋、結論、建議等項目。報告可區分爲兩大類：書面報告、口頭報告。書面報告屬於一種單向溝通方式，又可分爲提供給行銷研究人員看的技術報告（Technical Report），以及提供給行銷長及其他相關部門主管看的管理報告（Management Report）；口頭報告是採用口頭簡報的一種雙向溝通方式（註1）。

報告看似簡單，但是要提供一份完整而精彩的報告，還得需要花點工夫。最重要的是充分瞭解報告的目的，選擇最佳報告方式；針對不同需求的主管，提供不同內容與篇幅的報告；書面報告有一定的格式，口頭報告也有其要領；此外，研究發現常常兼具學術貢獻與實務參考價值，可以進一步在相關學術期刊及公司刊物上發表，分享研究成果。

無論採用哪一種方式的報告，都必須簡要交代研究過程的來龍去脈，包括下列不可或缺的項目（註2）。

1. 研究背景與問題。
2. 研究動機與目的。
3. 文獻探討與次級資料。
4. 研究設計與抽樣方法。
5. 資料整理與分析方法。
6. 研究結論與重要發現。
7. 研究發現的管理意涵。
8. 研究限制與建議。

書面報告可以完整呈現研究結果與重要發現，被列爲必不可少的一種報告方式，至於篇幅長短與內容繁簡，端視報告所要呈現的對象而定。一般而言，呈現給高階主管的報告以簡潔扼要爲原則，提供給基層主管的報告可以詳細交代研究過程，同時附上相關數據與圖表。提供給行銷部門主管的報告可以從行銷面直接陳述，至於提供給技術部門同仁閱讀的報告，宜避免過度使用行銷專用術語，以容易理解爲原則。由專業研究機構所執行的行銷研究，更需要掌握「不同對象，不同內容」原則，滿足不同部門、不同階層人員的需要。

除了提供書面報告之外，通常都需要輔之以口頭簡報，進行面對面的雙向溝通，一方面可以利用視覺輔助器材，增進閱聽眾的理解，另一方面讓閱聽眾有機會提問，溝通見解、互相交流。此外，口頭簡報可以同時針對許多人，有助於吸引閱聽眾的興趣，回答相關問題，達到報告的相乘效果。

成功的報告奠定在充分準備的基礎上，以及不斷演練的熟諳工夫。無論是書面報告或口頭簡報，報告人都必須要有充分準備，包括所要呈現的內容、方法、技巧，以及簡報時的臨場表現。

行銷研究報告是研究結論的呈現，也是行銷研究人員和報告閱讀者溝通的標的，更是行銷研究人員展現研究能力的最佳機會，因此報告的撰寫當然要用心、審慎。行銷研究報告的撰寫，必須嚴守下列原則（註3）。

1. 瞭解閱讀者的心理：瞭解閱讀者有哪些人，他們最想知道哪些資訊，應該呈現哪些資訊。

2. 明確的結論與建議：無論是哪一種類型的報告，都必須清楚說明研究結論與具體建議。

3. 內容完整但精簡：預想閱讀者想要知道的所有資訊，並且做完整的呈現，但是也要掌握精簡原則。

4. 善用圖表的視覺效果：圖表具有一目了然的視覺效果，一般而言，表格的呈現優於文字表達，圖形的呈現又優於表格的表達。

5. 避免使用艱深的術語：行銷研究報告扮演爲閱讀者解惑的功能，必須避免艱深難懂的專業術語，尤其是抽樣方法與統計檢定專業用語。

6. 以資料支持結論：科學研究方法講究數據，因此除了研究過程必須引經據典之外，研究結論必須要有完整資料與具體數據佐證之。

無論是書面報告或口頭簡報，都有一個非常實用的要領，那就是務實掌握BRONS法則，必須做到簡潔有力（Brevity）、和主題相關聯（Relevancy）、公正客觀（Objectivity）、清晰明白（Non-ambiguity）、具體呈現（Specificity）（註4）。

12.3 研究結論

研究結論是指行銷研究工作暫時告一段落，進而做最後論斷的過程。研究結論主要是把資料分析結果最精華、最精彩、最重要的研究發現一一呈現出來，讓讀者可以一目了然的掌握研究的重要發現，以及研究的具體結果。

研究結論看似簡單，但是只要審慎探究，常會發現研究結論內容的呈現手法各異其趣，撰寫風格參差不齊，編排方式各不相同，顯然是沒有掌握研究結論的呈現要領。

研究結論的呈現有幾個要領，只要掌握這幾個要領，就可以把研究所獲得的結論，做有系統且有意義的呈現。第一個要領是檢視研究命題推論結果，以及研究假說檢定結果，將推論及檢定結果以條列方式具體寫出來，如果有必要僅做簡單扼要的說明即可，無須長篇大論。檢視研究命題是質化研究的重頭戲，檢定研究假說則是實證研究最重要的目的，發展研究命題的目的，是在提出合乎科學與邏輯的命題，以發展模型爲目的的研究更需要具體提出研究模型，因此在研究結論中必須優先檢視研究命題發展、假說檢定、模型建構等結果，並做具體的呈現。

第二個要領是必須以研究發現爲基礎，確實、忠實、務實、踏實的提出研究所獲得的結論，和研究發現沒有直接關係的資訊，不宜出現在研究結論中。研究結論是要將整個研究做一個總結，既然是「結論」與「總結」，就必須直截了當的提出研究結論，不宜拖泥帶水，更不宜納入風馬牛不相及的資訊。

第三個要領是以文字方式呈現即可，無須再重複列表，因爲在統計檢定過程中，已經將研究假說檢定結果一一列表呈現。研究結論的呈現必須要做到直接、明白、簡潔、扼要，做最佳的呈現，讓讀者容易閱讀，容易理解。

12.4 研究發現的意涵

研究發現的重要意涵，包括管理意涵（Management Implication）與實務意涵（Practical Implication）。管理意涵或稱理論意涵（Theory Implication），是指研究發現在管理上或理論上所具有的特殊意義，這些意義之所以「特殊」，就是因爲研究發現有其獨特之處，和其他意義有著明顯的差異，也是研究最重要的貢獻之所在，值得提出來和讀者分享。研究過程中無論是研究設計或調查工作之執行，研究者都力求嚴謹與完美，全力以赴，因此所獲得的研究結論通常也都具有獨特的意涵。既然有獨特的意涵，就有必要、也值得將這些意涵做完整、精彩的呈現，以彰顯研究的貢獻與參考價值。

管理意涵需要從多方面思考，前呼後應，用心評估，務實撰寫，才能夠寫出具有參考價值的管理意涵。撰寫管理意涵具有下列幾個要領，第一個要領是拉高層次，站得高、看得遠，從管理或策略的角度思考研究發現的貢獻與價值。第二個要領是以研究發現爲主軸，從中找出獨特的見解與意義。第三個要領是回過頭來對照相關文獻，找出研究發現和文獻的異同，尤其是相異之處，進而引申出獨特的意義。第四個要領是務實的論述，完整呈現研究的貢獻，避免言過其實。

實務意涵或稱應用價值（Application Value），是指研究發現在實務應用上所具有的特殊意義、參考價值與貢獻。經過嚴謹設計與務實執行的實證研究所獲得的結論，在實務應用會有獨到的見解與特殊的貢獻價值，此時就是讓研究者抒發獨特意義與實務應用價值的最佳時刻。

實務意涵撰寫要領和管理意涵的撰寫要領相似，所不同的是偏重在管理的實務面，主要是提供公司參考。行銷研究人員可以從四個角度思考實務意涵的呈現要領，第一是從高階管理者的立場思考，可以從研究發現中得到什麼啓示，以便將重要的研究發現應用在公司決策上。第二是從部屬的立場思考，可以提供什麼有價值的資訊給高階主管，幫助高階主管做有效率又有效能的決策。第三是站在組織中平行溝通的立場思考，研究發現可以提供什麼有價值的訊息給平行單位同仁參考，例如行銷研究單位將研究結論提供給行銷單位、廣告單位或研究發展單位參考。第四是從需求單位的立場思考，研究發現如何用來改善工作，例如營業單位希望行銷研究單位提供因應市場競爭及消費習慣改變的狀況。

12.5 研究限制

每位行銷研究人員都很用心做研究，研究結果也都獲得重要的結論，但是研究過程中難免會受到某些因素的影響，尤其是研究者無法控制的外來因素限制，以致形成研究結果不夠完美的現象，這種不夠完美的現象稱爲研究限制。行銷研究過程受到哪些限制？爲何受到這些限制？這些限制的影響有多大？如何處理這些限制？這一連串的問題只有研究者最清楚。

爲什麼要交代研究限制，有幾個理由值得讓行銷研究者思考，第一個理由是基於研究倫理的考量，研究者必須誠實、務實的把研究過程中所受的限制交代清楚。第二個理由是基於參考價值的考量，讓讀者可以理解研究所受到的限制，進而判斷研究的參考價值。第三個理由是基於謙虛爲懷的考量，交代研究過程中所受到的限制，讓讀者感受到行銷研究人員的研究風格與風度，有助於凸顯研究結論的參考價值。第四個理由是基於善意揭示的考量，研究者主動揭示研究限制與缺失，讓後續研究者免於重蹈覆轍。

撰寫研究限制的要領可以從幾個方向思考，最重要的是研究設計及研究工作執行過程中受到外來因素的影響，例如研究變數與構面選擇不夠完整，研究設計或實驗設計的瑕疵，抽樣方法的不完美，抽樣執行的誤差，樣本取得的限制，樣本數的限制，統計分析方法的限制等，從這些方向務實的思考，才不會陷入研究限制的迷惘中。

12.6 研究建議

行銷長及相關主管們平時專注於行銷策略和管理實務工作，無暇兼顧有系統的研究，但是又迫切需要專業研究資訊，做爲經營決策的參考依據，此時就有賴於行銷研究人員的支援，共創雙贏，提供一個絕佳的交流平臺。實證研究結果的重要發現，往往可提供行銷長高度的參考價值，所以研究報告中需要包含客觀的建議。

提出研究建議有幾項要領，第一、誠懇、忠實的提出可行的建議方案，以第三者的立場客觀提出善意的建議。第二、所提出的建議必須具體、務實、可行，讓行銷長及相關主管可以從建議中獲益。第三、所提出的建議必須以研究發現爲基礎，不宜天馬行空，讓人摸不著邊際。第四、以條列方式呈現，輔之以簡潔的說明，清楚提出建議。

基於研究倫理的精神，行銷研究報告最後一段需要提出對後續研究的建議，指引對類似題目有興趣的後續研究者一個善意的研究方向。研究設計及執行的來龍去脈，研究發現的重要意涵，研究限制與研究的缺失等，只有行銷研究人員才能瞭若指掌，也只有行銷研究人員才可以提出中肯的建議。

提出後續研究建議的要領有四：第一、可以參照研究限制所言，誠懇提出彌補缺失的建議。第二、建議案必須是務實可行，縮短後續研究者摸索的時間。第三、不宜漫無邊際的點出題目，以免後續研究者摸不著頭緒。第四、任何建議都必須以剛完成的研究結論為基礎。

12.7　公開發表

如前所述，許多行銷研究不乏具有學術參考價值，經過精心設計及嚴謹執行的行銷研究，通常都獲有豐碩的研究成果，這些豐碩的成果若未能善加應用，常常會留下遺珠之憾。基於「獨樂樂，不如眾樂樂」的精神，這些研究成果可以進一步在相關領域的學術期刊或公司刊物上公開發表，和更多人分享，做更有意義的貢獻。

發表研究成果必須按照學術期刊或公司刊物的要求與規範，改寫成發表的文稿，而且必須掌握「麻雀雖小，五臟俱全」的原則與要領，將研究成果濃縮、精簡成適合發表的文章。無論是學術期刊或公司刊物，所刊登的文章受到定位及篇幅的限制，只能接受符合規範及格式的文章。

12.8　本章摘要

行銷研究雖是一段漫長的歷程，但是只要按部就班，務實執行，獲得預期成果並非難事。撰寫研究報告只有方法與要領，沒有捷徑可循，也沒有速成班，絕對不是倉促可以完成的工作，也絕對不是急就章式的做法即可竟全功的事。

本章從務實的觀點闡述行銷研究報告的呈現方式與要領，只要嚴守這些方法與要領，在研究過程最後一哩路上，發揮臨門一腳的工夫，使整個研究工作畫下一個完美的句點。

參考文獻

1. Cooper, Donald R., and Pamela S. Schindler, *Business Research Methods*, 12th Edition, McGraw-Hill/Irwin, New York, 2014, p.506.
2. 黃俊英著，《行銷研究概論》，第六版，華泰文化事業股份有限公司，2012，頁343。
3. 邱志聖著，《行銷研究——實務與理論應用》，第四版，智勝文化事業有限公司，2015，頁446～450。
4. 林隆儀著，《論文寫作要領》，第二版，五南圖書出版股份有限公司，2016，頁136。

第13章

行銷研究的倫理

13.1　前言

社會行銷主義當道，企業與個人都被要求善盡社會責任，在關懷社會福祉的風潮下，倫理議題成爲現代社會的普世價值。各行各業，無論是大規模企業，或是小型公司，無論是營利事業或非營利組織，無論是商號或個人，都不能背離經營與管理倫理，因爲忽視倫理就是企業敗亡的開始。

行銷活動需要重視倫理，行銷研究是行銷領域重要的一環，研究過程中處處暴露出和倫理密不可分的議題，不僅公司當局必須以高標準的倫理觀點，看待經營倫理議題，嚴守倫理守則；行銷長及其所領導的行銷團隊，必須謹守高規格倫理準則，務實的實踐行銷倫理精神；在市場第一線執行研究的訪問人員，必須落實訪問倫理，尤其是訪問過程中，接觸到許多受訪者，獲悉受訪者的個人資訊，有義務保護他們的隱私，這些都是行銷倫理的重要議題。

企業倫理的範疇非常廣泛，行銷倫理涉及許多議題，本章從行銷研究的立場出發，討論行銷研究所面臨的倫理，包括企業活動的倫理原則、公司管理當局及高階主管的倫理議題、行銷研究與訪問人員的倫理要求，以及同意接受訪問之受訪者的倫理議題。

13.2　企業活動的倫理原則

倫理（Ethics）或稱道德（Morality），是指人們用來判斷是非對錯的準則，也是社會用來規範個人或團體之道德標準的基本信條或價值觀。使用在企業管理上稱爲企業倫理（Business Ethics），泛指指導企業從業人員行爲是非對錯的公認原則（註1）。質言之，企業倫理不待法律約束，爲廣大消費大眾及利害關係人創造最大福祉，而採取的積極主動作爲（註2）。

企業倫理屬於一般商業活動倫理的一環，所涉及的範圍相當廣泛，大者包括社會安全、環境保護、社區安寧、社會福祉、消費者權益等社會責任議題，小者包括公司的作業環境與安全、員工工作保障、員工健康與福利，以及其他利害關係人的利益。其中與行銷研究關係密不可分者，包括下列五個原則（註3）。

1. 誠實原則

誠實是最好的策略，這是放諸四海皆準的原則。企業經營講究在「重義」的前提下，使「求利」效果達到最大化，「重義」就是誠實以對，實事求是、公平對待、童叟無欺。企業家們認爲「利」看得更遠就是「義」，企業經營講究「先義後利」；「義」的另一面就是「益」，經營企業不能見利忘義。

行銷研究是企業活動非常重要的一環，必須本著誠實原則執行相關作業，包括金錢財物的處理、研究計畫的設計、抽樣對象的選擇、訪問作業的執行、資料的整理與分析、報告的撰寫與提供、結果的發表與公布……等，都必須建立在誠實的基礎上。絕對不容有虛報訪問次數、虛列訪問費用、誇大問卷回收率、僞造訪問答案、憑空捏造數據，以及將研究結果做不實的解釋等情事。

2. 安全原則

安全是人們執行工作最卑微的要求，沒有安全就沒有保障，沒有安全無異是人身或工作受到某種程度的威脅。誠如心理學家馬斯洛（Abraham Maslow）的需求層級所言，安全需求屬於第二層級的需求，是人們對自身安全、財物安全、未來保障的需要。

行銷研究人員在外執行研究工作，面對不同而多變的環境，需要給予安全上關懷的程度，更甚於工廠內的作業，舉凡交通安全、人身安全、財物安全，都必須給予關注。尤其是訪問人員爲了要接觸特定受訪者，必須選擇在夜間執行訪問，女性訪問人員單獨在外執行訪問作業，將安全暴露在容易受到威脅的情境下，必須特別關照人身安全的問題。

3. 公益原則

公益者，公共利益也。企業是社會的公器，企業經營活動當然必須符合公益原則，放大眼光，開懷心胸，重視公共利益，才能贏得社會大眾的信賴，進而留下良好而深刻的印象。綜觀事業發達，經營有成的偉大企業家，不以追求利潤爲唯一目標，而是本著公益原則，慷慨解囊、樂善好施、勤做公益，實踐「取之社會，用之社會」的理念，令人佩服。

行銷研究工作利用各種訪問方法蒐集資料，必須從公益原則出發，只有對公共利益有所貢獻，贏得社會大眾的信賴，爭取受訪者的好感與支持，才能圓滿達成任務。無論是在問卷設計、訪員個性、訪問情境、結果呈現等，都必須親切務實，避免令受訪者感到不悅或厭倦，如此才能符合研究倫理精神。

4. 價值原則

高價格不代表高價值，但是高價值卻涵蓋高價格，追求價值生活是現代人夢寐以求的消費趨勢。企業經營活動爲迎合人們對價值觀的改變，特別重視貨眞價實，在滿足消費者需求的過程中，價值扮演舉足輕重的角色，於是「價值主張」，「顧客價值」方案紛紛出籠，而且贏得熱烈的迴響。

行銷研究透過嚴謹的研究設計，務實的執行訪問工作，將所蒐集的資料轉換爲有價值的資訊，提供給行銷長及相關部門主管做爲決策的準據，具有高度價值的貢獻。有些專業研究機構，有計畫、有系統的執行科學研究工作，將所創造的成果「銷售」給有需要的組織，研究成果之所以能夠

「銷售」，就是因爲這些「成果」符合價值原則。

5. 主動原則

「積極主動，勇於挑戰」，這是企業經營成功的基本密碼，積極與消極之間，久而久之會產生天壤之別。虛心傾聽顧客的聲音，積極主動發覺問題，精心研究解決問題的方法，視滿足顧客爲己任，落實爲顧客而經營的理念，這些都是成功企業最爲人稱讚的特徵。

行銷研究是企業主動發起的例行性工作，不是爲研究而研究，不是爲了趕流行而做研究，更不是被動因應的交差式工作。只有積極主動，領先消費者，領先競爭者，企業才能享有先占優勢，進而從激烈競爭中脫穎而出。行銷研究具有前瞻性，主動出擊，可以發現別人沒有發現的機會，奠定競爭優勢的基礎。訪問人員積極主動執行訪問工作，表現負責盡職的態度，可以爲更上一層樓做好準備。

行銷研究屬於企業活動的一環，有其崇高的倫理責任，需要在公司內部形成共識，全員落實執行，才能竟全功。行銷研究計畫至少涉及三種人：(1)發起及支持研究計畫的公司高階主管；(2)設計與執行研究的行銷研究人員；(3)提供資料的受訪者。行銷研究人員對他的工作、顧客與受訪者，負有某些責任，所以必須嚴守高度倫理標準，以確保研究功能與所獲得的資訊，才不至於跌落到信用破產的地步（註4）。以下將分別介紹與行銷研究相關人員的倫理責任。

13.3 公司高階主管的倫理責任

公司高階主管是支持行銷研究的關鍵人物，他們的思維與行動會影響行銷研究人員的作爲，必須要有堅持遵守研究倫理規範的決心。常見公司當局忽視研究倫理的案例，包括：(1)公開或隱藏研究目的；(2)提供不實的資料；(3)誤用研究資訊（註5）。

公司同時追求許多目的，這些目的之間如果有所衝突時，例如公開研究目的可用來延緩困難的決策，也可能用來逃避責任，當然也可能用來提高既定決策的可信度。隱藏研究目的，可能是爲了方便取得所需要的資料，有助於順利進行研究工作，但是免不了會有淪爲欺騙不實的風險。公開或隱藏研究目的，常常是公司高階主管兩難的抉擇，需要應用高度智慧，理性面對研究倫理。

俗話說：「投入的若是垃圾，處理結果必然也是垃圾」，提供不實的資料，卻要求有完整的研究結果，無異是緣木求魚。有些公司邀請專業研究機構，提出行銷研究計畫與報價資料，最後不是將研究案交由其他機構執行，就是自己執行，這些都是常見不符合倫理的做法。

行銷研究結果所提出的報告與建議，最可貴的是虛心採用，落實執行，期望能夠解決當前所面臨的問題。實務上常遇到公司誤用研究資訊，有斷章取義者、有擴大使用者，當發現情況不對勁時，回過頭來抱怨研究無用論，對於解決問題毫無幫助。不思檢討誤用研究資訊，卻一味抱怨研究無用論，當然是不符倫理的行爲。

具體而言，公司高階主管掌管經營決策大權，對行銷研究的支持與方向，具有決定性的影響，相對也負有下列倫理責任（註6）。

1. 誠懇對待，互相支持

公司當局執行行銷研究的模式有二，不是自行研究，就是委託研究。無論採用哪一種模式，都必須尊重及信任專業，誠懇對待，互相支持，尤其是委託專業研究機構時，更應該有誠懇以對，尊重專業的胸襟；即使是自行研究，也必須尊重公司行銷研究團隊的專業知識，給予必要的協助與資源，以及高度的肯定與鼓勵，這些都是公司高階主管責無旁貸的倫理責任。

2. 公平競爭，擇優錄用

公司採用委託研究時，通常都會公開邀請專業機構參與比稿，營造公平競爭的平臺，審慎而嚴謹的評選，然後擇優錄用，對內符合公司的期待，對外取信於前來比稿的專業研究機構。評選辦法的制定屬於公司的權利，但是評選過程必須符合公平競爭原則，不操弄遊戲規則，不偷竊研究構想，不刻意壓低價格，不僅要讓勝出者瞭解勝出的理由，同時也要讓沒有被錄用者知道未獲青睞的原因。

3. 研究發現，公正解讀

以研究發現爲基礎，公正客觀的解讀研究結果，這是公司高階主管應有的倫理態度。行銷研究的發現，主要是用於解決公司當前的行銷問題，研究結果的解讀必須公正、客觀、不挑剔、不強求，如此才有意義可言，也才有助於解決問題。行銷研究發現若具有分享價値，也要不吝分享，參加研討會或選擇相關期刊，公開發表，擴大研究的相乘效果。

4. 掌握進度，依約付款

依約付款是公司必須履行的倫理責任，包括支付給短期聘用的訪問人員，以及按進度支付給專業研究機構的合約款項。前者通常採用按件計酬，不能因爲短期聘用，就給予過低的酬勞或延緩付款；後者通常簽有合約，必須按工作進度付款。無論是採用哪一種方式，都必須信守承諾，確實依約付款，絕不拖泥帶水、絕不無端延誤、絕不刻意刁難。公司負起倫理責任有兩層意義，一方面可以留住訪問人員，掌握未來訪問人力，另一方面可吸引更多優秀的專業研究機構參與研究工作，提高行銷研究水準。

13.4 行銷研究人員的倫理責任

行銷研究人員執行研究過程中，在市場第一線和受訪者接觸，對市場情報與受訪者的個人特徵，勢必會有相當程度的瞭解，但卻也面臨執行不當與爲受訪者保密的倫理問題。

訪問人員執行訪問作業，通常都享有很大的自由度，例如抽樣方法的落實、訪問對象的選擇、訪問技巧的應用、訪問時間的分配、問卷塡寫的清晰度，繳交問卷的時間，訪問資料的整理與處理方法、研究報告的撰寫與提供，如果出現任何不符合倫理的行爲，就會陷入「失之毫釐，差之千里」的深淵，因而造成錯誤及誤導研究結果。

行銷研究人員包括接受委託的專業研究機構，訪問過程中掌握受訪者的許多資料，必須負起下列倫理責任（註7）：

1. 尊重受訪者的權利

受訪者有決定是否接受訪問的權利，以及享有隱私權、安全的權利、不受干擾的權利、瞭解行銷研究眞正目的的權利、分享研究結果的權利、決定回答哪些問題、不回答哪些問題的權利，行銷研究人員必須善盡研究倫理責任，嚴肅尊重受訪者的權利。

除了尊重受訪者的權利之外，訪問人員還必須抱持著「心存感激」的心態，一方面感謝受訪者接受訪問，提供寶貴意見，使訪問工作得以順利完成；另一方面對訪問所造成的干擾與不便，表示誠懇的謝意。

2. 保護受訪者的身分

訪問人員在訪問過程中，獲悉受訪者的許多個人資料，例如姓名、身分、性別、年齡、職業、所得、教育程度、興趣偏好、購買意願、對公司與競爭者的態度……等，這些資料大部分都受到《個人資料保護法》的保障，訪問人員必須負起保密的責任，不宜洩漏個人隱私，不能傷害到受訪者的權益。

訪問人員在設計問卷時，通常都會在訪問函上明示，「本研究所蒐集到的資料，僅供統計分析之用，絕不個別發表或做其他用途，敬請安心塡答」。這是訪問人員表白研究倫理的好機會，最重要的是要信守承諾，說到做到。如果每一位訪問人員都確實盡到這些倫理責任，短期而言，不但可以提高問卷回收率，同時也可以提高有效問卷的比率；長期而言，可以贏得信賴，提升行銷研究的水準。

13.5 受訪者的倫理責任

受訪者雖然享有隱私不受侵犯，意願不受剝奪的權利，但是他們若同意接受訪問，就有倫理義務提供相關而正確的資料。質言之，一旦同意接受訪問，就必須誠實提供具有可信度的答案，如此才是符合倫理的作爲。

受訪者表現倫理責任，也有許多具體的做法可依循，包括下列各種方法：

1. 體會訪問人員的需要，配合提供正確資料。
2. 審慎思考，誠實回答，提供精準的數據。
3. 郵寄問卷訪問場合，在訪問人員期望的時間內回覆問卷。
4. 配合訪問人員所期望的方式回覆問卷。
5. 明確回答問題，清楚勾選答案。
6. 接受訪問人員的提問與求證，補充必要資料與意見。
7. 誠懇接受訪問，不宜有戲弄訪問人員的行爲。
8. 請求分享研究成果時，也要發之以誠，待之以禮。

13.6 本章摘要

倫理議題普受重視，行銷研究當然也必須接受倫理的規範，此一規範有賴於三方面來落實，第一是公司當局符合倫理的行銷政策，高階主管心存倫理責任的支持行銷研究；第二是執行行銷研究計畫的研究團隊，以及專業研究機構，抱持倫理思維的務實執行；第三是接受訪問的受訪者，履行倫理責任，誠懇提供正確答案，這三股倫理力量的結合，有助於提升行銷研究的水準。

倫理的範圍非常廣泛，本章聚焦於討論行銷研究的倫理議題，首先介紹企業活動的五項倫理原則，其次討論公司及高階主管的四項倫理責任，接著探討行銷研究人員的兩項倫理責任，最後指出受訪者的八項倫理責任。

行銷研究常受到「干擾人們生活作息」的批評，只要公司及高階主管、執行研究計畫的相關人員、接受訪問的受訪者，對行銷研究工作達成共識，具有倫理責任的素養，要圓滿達成任務，提升研究水準，就可以做到「心不難，事就不難」的境界。

參考文獻

1. Hill, Charles W. L., Gareth R. Jones and Melissa A. Schilling, *Strategic Management: An Integrated Approach*, Cengage Learning Asia Pte Ltd, 2015, 11th Edition, p.378.
2. 林隆儀著，〈倫理是現代企業必修課〉，收錄在《穿破金融海嘯》一書中，2009，頁276～281。
3. 黃俊英著，《行銷研究概論》，第六版，華泰文化事業股份有限公司，

2012，頁356。

4. 林隆儀、黃榮吉、王俊人合譯，V. Kumar, David A. Aaker and George S. Day 原著，《行銷研究》，第二版，雙葉書廊有限公司，2005，頁21～25。

5. 同註4，頁23。

6. 同註3，頁碼362～364。

7. 同註3，頁碼361～362。

附　錄

附錄一　發表論文範例

1. 議題行銷的社會顯著性、活動持續度與執行保證對品牌權益的影響
2. The influence of corporate image, relationship marketing, and trust on purchase intention: the moderating effects of work-of-mouth

附錄二　常用統計表

1. 亂數表
2. 標準常態機率表（z表）
3. 卡方分配（χ^2）機率表
4. t分配機率表
5. F分配機率表

附錄一　發表論文範例

議題行銷的社會顯著性、活動持續度與執行保證對品牌權益的影響

林隆儀

林隆儀，眞理大學管理科學研究所副教授

輔仁管理評論
第十七卷第三期抽印本
中華民國九十九年九月

Fu Jen Management Review Vol. 17, No. 3, September. 2010
College of Management, Fu Jen Catholic University
Taipei, Taiwan, Republic of China

輔仁管理評論
中華民國99年9月，第十七卷第三期，31-54

議題行銷的社會顯著性、活動持續度與執行保證對品牌權益的影響

林隆儀*

(收稿日期：98年12月11日；第一次修正：99年5月9日；
第二次修正：99年6月7日；接受刊登日期：99年8月30日)

摘要

本研究旨在探討議題行銷的社會顯著性、活動持續度與執行保證對品牌權益的影響，採用實驗設計研究方法，利用立意抽樣法蒐集初級資料，以320位學生爲研究對象，探討受訪者對本文所研究的品牌之品牌權益的評價。經採用一因子變異數分析檢定研究假說，研究結果發現：(1)企業選擇社會顯著性高的議題對品牌權益的影響顯著高於社會顯著性低的議題。(2)議題行銷活動持續度高對品牌權益的影響顯著高於持續度低的活動。(3)企業實行議題行銷時，議題的社會顯著性高、低對品牌權益的影響，在不同活動持續度下有顯著的差異，沒有獲得支持。(4)企業實行議題行銷時，有執行保證的活動對品牌權益的影響，顯著高於無執行保證的活動，沒有獲得支持。(5)企業實行議題行銷時，議題的社會顯著性高、低對品牌權益的影響，在有無執行保證的活動下有顯著的差異，沒有獲得支持。

關鍵詞彙：議題行銷，社會顯著性，活動持續度，執行保證，品牌權益

壹．緒論

議題行銷 (Cause-Related Marketing) 近年來已漸漸受企業界重視，早期企業對公益活動的關懷肇始於對社會問題的自發性回饋。企業關懷社會的議題發展至今，許多企業都視社會責任爲一項投資。企業爲了從善盡企業公民的責任中建構競爭優勢，必須輔之以行善與回饋，期使企業營運得更興旺，更受推崇。企業實行議題行銷即是結合社會議題的一種行銷方式，許多研究都證實此種行銷手法有助於提高企業形象、增加銷售、擴大市場佔有率、提昇品牌形象與知名度 (Caesar, 1986；Varadarajan and Menon, 1988)，非營利組織亦可藉此獲得所需之資源，達到雙贏的境界。

議題行銷通常都結合消費者的購買行爲與捐助行爲，本質上與企業贊助活動行爲不盡相同，所以如何爭取消費者對企業實行此類活動的認同，便成爲議題行銷成功與否的關鍵，Gurin (1987) 認爲企業對議題行銷常專注於廣受歡迎的議題，而忽略較不普遍但同樣需要財務支援的議題。由此可知，企業實行

* 作者簡介：林隆儀，真理大學管理科學研究所副教授。

此類活動偏好社會顯著性高的議題，反映社會顯著性高的議題容易獲得消費者的認同，誠如 Gurin (1987) 就議題行銷對非營利組織不利影響的觀點，可能迫使非營利組織為了獲得財務資源而改變其目標，以迎合企業需求。

Pringle and Thompson (1999) 所著 Brand Spirit 一書中提到，議題行銷成功的兩項關鍵因素為長期性及公開化的關係型態，對非營利組織或特定議題的持續支持與否，成為消費者對企業承諾的判斷標準之一。長期性與公開化可為企業執行此類活動時，獲得消費者認同方面提供一個明確的方向，尤其是在企業所關懷的議題缺乏社會顯著性時，企業是否可經由長期性的參與，以及經由表達公示誠信之態度，改變消費者之疑慮，使消費者認同企業對於此類活動的參與乃係出於善因，彌補議題缺乏社會顯著性之不足，以獲得消費者的欣然參與，而有利於企業、非營利組織，以及釋出善意的消費者。有鑑於此，本研究納入「活動持續度」這個變數，探討企業執行議題行銷的長期效果，同時也融入「執行保證」這個變數，探討企業代替公示以博取公信的成效。

品牌為行銷之根 (洪順慶，2001)，創造品牌權益成為企業界近年來積極且熱衷的重要議題，建立優勢的品牌權益可使企業享有長期競爭優勢。Keller (1993) 認為品牌權益是指消費者面對名牌行銷差異化效果之反應所產生的品牌知識，而品牌知識含有品牌知名度與品牌形象所形成的聯想網絡，增進品牌知名度與品牌形象皆有助於創造品牌權益。

目前國內實行議題行銷的企業正日漸增加，大多數的研究都把它歸類為企業的行銷手段之一。但從消費者角度觀之，議題行銷不啻為企業提供給消費者慈善誘因，激起消費者以助人行為之決策模式決定參與，而此助人行為之決策模式涉及消費者個人對議題是否有責任認知。因此議題選擇的出發點，本質上是否應立基於符合消費者的期望，而對品牌權益有顯著的助益，需要進一步研究，此為本研究的動機之一。

晚近許多企業實行議題行銷都有朝向長期性的趨勢，Barnes and Fitzgibbons (1991) 亦認為企業透過與非營利組織長期合作的議題行銷，可以改善及提高企業形象。然而企業是否對議題採取長期性觀點，會影響消費者對議題行銷活動之評價，尤其是以長期觀點評價企業的品牌權益，更有可能因為企業對議題所付出的長期承諾，或隨著時間經過不斷付出努力而有所收穫，因此企業實行議題行銷的持續度值得深入探討，此為本研究的動機之二。

許多消費者對企業結合愛心的行銷手法，往往抱持懷疑或不信任的態度 (黃俊閎，1995)，因此企業在推行議題行銷時，若能同時消除消費者對企業所承諾的事項是否確實履行之疑慮，掃除消費者因此而產生的負面觀感，進而獲得消費者的信任，對企業藉實行議題行銷創造品牌權益，應可提供有價值的建議，此為本研究的動機之三。

基於上述研究背景與動機，本研究的目的在於：(1)比較企業選擇不同程度的社會顯著性議題，對提升品牌權益效果的差異。(2)研究企業實行議題行銷時，不同程度的持續度，對提升品牌權益效果的差異。(3)比較議題之社會顯著性與活動之持續度的不同組合，對提升品牌權益效果的差異。(4)探討企業實行議題行銷時，有無執行保證，對提升品牌權益效果的差異。(5)研究議題之社會顯著性與有無執行保證的不同組合，對提升品牌權益效果的差異。

貳．文獻探討

一、議題行銷

早期有關議題行銷的定義比較狹隘，例如 Caesar (1986) 認為議題行銷係指直接將企業的服務或產品與特定的慈善團體相連結，當消費者每一次使用公司的服務或購買產品時，企業將會將收入中的某一部份贈與慈善團體。Varadarajan (1986) 認為議題行銷是一種水平式的合作促銷，結合產品品牌與慈善組織所進行的促銷活動。Varadarajan and Menon (1988) 重新將議題行銷詮釋為形成與應用行銷活動的一種程序，其特色在於公司對某一指定的議題捐出特定比例的金額，顧客參與此項交易會給企業帶來利益，此時可以同時滿足組織與個人所共同關注的目標。經過重新定義的議題行銷，合作對象的涵蓋面更廣泛，不再只侷限於慈善機構，可納入所有類別的非營利組織，也不再限定產品品牌，更可涵蓋多個品牌，甚至包括整個企業。

從企業的立場言，議題行銷並不完全等於以往企業單純的慈善行為，議題行銷的特色在於增加銷售以符合企業最終的目的，將其稱為「企業的策略性公益贊助」或許更適當 (Varadarajan and Menon, 1988; Kelly, 1991; Karnani, 2007)。Schiller (1988) 從企業與非營利組織的角度審視議題行銷，認為議題行銷除了可以讓企業促銷產品之外，還可幫助非營利組織募集資金及提高知名度，是一種雙贏的主張。Oldenburg (1992) 從公共關係觀點論述，認為議題行銷是一種新型態的混合媒介，可以利用公共服務廣告及公共關係，將企業與優良的公益活動相結合。

1996 年以後，許多學者開始以更廣義的角度看待及解釋議題行銷，而不再單純將議題行銷侷限在企業短期增加銷售必須與非營利募款同時存在。雖然對議題行銷的解釋有所不同，但是其精髓卻沒有差異。Joseph and Gina (1997) 指出議題行銷是企業爲了財務上的理由，與慈善組織協調合作的一種促銷方式。 Pringle and Thompson (1999) 也認爲議題行銷爲企業或品牌爲了本身利益，結合相關社會議題的一種行銷活動，應視爲一種策略定位或行銷工具。

Plinio (1986) 從企業贊助的形式將企業贊助方式區分爲金錢、產品或資產捐贈、使用企業設備和服務、低利貸款、企業運作的行政成本、人力支援。Andreasen (1996) 以企業與非營利組織的不同合作方式，將議題行銷區分爲以交易爲基礎的推廣活動、聯合議題推廣、授權等三種型態。Kotler (1998) 將議題行銷分爲企業主題推廣、聯合主題推廣、與銷售相關之募款活動、授權等四種類型。

二、議題行銷的社會顯著性

Cobb and Elder (1972) 指出社會顯著性係指議題對一般公眾的重要程度，或當前爭議的特有性。Wasieleski (2001) 認爲社會顯著性是指被議題所影響的人數，越具有影響潛力的議題越具有社會顯著性。Salmon, Post and Christensen (2003) 也認爲社會顯著性就是藉由議題所影響到社會大眾人數的多寡。受到社會大眾重視的社會議題，會影響企業對公益活動贊助類型之選擇，因此企業在選擇議題及參與議題行銷活動都非常審慎。Nichols (1990) 表示成功的議題行銷有賴於選擇支持熱門的議題，Webb (1999) 的研究證實個人與議題的關連程度，是影響消費者對議題行銷活動反應的最重要決定因素。由此可知，公眾認爲議題的重要性會影響議題行銷的成果。

議題行銷的主要構成要素包含企業本身、所合作的非營利組織與消費者 (顏龍蒂，1999；黃俊閎，1995)，因此企業實行議題行銷活動所選定的議題類型，比較接近非營利組織所推行的活動。Cobb and Elder (1983) 認爲具有明顯度、社會顯著性、時間關聯性、複雜性、例類型等五種特質的議題，會影響議題擴展的可能性。顏龍蒂 (1999) 綜合國內外學者，以及政府對非營利組織與所執行之議題所做的分類方式，將非營利組織區分爲八種類型，分別爲體育活動、慈善救濟、社會福利、學術研究、環境保護、文化藝術、社區服務、醫療保健。

三、議題行銷的活動持續度

Varadarajan and Menon (1988) 列舉企業執行議題行銷在管理上應考慮的構面中，活動的時間架構係指企業執行議題行銷活動計劃的時間長短，以議題行銷做爲行銷工具可分爲策略性工具、準策略性工具或戰術性工具等三種類型。對計劃的長期承諾爲企業是否將議題行銷做爲策略性工具的指標之一，將議題行銷做爲戰術性工具運用，則是企業藉助議題行銷搭配折價券以增強其促銷效果的重要手段 (Varadarajan and Menon, 1988)。由此可知，議題行銷活動期間長、短的計劃具有不同性質。Barnes and Fitzgibbons (1991) 以期間長短將議題行銷活動型態區分爲，一次活動與持續活動兩種類型，前者是指在一有限期間內所實行的議題行銷活動，後者則指企業與非營利組織建立長期合作關係，活動期間無預設終止日期，並且是企業延續不斷的一種活動。

四、議題行銷的執行保證

消費者對企業參與議題行銷活動的疑慮之一，主要來自此類活動的基本想法往往是爲達到銷售目標的一種行銷策略，而非慈善的捐款 (Williams, 1986)。Varadarajan and Menon (1988) 在論述議題行銷到底是被視爲與議題相關或議題圖利時指出，組織在決定介於議題行銷與議題圖利的邊緣時，公開是議題行銷道德性非常重要的決定因素。Cadbury (1987) 亦認爲企業決策應樹立監督機制，而且公開是消除外部對公司動機及行動疑慮的最佳方法。Varadarajan and Menon (1988) 則以 Scott 紙業公司的議題行銷爲例，說明樹立監督機制的方法，Scott 公司實行議題行銷的助人行爲產品線，所有財務交易皆由一家頂尖的美國會計師公司審查。許多企業對於議題行銷的實行，常常以社會公認具有公信力之第三者所做的監督，以取得消費者對其活動之信任。黃俊閎 (1995) 的研究指出，企業實行議題行銷招致批評或質疑的理由之一，即是參與者對企業募款的管理、支應方式和公信力的不信任。

五、品牌權益

品牌權益 (Brand Equity) 是產品與服務所附加的價值，通常反映在消費者對品牌的想法、感覺及行動上，同時也反映出價格、市場佔有率、獲利率及品牌的價值 (Kotler and Keller, 2009)。品牌權益是指公司和品牌名稱的價值，公司與品牌名稱在顧客間擁有高知名度、高認知品質與高度品牌忠誠，則該品牌即擁有高品牌權益 (林建煌，2008)。Keller (2003) 指出品牌權益來自消費者對品牌反應的差異性，這些差異是消費者對品牌知識反應的結果，以及消費者對品牌行銷整體的知覺、偏好與行為。

Keller (1993) 認為以顧客為基礎的品牌權益，是指消費者面對名牌行銷差異化效果之反應所產生的品牌知識。當消費者對一個品牌感到熟悉，且在記憶中對該品牌抱持喜愛、強烈、獨特的品牌聯想時，顧客基礎的品牌權益隨即產生。而品牌知識 (Brand Knowledge) 是由品牌知名度與品牌形象所形成的聯想網絡記憶模式。Keller (1993) 提出兩種衡量品牌權益的方法，分別為直接法與間接法，直接法係以直接的方法來衡量公司採用不同行銷計劃的要素，造成消費者對品牌知識回應上的影響；間接法則是透過測量品牌知識，間接計算以顧客為基礎之品牌權益的潛在來源。陳振燧與洪順慶 (1999) 遵循一般行銷量表發展典範，從顧客基礎面發展出一套品牌權益量表，把品牌權益區分為功能性屬性與非功能性屬性，該量表的品牌權益構面則包含知覺品質、功能特徵、象徵聯想、情感反應聯想及創新性聯想。

參・研究方法

一、觀念性架構

許多研究都發現個人與議題的關聯程度，會影響議題行銷的成功 (Nichols, 1990；Webb, 1999)。公司是否僅藉由議題銷售產品或真誠關心議題，容易使消費者產生到底是議題行銷或議題圖利之疑慮 (Barone, Miyazaki and Taylor, 2000)。無論是大企業或小公司，為了建構持久性競爭優勢，都致力於提升品牌權益，而提升品牌權益的途徑很多，許多公司除了在產品品質與服務水準等方面下功夫之外，同時也熱衷於執行社會公益的議題行銷，希望藉助議題的社會顯著性彰顯議題的重要價值，透過活動持續度表達公司對議題的關心與決心，經由會計師或律師見證的執行保證，以昭公信，引起共鳴。例如中國信託集團所舉辦的點燃生命之火「愛心募款活動」，TVBS 關懷台灣文教基金會所發起的「幫偏遠學童募款」、「義賣水晶助偏遠學童」等公益活動，讓偏遠地區貧困小朋友能快樂求學，都是膾炙人口的議題行銷活動。由此也可以窺見議題的社會顯著性高低、活動持續度高低、有無執行保證的重要性及其在人們心目中的價值。

本研究參考 Cobb and Elder (1972) 對社會顯著性之定義，在前測中選出受訪者關心程度最高與最低的議題類型，代表社會顯著性高、低的議題類型，同時參考 Varadarajan and Menon (1988) 對議題行銷活動時間長短的觀點，以及參考 Barnes and Fitzgibbons (1991) 對議題行銷活動之分類來定義活動持續度，並將持續度依活動是否具有效期，區分爲高、低二種類型。至於執行保證則參考 Varadarajan and Menon (1988) 與黃俊閎 (1995) 對議題行銷應予公開之論點，以議題行銷活動是否採行執行保證區分爲有、無執行保證二種類型，以探討議題行銷中，企業的品牌是否可藉由選擇社會顯著性高的議題，對議題的長期承諾，以及提供公示公信的方式而獲得助益。

參考上述文獻發展出本研究的觀念性架構如圖一所示。

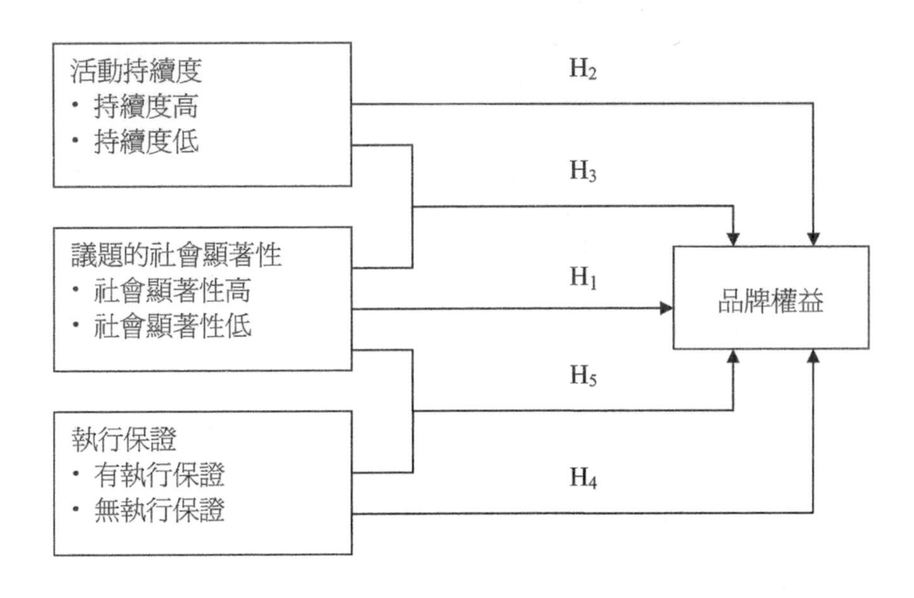

圖一　觀念性架構

二、研究假說

議題對消費者的重要程度會影響消費者對議題的支持，因此許多企業都樂於結合社會顯著性高的議題，以進行議題行銷活動的被接受度 (Nichols, 1990)。Yechiam, Barron, Erev and Erez (2003) 認爲企業藉由對社會可接受的議題捐款或受歡迎的活動，可間接提高消費者的態度。Faircloth, Capella and Alford (2001) 的研究發現，消費者對品牌的態度會影響該品牌的形象，而品牌形象會影響品牌權益。Varadarajan and Menon (1988) 認爲企業透過執行議題行銷可以提高公司形象、增進品牌知名度、提升品牌形象。由此可知，高社會顯著性的議題比低社會顯著性的議題更容易激起消費者對活動喜愛的態度，並間接轉嫁到與活動結合的品牌上，使得與議題相結合的品牌在消費者心中獲得更高的評價，進而提升品牌權益。社會顯著性高的議題能見度比較高，容易引起廣大社會大眾的熱烈迴響，對提昇公司的企業形象有莫大的助益，增進公司品牌權益也比較明顯，所以公司在選擇議題時都會傾向於考慮社會顯著性高的議題。參考上述文獻及論述可據以推論出本研究的研究假說如下：

假說 1：企業實行議題行銷時，選擇社會顯著性高的議題，對品牌權益的影響顯著高於社會顯著性低的議題。

Miller (2002) 指出相較於短期關係，長期關係顯示企業對議題做了更多的承諾，更有助於企業建立顧客忠誠度。Polonsky and Speed (2001) 認爲當消費者認爲公司實行議題行銷，是對議題進行圖利而非贊助時，消費者會改變他們對公司的評價。因此，企業就議題投注持續之關注，有助於消費者認同企業支持議題的行爲，減少消費者認爲企業是藉由議題圖利之疑慮，對結合活動之品牌產生更正面的態度，而反應在品牌權益上。議題行銷並非一朝一夕可以竟全功，而是需要持之以恆，才足以發揮成效；品牌權益的建構也不是短期內可以奏效的工作，必須用心投入，一點一滴累積起來的，所以在建構公司品牌權益時，活動持續度高的議題行銷活動，要比持續度低的活動更具有效益。參考上述文獻與論點可據以推導出本研究的研究假說如下：

假說 2：企業實行議題行銷時，活動持續度高的計劃對品牌權益的影響顯著高於活動持續度低的計劃。

消費者視爲重要的議題，容易取得消費者認爲議題是值得幫助的認同，而使社會顯著性高的議題具有較高的議題擴展性 (孫秀蕙，1997)。消費者視社會顯著性低的議題爲不具重要性，因而缺乏關注，使品牌不容易在短期間達到藉由議題提昇品牌權益的目的。企業對議題付出長期承諾，有助於藉由改善消費者認爲企業是藉由議題圖利的疑慮，進而認爲企業 (品牌) 參與活動是出於真正關懷議題的動機，因而改善消費者對企業 (品牌) 的評價。因此社會顯著性高的議題，容易在短期內即引起消費者的注意力，容易迅速將與議題結合的企業 (品牌) 善行轉化爲眾所週知的良好聲譽，取得消費者對企業 (品牌) 參與活動動機的信任，達到迅速提昇品牌權益的目的。所以品牌結合社會顯著性高的議題，雖然也長期間對議題持抱以持續性的關注，卻因爲結合高社會顯著性議題的效果，而對品牌權益之助益有限。參考上述文獻與論點可據以推論出本研究的研究假說如下：

假說 3：企業實行議題行銷時，議題的社會顯著性高、低對品牌權益的影響，在不同活動持續度下有顯著的差異。

Barone, Miyazaki and Taylor (2000) 認爲當消費者認爲參與議題行銷的公司，主要的動機是正面時，相較於消費者認爲公司主要的動機是負面時，消費者更有可能青睞發起活動的企業 (品牌)。消費者知覺到公司參與議題行銷活動動機的努力，會影響消費者對發起活動公司的態度 (Barone, Miyazaki and Taylor, 2000)。Varadarajan and Menon (1988) 指出公開是議題行銷道德性非常重要的決定因素。黃俊閎 (1995) 的研究也發現，超過半數受訪者不相信企業承諾會將消費者消費金額的一定比例做爲捐贈或贊助之用，而不致食言或短報捐助金額數目；受訪者對企業募款的管理、支應方式和公信力等都抱持不信任的態度，他們的懷疑程度足以影響支持議題行銷的程度。因此企業在參與議題行銷活動時，對提供執行保證 (例如邀請會計師、律師、社會公正人士見證) 有助於消除消費者的疑慮，而改用更正面的態度看待企業所參與的活動，此舉除了有助於消費者對參與活動之企業 (品牌) 的態度之外，也有助於提高品牌權益。參考上述文獻可據以推論出本研究的研究假說如下：

假說 4：企業實行議題行銷時，有執行保證的活動對品牌權益的影響，顯著高於無執行保證的活動。

如同活動持續度在消費者知覺企業參與議題行銷所扮演的角色，當企業所選擇的議題之社會顯著性不足時，若能對募款過程所承諾之款項及其流向提出確切的保證，取得消費者的信賴，可以改善消費者對企業實行議題行銷在募款過程中普遍所抱持的疑慮，如此一來可以使消費者感受到企業參與活動的正面動機，改善消費者看待參與活動企業 (品牌) 的態度，對品牌形象有加分效果，進而提高品牌權益。因此品牌結合社會顯著性高的議題，雖然也爲表達公開誠信的態度而提供執行保證，卻因爲結合高社會顯著性議題的效果，對品牌權益之助益有限。因此可據以推導出本研究的研究假說如下：

假說 5：企業實行議題行銷時，議題的社會顯著性高、低對品牌權益的影響，在有無執行保證的活動下有顯著的差異。

三、變數定義與衡量

Cobb and Elder (1972) 及 Wasieleski (2001) 指出議題的社會顯著性是指議題對一般公眾的重要程度。本研究參考他們的看法，將社會顯著性定義爲受訪者對不同議題類型平均關心的程度。本研究在前測中就八類議題決定社會顯著性高、低的議題，並將上述內容設計於問卷平面廣告中，以虛擬情境方式告知本研究操弄此一變數的條件。

Varadarajan and Menon (1988) 認爲活動持續度是指企業執行議題行銷活動時間的長短。本研究參考他們的觀點將活動持續度定義爲，在正式問卷中告知受訪者，本研究受訪品牌執行議題行銷活動時間的長短。同時也參考 Barnes and Fitzgibbons (1991) 以期間長短對議題行銷的分類方法，著重在議題行銷計劃是否有一定的效期。本研究將此因子區分爲二個水準，其一爲活動持續度高，其二爲活動持續度低，活動持續度高的議題行銷，係指企業與非營利組織建立長期合作關係，活動期間無預設終止日期，爲企業一種延續不斷的活動。持續度低的議題行銷，是指在一有限期間內企業所實行的議題行銷，並將上述內容設計於問卷平面廣告中，以虛擬情境告知本研究操弄此一變數之條件。

執行保證係指公司對有關基金募款與支付的資訊予以公開，並對募款過程中所承諾之款項及其流向提出之確切保證。本研究將執行保證定義爲，告知受訪者受測品牌對有關基金募款與支付的資訊在媒體公開，並對募款過程中所承諾之款項及其流向訴諸會計師見證。本研究將此因子區分爲二個水準，其一爲有執行保證，其二爲無執行保證，並將上述內容設計於問卷平面廣告中，以虛擬情境告知本研究操弄此一變數之條件。

Keller (1993) 認爲顧客基礎來源的品牌權益係指，消費者面對名牌行銷差異化效果之反應所產生的品牌知識。本研究將品牌權益定義爲，受訪者對受測品牌有關品牌權益問項知覺品質、功能特徵、情感反應聯想、象徵聯想、創新性聯想及公司社會責任聯想方面的態度。本研究引用陳振燧與洪順慶 (1999) 從顧客基礎面所發展的品牌權益衡量量表，同時加入陳振燧與張允文 (2001) 有關組織聯想所討論的內容，加以修改，用來衡量品牌權益，包含知覺品質、功能特徵、象徵聯想、情感反應聯想、創新性聯想、公司社會責任聯想等六個構面，各題項採用李克特七點尺度量表加以衡量。品牌權益之計算方式則將所有題項評等分數加總，即爲品牌權益之分數，此分數可用來比較品牌權益之高低。

四、實驗設計與變數操弄

本實驗有三個操弄變數，分別爲議題的社會顯著性、活動持續度、執行保證。議題的社會顯著性分爲二個水準，分別爲社會顯著性高與社會顯著性低。活動持續度分爲二個水準，分別爲持續度高與持續度低。執行保證分爲二個水準，分別爲有執行保證與無執行保證，因此本實驗爲 2*2*2 的因子實驗設計，共有八個實驗組。選擇蘋果日報做爲實驗品牌，主要是因爲蘋果日報的發行量大，廣告量多，知名度高，適合做爲本研究的實證品牌。抽樣設計則以大台北地區日間部大學生爲抽樣母體，採用立意抽樣法，以修習過基礎管理課程的三所學校學生爲抽樣對象，以班級爲抽樣單位，每一組分配 40 份樣本，正式問卷發出 320 份。

前測的目的在於自八類議題中選出受訪者關心程度最高及最低的議題，分別代表社會顯著性高低的議題，測試方式是將體育活動類、慈善救濟類、社會福利類、學術研究類、環境保護類、文化藝術類、社區服務類、醫療保健類等八類議題分別以描述句說明，例如在體育活動類的議題中，詢問「我比較關心體育類的活動，如支持棒球運動、籃球運動等，並且認爲此類活動應獲得民間企業的支持」。並以李克特七點量表衡量之。前測受訪對象爲大台北地區日間部大學生，發出 70 份問卷，回收 68 份，全數皆爲有效樣本。前測所蒐集的資料進行單一樣本 t 檢定，檢定結果顯示慈善救濟類活動之平均數 5.94 爲最高，學術研究類活動之平均數 5.01 爲最低，兩者在 95%的信賴水準下具有統計顯著性，因此本研究將議題行銷社會顯著性高的議題設定爲企業結合慈善救濟類議題所推行之活動，將議題行銷社會顯著性低的議題設定爲企業結合學術研究類議題所推行之活動。

爲確認受訪者個人對議題顯著性類型確實存有差異，將前測資料進一步做成對樣本 t 檢定，結果顯示慈善救濟類活動對學術研究類活動的平均數爲 0.93，t 值達到 6.114，顯示受訪者對慈善救濟類活動比學術研究類活動有較高的關心度，其 95%的信賴區間亦顯著超過檢定的臨界值，顯示這兩種類型的活動確實有明顯的差異。

至於議題活動之選取，參考喜馬拉雅研究發展基金會網站所公佈的台灣 300 家主要基金會名錄，以基金規模最大的基金會爲選取對象，在慈善救濟類活動中，以慈濟慈善事業基金會做爲與企業推行議題行銷活動合作的非營利組織，在學術研究類活動中，以蔣經國國際學術交流基金會做爲與企業推行議題行銷活動合作的非營利組織。

有關活動持續度的操弄，本研究將持續度高之組別，利用感謝詞在問卷的平面廣告中表達企業將就所選定之議題繼續執行活動，而沒有終止之期限。持續度低之組別也採用感謝詞在問卷的平面廣告中表達，但內容則更改爲活動期間爲一個星期，目的在提示此爲一項短期之活動。並在前測中進行測試，受訪者均可明顯的辨別活動持續度高低。

至於執行保證之操弄方式，有執行保證之組別，在問卷的平面廣告中以粗黑字體附加底線，標明「本活動所承諾之款項收支均由勤業眾信聯合會計師事務所王艾維會計師見證，並定期於各大媒體刊載活動進程，以昭公信」。無執行保證之組別則於平面廣告中無上述之設計。並在前測中進行測試，受訪者均可明顯的辨別有無執行保證。

五、問卷設計與前測

本研究問卷設計分爲問卷填答與平面廣告說明兩部分。平面廣告含有蘋果日報的宣傳，附上蘋果日報的圖片，並說明參與議題行銷的活動及附上感謝詞。有執行保證之組別，另在平面廣告下方標明有會計師見證，無執行保證之組別則無此項設計。

問卷填答包含品牌權益的衡量問項 21 題，受訪者個人基本資料 4 題。品牌權益各構面與問項的設計，主要參考陳振燧與洪順慶 (1999) 的量表，以及陳振燧與張允文 (2001) 的觀點，加以修改而成，採用李克特七點尺度衡量之。

品牌權益各構面與問項分別爲，(1)知覺品質：報載內容的可靠性、整體閱報感覺、安全的、報載內容適宜性。(2)功能特徵：內容實用性、版面設計、資訊傳達功能與信譽。(3)情感反應聯想：有趣、溫馨、舒服、歡樂、表現自我。(4)象徵聯想：自由、流行、時髦、帥氣。(5)創新性聯想：創新的、創意的。(6)公司社會責任聯想：善盡社會責任、支持公益活動。個人基本資料包含性別、年齡、年級及所屬科系。

前測的目的是在測試問卷中有關品牌權益各構面問項搭配受測品牌後的信度，以確認品牌權益量表用於評價品牌權益各構面，及部分問項經修改後的一致性，做爲修改正式問卷之依據。前測試問卷的設計包含問卷填答與平面廣告說明，平面廣告說明中僅含有蘋果日報的圖片，內容與擬用於實驗組的問卷設計相同，但沒有附上擬於實驗組中受測品牌參與議題行銷之說明與感謝詞，也沒有在問卷下方標明有會計師見證字樣之設計，問卷填答包括品牌權益的 21 題衡量問項及個人基本資料 4 題問項，內容與擬於實驗組問卷相同。

前測受訪對象為大台北地區日間部大學生，發出 40 份樣本，回收 39 份，扣除無效樣本 1 份，有效樣本 38 份。前測所蒐集的資料，經信度檢視結果，六個構面 Cronbach' α 值分別為知覺品質 0.8122，功能特徵 0.7993，情感反應聯想 0.8531，象徵聯想 0.7430，創新性聯想 0.8414，公司社會責任聯想 0.7917。

知覺品質問卷刪除問項 2 有關「安全的」敘述，可提高 Cronbach' α 值至 0.8244，問項 2 分項對總項的相關係數為 0.4930，但考慮問項 2 分項對總項的相關係數已接近 0.5，且對知覺品質 Cronbach' α 值增加有限，因此仍保留該問項。象徵聯想問卷刪除問項 9 有關「自由的」敘述，可提高 Cronbach' α 值至 0.8419，問項 9 分項對總項的相關係數為 0.2550，顯然低於可將此問項保留於變數中之標準，因此將此問項自正式問卷刪除。整體而言，本研究前測所使用問卷的信度均達到一般要求的水準。

六、資料蒐集與分析方法

本研究以大台北地區日間部大學生為抽樣母體，以修習過基礎管理課程的三所學校學生為抽樣對象，以班級為抽樣單位，採用立意抽樣法蒐集初級資料，八個實驗組每一組分配 40 份樣本，共發出問卷 320 份。本研究所收集的資料採用信度分析檢視問卷問項內部一致性的信度值；使用成對樣本 t 檢定檢定兩組平均數差異性；採用變異數分析檢定本研究各項研究假說。

肆・資料分析

一、樣本資料分析

本研究正式問卷發出 320 份，回收 309 份，扣除答題不全的 8 份問卷後，有效樣本為 301 份，有效樣本回收率為 94.06%。

回收問卷中，受訪者男女比例分別為 45.63%與 54.37%，年齡主要分布在 20 歲 (20.60%)、21 歲 (21.93%) 及 22 歲 (23.26%)。年級分布上三、四年級 (55.15%) 高於一、二年級 (44.85%)。在科系分配上，以企管系的 49.83%為最高，工管系、資管系、會計系三學系合計佔 50.17%。

二、效度與信度分析

本研究所使用問卷內容係參考陳振燧與洪順慶 (1999) 所發展的量表，經由文獻探討後加以修改而成，並經過前測修改後才定稿，應具有相當程度的內容效度。問卷各構面信度經檢視結果，介於 0.6822～0.8686 之間，情感反應聯想構面 Cronbach's α 值為 0.6822，雖略低於 0.7，但已十分接近可接受之標準，顯示本研究所使用的問卷具有高信度水準。研究變數各構面及題項之 Cronbach's α 值整理如表一所示。

表一　各構面信度檢視結果

衡量構面	題項	Cronbach's α 值 (n＝301)
知覺品質	2、7、8、11	0.7397
功能特徵	1、3、5、13	0.7031
情感反應聯想	4、6、9、10、16	0.6822
象徵聯想	17、18、20	0.8579
創新性聯想	12、15	0.8059
公司社會責任聯想	14、19	0.7516
品牌權益總和信度	1-20	0.8686

三、假說檢定

(一)議題的社會顯著性對品牌權益的影響

在議題的社會顯著性高和低這兩組得到的品牌權益平均數分別為 80.98 和 73.88。議題的社會顯著性對品牌權益的影響，經採用變異數分析檢定結果整理如表二所示。由表中的數據可知，F＝20.39，P＝0.000＜0.01，具有統計顯著性，表示社會顯著性高的議題，對品牌權益的影響顯著高於社會顯著性低的議題，因此假說 1 獲得支持。

表二　議題的社會顯著性對品牌權益影響的變異數分析

	平方和	自由度	平均平方和	F 檢定	P 值
組間	3794.12	1	3794.112	20.39	0.000
組內	55644.77	299	186.103		
總和	59438.89	300			

(二)活動持續度對品牌權益的影響

在議題的活動持續度高和低這兩組得到的品牌權益平均數分別為 79.66 和 75.28。議題行銷活動的持續度對品牌權益的影響，經採用變異數分析結果整理如表三所示。由表中數據可知，F＝7.43，P＝0.007＜0.01，具有統計顯著性，表示企業實行議題行銷時，活動持續度高的計劃對品牌權益的影響，顯著高於活動持續度低的計劃，因此假說 2 獲得支持。

表三　議題行銷的持續度對品牌權益影響的變異數分析

	平方和	自由度	平均平方和	F 檢定	P 值
組間	1440.47	1	1440.47	7.43	0.007
組內	57998.42	299	193.98		
總和	59438.89	300			

(三)社會顯著性與活動持續度的組合對品牌權益的影響

品牌權益在社會顯著性與活動持續度不同組合下的平均數，如表四所示。議題行銷的社會顯著性和活動持續度對品牌權益的影響，經採用二因子變異數分析檢定結果整理如表五所示。由表中的數據可知，交互效果檢定之 F=1.07，P=0.302>0.01，表示社會顯著性和活動持續度並無共同作用而產生交互效果，即社會顯著性高低對品牌權益不因活動持續度而有所差異，因此假說 3 未獲得支持。

表四　品牌權益在社會顯著性與活動持續度不同組合下的平均數

	社會顯著性高	社會顯著性低
活動持續度高	82.43	76.89
活動持續度低	79.57	70.82

表五　社會顯著性與持續度組合對品牌權益影響的變異數分析

變異來源	平方和	自由度	平均平方和	F 檢定	P 值
模式	5475.82	3	1825.27	10.05	0.000
社會顯著性	3835.65	1	3835.65	21.11	0.000
活動持續度	1497.96	1	1497.96	8.24	0.004
交互效果	194.26	1	194.26	1.07	0.302
誤差	53963.07	297	181.69		
校正後的總數	59438.89	300			

(四)議題行銷執行保證對品牌權益的影響

在議題的有、無執行保證這兩組得到的品牌權益平均數分別爲 78.47 和 76.47。變異數分析結果整理如表六所示。由表中數據可知，F＝1.52，P＝0.219＞0.10，不具有統計顯著性，表示廠商實行議題行銷時，有、無執行保證，對品牌權益的影響沒有顯著的差異，因此假說 4 未獲得支持。

表六　議題行銷執行保證對品牌權益影響的變異數分析

	平方和	自由度	平均平方和	F 檢定	P 值
組間	299.93	1	299.93	1.52	0.219
組內	59138.95	299	197.79		
總和	59438.88	300			

(五)社會顯著性與執行保證組合對品牌權益的影響

品牌權益在社會顯著性與執行保證不同組合下的平均數，如表七所示。議題行銷的社會顯著性和執行保證對品牌權益的影響，經採用二因子變異數分析檢定結果整理如表八所示。由表中的數據可知，交互效果檢定之 F=0.07，P=0.794>0.01，表示社會顯著性和執行保證並無共同作用而產生交互效果，即社會顯著性高低對品牌權益不因執行保證而有所差異，因此假說 5 未獲得支持。

表七　品牌權益在社會顯著性與執行保證不同組合下的平均數

	社會顯著性高	社會顯著性低
有執行保證	81.76	75.08
無執行保證	80.20	72.69

表八　社會顯著性與執行保證組合對品牌權益影響的變異數分析

變異來源	平方和	自由度	平均平方和	F 檢定	P 值
模式	4099.65	3	1366.55	7.334	0.000
社會顯著性	3785.47	1	3785.47	20.316	0.000
執行保證	294.01	1	294.01	1.58	0.210
交互效果	12.71	1	12.708	0.07	0.794
誤差	55339.24	297	186.33		
校正後的總數	59438.89	300			

四、討論

假說 1 檢定結果顯示，企業參與議題行銷活動，選擇社會顯著性高的議題比選擇社會顯著性低的議題，對企業品牌權益有較佳的增強效果。有些研究討論到議題行銷時，大多與企業或產品特性相配適爲出發點 (顏龍蒂，1999；江雨潔，2002)。諸如味全公司選擇環保概念的「救地球」議題，TVBS 選擇關懷偏遠地區「兒童教育」議題，Nike 運動鞋選擇體育類活動。品牌形象包含品牌聯想的強度，因此符合品牌形象的活動誠然無害於品牌權益，然而消費者通常都喜歡選用評價較高品牌的產品，但是對與品牌相配適的活動往往抱著低度關心。企業在建立品牌權益或轉換品牌形象時，結合目標消費者所關心的活動，更有助於吸引較多消費者的注意，進而改善品牌形象，因此透過結合議題行銷活動的品牌，在選擇活動議題時，應思索目標消費者是否關心公司所選擇搭配的議題，或是應尋求目標消費者所關心的議題。畢竟議題行銷是結合產品銷售與消費者對議題之興趣與贊助的一種活動，選對議題更有助於運用議題行銷提高品牌權益。

假說 2 檢定結果顯示，企業實行議題行銷時，採行持續度較高的活動對企業品牌權益具有較佳的增強效果。議題行銷對許多品牌而言已是行之有年的活動，其中有許多品牌以類似認養議題的方式，長期參與活動而獲得消費者的信任，這些企業視議題行銷爲贊助議題的好機會，容易被認爲參與活動是出自於真正關心議題，而有助於品牌權益之增進。尤其是議題行銷活動的特質結合銷售及募款活動時，容易使消費者認爲企業參與活動是經由議題圖利或懷疑其贊助議題，而形成負面評價。但經由企業對議題長期參與之宣示與行動，不但可消除消費者之疑慮，另一方面也可將消費者對議題之關心轉化爲對參與活動品牌之喜愛，進而對於其品牌權益有所助益。

假說 3 檢定結果沒有獲得支持。此一結果反應出消費者在企業結合社會顯著性高的議題時，因爲認同此議題應獲得贊助，所以容易信任參與活動的品牌，將贊助議題之喜愛轉嫁於對參與活動品牌之評價，因而在企業長期參與的宣示下，不容易在短時間內消除消費者對議題的懷疑，對品牌權益的增進也就幫助不大了。但選擇社會顯著性低的議題時，因消費者並不視此議題應獲得積極參與，或不支持對議題的贊助，因而不容易信任參與活動的品牌，但藉由長期參與活動之宣示，表達企業的真誠態度，而影響消費者對其品牌之評價，有助於增進品牌權益。

假說 4 檢定結果沒有獲得支持。這也許是消費者對一般活動委託專業人士進行監督或公佈相關活動重要訊息的方式，不認爲具有公信力，使得消費者對企業是否實踐其主張仍然抱持懷疑的態度。若企業能發展出更具公開化的方式，或由更具公信力之團體監督活動之進行，例如活動之初便將產品銷售收入交付信託，或許可以消除消費者的疑慮。也有可能是消費者實際上並不認爲提供活動監督在議題行銷活動中扮演重要角色，意即在改善消費者疑慮，使消費者信賴企業參與活動動機方面，消費者也許更注重企業對議題的持續關注，而不認爲提供對活動的公信力就能表達企業真誠關心議題，此時消費者也許不將企業在活動中所表達的公信力轉化爲對品牌的良好評價，畢竟當消費者感覺到企業執行議題行銷的目的是在促銷產品時，縱使消費者相信企業所提供具有公信力的訊息，以及對活動之監督，仍難以消除消費者對企業藉由議題圖利之疑慮，以致令企業無法因此作爲而達到改善消費者對其品牌權益之評價。

假說 5 檢定結果沒有獲得支持。此結論顯示企業選擇社會顯著性低的議題，結合有執行保證的活動對品牌權益之評價顯著高於搭配無執行保證的計畫。本研究發現執行保證很難使消費者對品牌權益產生正面的評價，因此社會顯著性低的議題結合有執行保證的活動對品牌權益的影響更顯著。

伍．結論與建議

一、研究結論

本研究經實證結果獲得下列重要結論：(1)企業選擇社會顯著性高的議題對品牌權益的影響顯著高於社會顯著性低的議題。(2)議題行銷活動持續度高對品牌權益的影響顯著高於持續度低的活動。(3)企業實行議題行銷時，議題的社會顯著性高、低對品牌權益的影響，在不同活動持續度下有顯著的差異，沒有獲得支持。(4)企業實行議題行銷時，有執行保證的活動對品牌權益的影響，顯著高於無執行保證的活動，沒有獲得支持。(5)企業實行議題行銷時，議題的社會顯著性高、低對品牌權益的影響，在有無執行保證的活動下有顯著的差異，沒有獲得支持。

二、管理意涵

(一)議題選擇決策的策略焦點

以顧客爲基礎的品牌權益具有三項要素：差異化效果、品牌知識與消費

者對行銷的反應 (Keller, 1993)。當企業運用議題行銷提高品牌權益時，選擇與企業既有品牌形象相配適的議題，可強化消費者心中對與品牌聯想的節點。以目標消費者所關心的議題爲出發點，是強化消費者心中節點最好的方法，也是發掘及建立消費者心中正面新節點的有效途徑。當企業運用議題行銷增強品牌權益時，目的如果是在強化既有品牌形象，理應符合與企業相配適的議題，如果企業運用此類活動的目的是爲了增進消費者心中正面節點時，例如改善或轉換品牌形象，則以目標消費者所關心之議題爲基礎，有助於企業達成此一目的，同時也有助於擴大企業決策範圍與產生創意。

選擇與企業既有品牌形象相配適的議題，可能發生的盲點在於與企業既有品牌形象相配適的議題，或許並非消費者所關心的議題，例如消費者可能對 Nike 運動鞋具有高度評價，喜歡穿 Nike 運動鞋，但卻不一定關心籃球運動。因此，議題選擇若能符合目標消費者之期待，將更有助於激起消費者對產品之需求，進而提高活動成功的機會，有助於運用品牌發揮議題行銷的效果，值得企業做議題選擇決策之參考。

(二)建構長期優勢的重要基礎

議題行銷的基本特質是結合銷售產品與贊助議題，一舉兩得，但也容易使消費者認爲廠商假借議題之名行圖利之實的疑慮，尤其是當消費者感覺到企業參與此類活動的商業行爲太濃厚時，更會產生負面的評價，因此如何消除消費者對活動之疑慮，是議題行銷活動非常重要的一環。本研究發現長期承諾有助於激起消費者對參與活動的廠商或品牌產生正面的評價，因爲短期的議題行銷活動往往被企業定位爲促銷活動，消費者也將短期的議題行銷活動視爲商業行爲濃厚的一種交易，容易使消費者對參與活動的廠商或品牌產生不良的評價，所以企業在實行議題行銷的目的若爲了增進品牌權益，就必須有長期支持所選擇議題的決心。

本研究發現社會顯著性高的議題，無論是搭配持續度高或低的活動，對品牌權益之影響並沒有顯著差異；社會顯著性低的議題，搭配持續度高的活動比搭配持續度低的活動，更有助於提高消費者對品牌權益的正面評價。也就是說長期性的議題行銷活動，有助於強化社會顯著性低的議題，激起消費者對品牌權益的評價。根據本研究此一發現，企業對議題行銷活動若抱持特殊理念或其他考慮因素，而選擇社會顯著性低的議題時，將活動做長期性的規劃或長期性承諾，是提高消費者對品牌評價的重要手段。

對於關心社會顯著性低之議題的非營利組織而言，說服企業長期支持其經營議題，也可以達到既有助於企業又有利於議題的雙贏局面。企業不能因爲結合社會顯著性高的議題，就認爲無須對議題付出長期的關懷，因爲短期的議題行銷往往被企業定位爲促銷活動，若企業皆以短期性贊助議題搭配銷售活動，消費者會因爲看穿企業的技倆或對企業產生誤解，而改變對品牌的評價。

三、研究限制與建議

本研究所使用的方法與研究設計雖盡力做到理性與嚴謹，實證結果也獲得重要而有價值的發現，但是在執行過程中難免受到一些限制，以致使研究有不夠完美的感覺。本研究在研究過程中受到以下的限制，根據這些研究限制提出對後續研究的建議。

1. **外部效度的限制**：本研究僅以報業中的蘋果日報爲研究對象，所獲得的結論恐無法擴充、延伸到相同產業的其他品牌或不同產業的品牌。建議後續研究可增加其他公司或其他產業的品牌進行廣泛探討。

2. **樣本對象的限制**：本研究之實驗樣本係以北部地區大學生爲研究對象，同時也忽略人口統計變數的影響，恐無法完整反應整體消費者的行爲。建議後續研究可擴大抽樣範圍，並納入人口統計變數做更深入的研究。

3. **問卷設計的限制**：本研究在平面廣告設計上雖力求真實，但實際上仍僅止於虛擬的情境，無法完全確保受訪者對廣告內容的接受度。建議後續研究可以採用真實的情境，提高受訪者對廣告的接受度。

4. **研究範圍的限制**：本研究僅以交易爲基礎的議題行銷活動爲研究標的，但議題行銷的範圍相當廣泛，僅以其中一類做研究恐無法涵蓋所有議題行銷。建議後續研究可針對其他類型的議題行銷進行分析與比較。

5. **變數類型的限制**：活動持續度的型態並非僅有高、低兩種類型，本研究僅將活動持續度簡化爲高、低兩種，恐有不夠周延的缺失。建議後續研究可加入或改變其他類型的持續度，做深入的探討與比較。

6. **變數操弄的限制**：本研究實證結果假說 4 與假說 5-1 及 5-2 未獲資料支持，可能是研究變數「執行保證」的操弄不夠明顯，以致受訪學生的反應不夠差異化。

根據本研究的發現及其管理意涵，提出下列建議供管理者參考。

1. **選擇社會顯著性高的議題**：企業在選擇議題及搭配相關行銷活動，增進品牌權益時，選擇社會顯著性高的議題對增進品牌權益有較好的效果。若企業運用議題行銷的目的是要改善或轉換品牌形象，則考慮社會顯著性高的議題，更有助於企業達成預定目的。

2.要有超越長期承諾的決心：企業在推行議題行銷活動以增進品牌權益時，考慮長期性計劃，做長期性承諾，對增進品牌權益有較好的效果。企業基於特殊理念或其他因素而必須結合社會顯著性較低的議題時，更應將長期的活動視爲增進品牌權益的重要方法。

參考文獻

江雨潔，「善因行銷對品牌權益及非營利組織形象影響之研究」，臺灣大學國際企業學研究所碩士論文，2002 年。

林建煌，「行銷管理」，第四版，華泰文化事業有限公司，2008 年。

洪順慶，「品牌—行銷之根，品牌管理」，天下文化哈佛商業評論精選 11，2001 年。

孫秀蕙，「公共關係—理論、策略與研究實例」，台北：正中書局，1997 年。

陳振燧、洪順慶，「消費品品牌權益衡量量表之建構—顧客基礎觀點」，*中山管理評論*，1999 年，第 7 卷，第 4 期，頁 1175-1199。

陳振燧、張允文，「品牌聯想策略對品牌權益影響之研究」，*管理學報*，2001 年，第 18 卷，第 1 期，頁 75-98。

黃俊閎，「企業施行 Cause-related Marketing 的消費者反應」，國立交通大學管理科學研究所碩士論文，1995 年。

顏龍蒂，「議題相關行銷對品牌權益影響之研究」，國立政治大學企業管理研究所碩士論文，1999 年。

Andreasen, A. R., "Profit for Nonprofits: Find a Corporate Partner", *Harvard Business Review*, 1996, Nov-Dec, pp.47-62.

Barnes, Nora Ganim and Fitzgibbons, Debra A., "Business-Charity Links: Is Cause Related Marketing in Your Future？", *Business Forum*, 1991, Fall, pp.20-23.

Barone, Michael J., Miyazaki, Anthony D. and Taylor, Kimberly A., "The Influence of Cause-related Marketing on Consumer Choice: Does One Good Turn Deserve Another？" *Journal of the Academy of Marketing Science*, Vol. 28(2): 2000, pp.248-262.

Cadbury, Sir Adrian, "Ethical Managers Make Their Own Rules", Harvard Business Review, 65, 1987, September/October, pp.69-73.

Caesar, Patricia, "Cause-related Marketing: The New Face of Corporate Philanthropy", *Business & Society Review*, 59, 1986, pp.15-19.

Cobb, R. W., and Elder, C. D., "Participation in American Politics: The Dynamics of Agenda-Building", Boston: Allyn and Bacon Inc. Press, 1972.

Cobb, R. W. and Elder, C. D., "The Political Uses of Symbols", *International Social Movement Research*, 1,1983, pp.219-244

Faircloth, James B., Capella, Louis M. and Alford, Bruce L., "The Effect of Brand Attitude and Brand Image on Brand Equity", *Journal of Marketing Theory and Practice*, Vol. 9(3), 2001(Summer), pp.61-75.

Gurin, M.G., "Cause-related Marketing in Question", *Advertising Age*, 27, 1987(July), pp.S-16.

Joseph, P. and Gina, S., "Enlightened Self-interest: Selling Business on the Benefits of Cause-related Marketing", *Nonprofit World*, Vol.15(4), 1997, pp.9-13.

Karnani, Aneel. G., Doing Well by Doing Good - Case Study: "Fair & Lovely", Whitening Cream. Rose School of Business Working Paper. 2007.

Keller, Kevin Lane, "Conceptualizing, Measuring, and Managing Customer-Based Brand Equity", *Journal of Marketing*, 57, 1993(Jan), pp.1-22.

Keller, Kevin Lane, "Strategic Brand Management: Building, Measuring, and Managing Brand Equity", 2nd Ed., NJ: Prentice Hall. 2003.

Kelly, B., "Cause-related Marketing: Doing Well While Doing Good", *Sale & Marketing Management*, Vol.143(3), 1991, pp.60-65

Kotler, P., "Strategic Marketing for Nonprofit Organization", 5th Ed. NJ: Prentice Hall. 1998.

Kotler, P. and Keller, Kevin L., "Marketing Management", 13th Ed., NJ: Prentice Hall. 2009.

Miller, Beth Amknecht, "Social Initiatives Can Boost Loyalty", *Marketing News*, Vol. 36(21): 2002, pp.14-15.

Nichols, Don, "Promotion the Cause", *Incentive*, Vol. 164(8), 1990, pp.28-31.

Olderburg, D., "Big Companies Plug Big Causes for Big Gains", Business & Society Review, 83, 1992, pp.22-23.

Plinio, A. J., "Non-Cash Assistance in Corporate Philanthropy", *Fund Raising Management*, Vol. 16(11): 1986, pp.92.

Polonsky, Michael Jay and Speed, Richard, "Linking Sponsorship and Cause Related Marketing: Complementarities and Conflicts", *European Journal of Marketing*, Vol. 35(11/12): 2001, pp.1361-1385.

Pringle, Hamish and Thompson, Marjorie, "Review of Brand Spirit: How Cause-Related Marketing Builds Brands", *Journal of Consumer Marketing*, Vol. 17(5): 1999, pp.461-464.

Pringle, Hamish and Thompson, "Marjorie, Brand Spirit: How Cause Related Marketing Builds Brands", New York: Wiley Press. 1999.

Salmon, C. T., Post, L. A. and Christensen, R. E., Mobilizing Public Will for Social Change. Unpublished Manuscript, Michigan State University. 2003.

Schiller, R., Doing Well by Doing Good, Business Week, 1988(Dec.), pp.53-57.

Varadarajan, P. Rajan, "Horizontal Cooperative Sales Promotion: A Framework for Classification and Additional Perspectives", *Journal of Marketing*, 50, 1986(Appril), pp.61-73.

Varadarajan, P. Rajan and Menon, Anil, "Cause-Related Marketing: A Coalignment of Marketing Strategy and Corporate Philanthropy", *Journal of Marketing*, 52, 1988(July), pp.58-74.

Wasieleski, David, "Agenda-Building Theory: A Stakeholder Salience Approach for Determining Agenda Placement", *Journal of Behavioral and Applied Management*, Vol. 2(2), 2001, pp.113-130.

Webb, Deborah J., Consumer Attributions Regarding Cause-Related Marketing Offers and Their Impact on Evaluations of the Firm and Purchase Intent: An Experimental Examination, Unpublished Doctoral Dissertation, Georgia State University. 1999.

Williams, Monci Jo, "How to Cash in on Do-Good Pitches", Fortune, June 9, 1986, pp.59-64.

Yechiam, Eldad, Barron, Greg, Erev, Ido and Erez, Miriam, "On the Robustness and the Direction of the Effect of Cause-Related Marketing", *Journal of Consumer Behavior*, Vol. 2(4), 2003, pp.320-332.

Tourism Review

The influence of corporate image, relationship marketing, and trust on purchase intention: the moderating effects of word-of-mouth

Long-Yi Lin
Associate Professor, at the Graduate School of Management Sciences, Aletheia University, Taipei, Taiwan ROC
Ching-Yuh Lu
MBA student, at the Graduate School of Management Sciences, Aletheia University, Taipei, Taiwan ROC

Tourism Review, Vol. 65 No. 3, 2010,

Tourism Review

ISSN 1660-5373

Tourism Review
is indexed and abstracted in:
Associate Programs Source Plus
Cabell's Directory of Publishing Opportunities in Marketing
CIRET
Current Abstracts
Hospitality and Tourism Index
Vocational Studies Complete

Emerald Group Publishing Limited
Howard House, Wagon Lane,
Bingley BD16 1WA, United Kingdom
Tel +44 (0) 1274 777700;
Fax +44 (0) 1274 785201
E-mail emerald@emeraldinsight.com

For more information about Emerald's regional offices please go to http://info.emeraldinsight.com/about/offices.htm

Customer helpdesk:
Tel +44 (0) 1274 785278;
Fax +44 (0) 1274 785201;
E-mail **support@emeraldinsight.com**
Web **www.emeraldinsight.com/customercharter**

Orders, subscription and missing claims enquiries:
E-mail **subscriptions@emeraldinsight.com**
Tel +44 (0) 1274 777700;
Fax +44 (0) 1274 785201

Missing issue claims will be fulfilled if claimed within six months of date of despatch. Maximum of one claim per issue.

Hard copy print backsets, back volumes and back issues of volumes prior to the current and previous year can be ordered from Periodical Service Company.
Tel +1 518 537 4700;
E-mail **psc@periodicals.com**
For further information go to **www.periodicals.com/emerald.html**

Reprints and permission service
For reprint and permission options please see the abstract page of the specific article in question on the Emerald web site (**www.emeraldinsight.com**), and then click on the Reprints and permissions link. Or contact: Copyright Clearance Center- Rightslink
Tel +1 877/622-5543 (toll free) or 978/777-9929
E-mail **customercare@copyright.com**
Web **www.copyright.com**

Emerald is a trading name of Emerald Group Publishing Limited

Printed by Apple Tree Print Services Ltd, Davy Road, Denaby Main, Doncaster DN12 4LQ

Printed on recycled paper

INVESTOR IN PEOPLE

Emerald Group Publishing Limited, Howard House, Environmental Management System has been certified by ISOQAR to ISO14001:2004 standards

Awarded in recognition of Emerald's production department's adherence to quality systems and processes when preparing scholarly journals for print

The influence of corporate image, relationship marketing, and trust on purchase intention: the moderating effects of word-of-mouth

Long-Yi Lin and Ching-Yuh Lu

Long-Yi Lin is an Associate Professor, and Ching-Yuh Lu an MBA student, both at the Graduate School of Management Sciences, Aletheia University, Taipei, Taiwan ROC.

Abstract

Purpose – *The main purpose of this study is to investigate the influence of corporate image and relationship marketing on trust, the impact of trust on consumer purchase intention, and the moderating effects of word-of-mouth between the influence of trust on consumer purchase intention.*

Design/methodology/approach – *Consumers of an online travel agency in Taiwan aged over 18 were taken as the research sample. Primary data were collected through convenience sampling. Regression analysis was used to test the hypotheses.*

Findings – *The main findings are: corporate image has a significantly positive influence on trust, and commodity image has the most significant influence on trust, followed by functional image and institution image; structural and financial relationship marketing has significantly positive influence on trust, and structural relationship marketing has greater influence on trust compared with financial relationship marketing; trust has a significantly positive influence on consumer purchase intention; and positive word-of-mouth has a moderating effect between the influences of trust on consumer purchase intention.*

Research limitations/implications – *Limitations of this study include: the data obtained in this study only reflected the correlations and cause and effect among the variables studied during a specific period of time; this paper only focused on tour agencies; consumers who used only the most popular online tour agencies were selected. Therefore, the samples might involve some bias. The implications of this study include: different types of corporate image will have different levels of influence on consumer trust. There is a need to support the previous study that relationship marketing has a significantly positive influence on consumer trust. The moderating effects of positive word-of-mouth between the influences of trust on consumer purchase intention must be examined. The influence of trust on purchase intention must be considered.*

Practical implications – *The study findings reveal the need and importance for a company to improve corporate image continuously. The study indicates the need to emphasize the use of critical relationship marketing and to realize the nature and importance of the moderating effect of word-of-mouth.*

Originality/value – *The value of this study is combined theory and practical and finding four management implications and three practical implications.*

Keywords *Corporate image, Relationship marketing, Trust, Purchasing*

Paper type *Research paper*

1. Introduction

In respect of the tourism industry, Internet marketing has been widely applied, and the competition is getting more and more serious. Thus, it is most important for the internet travel agency to build up a good corporate image and better apply relationship marketing to enhance the trust of customer. As more consumers are relying on word-of-mouth (WOM) to evaluate products, WOM has been playing a persuasive role in influencing consumers' purchase decisions.

Received: 10 December 2009
Revised 28 February 2010
Accepted 10 March 2010

By June 2008, the number of cable broadband network subscribers in Taiwan had reached up to 4.70 million and the penetration rate of internet applications had hit 44 percent[1]. The brisk development of the Internet has brought new changes in the business model and marketing strategies for the tourism industry. As the tourism market flourishes, and the competition among tour agencies becomes keener, the highly efficient online marketing has turned out to be the most widely used marketing tool. While making e-commerce transactions, buyers do not have face-to-face contact with vendors and are not able to take a substantial look at their products. Thus, it becomes more important to establish mutual trust (Turban *et al.*, 2000). When it comes to doing online business, tour agencies have begun to realize the importance of trust as a core issue as e-commerce transactions are characterized by high uncertainty and distrust.

Corporate image helps consumers obtain a better understanding of the products offered by specific corporations and further mitigate their uncertainty while making buying decisions (Robertson and Gatignon, 1986). As a result, establishing the corporate image of a web site dealing with travel transactions becomes even more important. More than three-quarters of online buyers indicate that their buying decisions regarding tour packages depend on the information offered online. Therefore, online tour agencies have to face the influence brought by word-of-mouth among customers. Although word-of-mouth among customer plays an important role in modern business situation. There is a little bit difference in the importance between online and offline consumer. Online customer do not face-to-face with the vendor, word-of-mouth is more important for online consumer than offline consumer.

Previous literature mainly focused on the influences of corporate image on consumers' purchase intentions (Grewal *et al.*, 1998; Solomon, 1999), while few studies have discussed the influence of corporate image on consumers' trust. Geiger and Martin (1999) suggested that the internet plays a decorative and informative role most of the time. Few enterprises use the internet to establish and maintain relationships with customers. Although many scholars had published papers on relationship marketing or corporate image in the past, few explored both at the same time. This is the first motivation of this paper. In recent years, the development of word-of-mouth communication in marketing has mainly been analyzed from the perspective of human contacts (Silverman, 1997; Derbaix and Vanhamme, 2003). Previous literature on word-of-mouth was dedicated to the influences of factors on consumers' adoption of word-of-mouth (Duhan *et al.*, 1997), the influences of other marketing information on consumers (Bickart and Schindler, 2001), and motivations for consumers to carry on word-of-mouth (Hennig-Thurau *et al.*, 2004). These studies were oriented to the broadcasting of messages and the influences on consumer behavior, while few took word-of-mouth as a moderating variable between the influence of trust on consumers' purchase intentions. This is the second motivation for this study.

The purposes of this study are as follows:

- to research and compare the influence levels of different types of corporate image on trust;
- to explore and compare the influence levels of different types of relationship marketing on trust;
- to study the influence of trust on consumer purchase intention; and
- to examine the moderating effects of word-of-mouth between the influence of trust on consumers' purchase intentions.

2. Literature review and hypothesis development

1. The influence of corporate image on trust

Dowling (1986) defined image as specific viewpoints towards a certain matter through description, memory, or other ways of association with such matter. It results from the interactions among people's impression, existing beliefs, thoughts, and feelings on such a thing. MacInnis and Price (1987) pointed out that corporate image results from an evaluation process, which originates from thoughts, feelings, and previous consumption experience in relation to a business entity, turning consumers' memories into spiritual impression (Yuille and Catchpole, 1977). Gray (1986) suggested that corporate image is the combination of consumers' perception and attitude towards a business entity.

Robertson and Gatignon (1986) further proposed that corporate image helps facilitate consumers' knowledge on products or services offered by a certain company and reduces uncertainty while making buying decisions. Consumers are directed to buy commodities from a company with good corporate image to reduce their risks. Nguyen and Leblanc (2001) found that corporate image is associated with a company's constitution and nature of behavior. For example, corporate name, corporate building, and product or service quality may reinforce customers' impression on a company.

Walters and Paul (1970) indicated that corporate image features four aspects: subjectivity, screening, elaboration, and changeability. Walters (1978) suggested that the subjective attitude, feelings, or impression on an enterprise or its activities held by consumers are connected with attitude. He classified the elements of corporate image accordingly and thought that the most important categories for consumers are the following:

- institution image, which refers to consumers' general attitude towards a company offering commodities or services;
- functional image, which refers to the attitude formed based on the functional activities carried out by a profit-making enterprise; and
- commodity image, which refers to the attitude held towards commodities offered by a company.

In the study on the influences of brand strategy and corporate image on consumer purchase intention, Lin and Tseng (2008) adopted the questionnaire developed by Martineau (1958) and a seven-point Likert scale was used to measure corporate image. In the study of the influences of corporate image on customer trust and purchase intention, Chen *et al.* (2007) referred to the three aspects and the statement on corporate image proposed by Walters (1978), namely: institution image; functional image; and commodity image, and developed eight questions for measurement.

They referred to the questionnaire developed by Chen (2003), which surveyed corporate image in the domestic life insurance industry, and used a five-point Likert scale to measure corporate image. This study will use these three dimensions proposed by Walters (1978) for the measurement of corporate image.

Trust is an essential issue in human relationships. Morgan and Hunt (1994) pointed out that trust means someone regards his/her transactional partners as reliable and honest and has confidence in them. Smith and Barclay (1997) suggested that trust is a cognitive expectation or emotional viewpoint. It is also a behavior bearing risks or willingness to be engaged in the above said behavior. If the object trusted is an organization, trust is defined as the customers' dependence on service quality and reliability offered by that organization (Garbarino and Johnson, 1999). Trust is a very important factor in today's business competitive environment. Trust in a business relationship helps reduce business risks (Anderson and Narus, 1990). Smeltzer (1997) pointed out that mutual trust is influenced by psychological identification, image, and reputation perceived between suppliers and buyers. Singh and Sirdeshmukh (2000) considered the definition of trust came before and after transactions. The trust presented before the transactions directly influenced satisfaction after transactions, while the trust shown after transactions directly influenced trust afterwards.

Trust consists of three dimensions: cognition, affection, and behavior (Lewis and Weigert, 1985). It can be regarded as an essential element for a successful business relationship (Garbarino and Johnson, 1999). A trade exchange partner is professional, reliable, honest, and straight, which makes the one who puts trust perceive that the partner is trustworthy (Morgan and Hunt, 1994). Mayer *et al.* (1995) developed a model in which the following points show that a partner is trustworthy:

- ability: the one being trusted has influential knowledge, capability, and skills;
- benevolence: the one being trusted is motivated to do something sincerely beneficial to others rather than to himself or herself; and
- integrity: the one being trusted sticks to some principles acceptable to the one who trusts.

Singh and Sirdeshmukh (2000) thought that two conditions were required to establish consumers' trust:

1. competence: companies achieve their commitments to customers by reliable and honest approaches; and
2. benevolence: enterprises present the possibilities to place customer interests before theirs.

In the study of the influences of service quality on customer trust, Hsu (2003) modified the questionnaires based on those proposed by Crosby *et al.* (1990); Garbarino and Johnson(1999); and Hsieh (2000) for measuring the trust. The questions include "... is trustworthy," "believe ... product quality or service quality," "believe ... places customer interests on top of ...," and "believe ... will realize commitments to customers." A seven-point Likert scale was used to measure customer trust.

Consumers form their corporate image based on the information related to that corporation. The contents received will influence the consumers' general image of that corporation. According to the identity theory, an image can be transformed into trust in others through the mechanism of "self-verification" (Burke and Stets, 1999). Trust is formed based on the judgment on words and deeds performed by the one being trusted. As described in the signal theory, the consumer can correctly distinguish quality differences among products depending on additional product quality signals, for example, corporate image.

Smeltzer (1997) indicated that suppliers and buyers mutually influence each other with regard to trust through psychological identification, image, and feelings about reputation. Selnes (1998) stated that trust is strengthened when a buyer identifies a supplier's ability. Luo (2002) pointed out that consumer trust in a web site can be established through web site reputation. By referring to the discussions made by the above scholars, the first hypothesis of this paper is developed as follows:

H1. Corporate image has a significantly positive influence on trust.

H1-1. Institution image has a significantly positive influence on trust.

H1-2. Functional image has a significantly positive influence on trust.

H1-3. Commodity image has a significantly positive influence on trust.

2. The influence of relationship marketing on trust

The service industry pretty much emphasizes human interactions. Therefore, it is important for the company to develop stable customer relationships. Facing stiff competition, the service company can obtain better competitive advantages by adopting relationship marketing (Day, 2000). Gronroos (1994) thought that companies adopt relationship marketing aimed at establishing, maintaining, and improving customer relationships to achieve related targets. Relationship marketing is attracting, maintaining and enhancing customer relationship (Berry, 2002), it refers to all marketing activities directed at establishing, developing, and maintaining successful relational exchange in ... supplier, lateral, buyer, and integral partnerships (Morgan and Hunt, 1994). Landry (1998) defined relationship marketing as the long-term applications of databank technology by companies to obtain a comprehensive picture of customers and establishment of various patterns of relationships through a variety of communication tools to convey individualized information and services.

Berry and Parasuraman (1991) defined relationship marketing at three levels. The first level financial bond emphasizes on attracting consumers to become constant customers through price strategy. The second level social bond involves customized services. Services at this level are offered to customers via individualized communication approach. The objects targeted at in marketing are first-time customers who will then turn into repeat customers. Companies that realize the importance of relationship start establishing relationships with customers. The third level structural bond involves long-term interactions between companies and customers, which further facilitates the offering of customized and differentiated services and values to customers.

Chen (2003) proposed the differences between relationship marketing and traditional transactional marketing. For example, transactional marketing puts the emphasis on sales only but with less customer service, contact, and commitments. Relationship marketing is customer oriented and pays more attention to customer service, contacts, and commitments. Relationship marketing pursues and establishes a series of relationships within an organization followed by creating values anticipated by customers and constructing relationships with major interested groups.

Pressey and Mathews (2000) used a five-point Likert scale to measure relationship marketing in their study. In the study of the effect of relationship marketing on service business, Sin *et al.* (2002) used a seven-point Likert scale to measure relationship marketing. Hsieh *et al.* (2005) classified relationship marketing bonds into:

1. financial bond, which refers to company offer a price incentive to encourage consumers buy more products;
2. social bond, which refers to company adopt friendship and emotional activities to build long-term relationship with customers; and
3. structural bond, which refers to company connect with customers' operation system and offer value-add service and information.

Hsieh *et al.* (2005) adopted these three dimensions to study on the influences of relationship marketing bonds on the loyalty of online shoppers. They used a seven-point Likert scale to measure relationship marketing. This study will use these three dimensions proposed by Hsieh *et al.* (2005) for the measurement of relationship marketing.

In their work, Leuthesser *et al.* (1995) discovered that more information is processed when there are frequent interactions between suppliers and buyers. Such process helps reduce uncertainty between the two parties. Suppliers explore consumers through interactions and then reflect on consumers' needs in order to enhance further consumers' confidence in them. Garbarino and Johnson (1999) examined that relationship marketing could effectively enhance customers' perception of trust and commitments. Lin *et al.* (2003) found in their research that relationship marketing consisting of financial, social, and structural bonds has a positive impact on trust and commitment when the banking industry intends to establish long-term business relationships with customers. The practice of relationship marketing is able to reinforce customer trust. Based on the literature review listed above, the second hypothesis of this paper is developed as follows:

H2. Relationship marketing has a significantly positive effect on trust.

H2-1. Financial relationship marketing has a significantly positive effect on trust.

H2-2. Social relationship marketing has a significantly positive effect on trust.

H2-3. Structural relationship marketing has a significantly positive effect on trust.

3. The influence of trust on purchase intention

Hsu (1987) pointed out that purchase intention referred to certain exchange behavior created after consumers' general evaluation of a product. It is a perceptual reaction taken towards one's attitude to an object. That is, consumers' purchase intention is formed by their evaluation of products or attitude towards a brand combined with external stimulating factors. Dodds *et al.* (1991) suggested that purchase intention represents the possibility for consumers to buy a product. Engel *et al.* (2001) proposed that purchase intention involves subjective judgment for future behavior. Purchase intention stands for what we would like to buy in the future. According to Shao *et al.* (2004), purchase intention refers to the attempt to buy a product or to visit a store offering services. Based on the above literature, purchase intention covers several essential meanings:

- it refers to the possibility for consumers to be "willing" to consider buying;
- it represents what a person "wants" to buy in the future;
- it reveals the decision of a consumer to "buy" a company's product "again."

Dodds *et al.* (1991) explained that purchase intention is the possibility for consumers to buy products. Questions for the measurements of purchase intention include "considering to buy," "willing to recommend to my friends," and "chance to buy." They adopted a five-point Likert scale to measure consumers' purchase intention. In the study of the influences of price promotion, perceived value, and store image on purchase intention, Lin and Chen (2005) modified the questions by referring to the possibility for consumers to be willing to buy a product proposed by Dodds *et al.* (1991) and the related measurement suggested by Zeithaml (1988). The questions including "I will consider buying . . . " and "I will recommend . . . and am willing to buy . . . " were used for measurement. A seven-point Likert scale was used to measure consumers' purchase intention in this study.

Swan *et al.* (1999) concluded in their study that in related empirical studies, customer trust leads to four results:

1. customers are satisfied with salespersons, enterprises, and transactions;
2. customers hold a positive attitude towards commodities purchased and loyalty and support to an enterprise;
3. customer trust further advances purchase intention; and
4. customers would choose to buy commodities offered by the enterprises they trust.

Grazioli and Jarvenpaa (2000) suggested that trust imposes direct or indirect influences on internet users' purchase intention under an e-commerce environment. Koufaris and Hampton-Sosa (2004) studied the causes and effects influencing customer trust in a web site and found that the interactions between customers and web sites influence customer trust through related web site beliefs. Meanwhile, customer trust further manipulates purchase intention. Based on the above literature, the third hypothesis is developed as follows:

H3: Trust has a significantly positive impact on purchase intention.

4. The moderating effects of word-of-mouth between the influences of trust on purchase intention

Arndt (1967) defined word-of-mouth as the verbal communication behavior related to a certain brand, product, or service among individuals. For those who receive information, those who spread information do not have any commercial intentions. Silverman (2001) defined word-of-mouth as the independent communication regarding products and services between consumers through non-marketing channels in which suppliers are not involved. Word-of-mouth is prompt. Instant questions and replies can be made to provide related and complete reference values (Silverman, 1997).

According to Buttle (1998), word-of-mouth is not necessarily communicated face to face. The contents discussed no longer focuses on brand, product, or service; they also cover organization. Word-of-mouth can be created through encouragement or internet transmission. Gelb and Johnson (1995) suggested that information communication and exchange via the internet could also be classified as one type of word-of-mouth, called online word-of-mouth. Hennig-Thurau *et al.* (2004) pointed out that the creation of the Internet enables customers to collect product information and discussions by surfing web pages. Customers are empowered to share their own experiences, opinions, and related knowledge over a certain topic to create electronic word-of-mouth.

Buttle (1997) pointed out that the effect created by word-of-mouth might be positive or negative. Negative word-of-mouth is regarded as a form of customer complaint (Singh and

Pandya, 1991), while positive word-of-mouth helps companies reduce marketing costs. Sales and profits may be increased, while positive word-of-mouth is successfully attracting new customers. Negative word-of-mouth diminishes reliability presented in the companies' advertisements (Reichheld and Sasser, 1990).

Chueh (2004) developed questionnaires for measurements related to online word-of-mouth in his study of the influences of anonymous online corporate image and relationship quality on online word-of-mouth by referring to Crosby *et al.* (1990) and Hennig-Thurau *et al.* (2002). The questions including "I give positive feedback to ... and I'll tell others," "I give positive feedback to ... and I'll propagate the advantages of ......," and "I give positive feedback to ... and I'll recommend ..." were used to measure positive online word-of-mouth using a seven-point Likert scale. Questions including "I give negative feedback to ... and I'll complain through ....," "I give negative feedback to ... and I'll propagate the disadvantages of ...," and "I give negative feedback to...and I won't recommend..." were used to measure negative online word-of-mouth using a seven-point Likert scale.

Word-of-mouth has a significant impact on each stage during purchase decisions by consumers (Price and Feick, 1984). In his paper regarding consumer behavior and the tourism industry, Moutinho (1987) indicated that buying decisions are particularly dominated by external and other forces. Smith and Vogt (1995) found in their study of word-of-mouth and advertising and the hotel industry that negative word-of-mouth mitigates consumers' trust in advertisements, brand preference, and purchase intention. Many scholars also perceived that negative word-of-mouth brought significant influences on purchase intention, professional services, and commodities related to travel and recreational activities (Smith and Vogt, 1995). Kim and Prabhakar (2000) pointed out that if an individual could obtain recommendations on a web site made by other customers via online word-of-mouth, he or she might transform such trust to be the basis for establishing better initial trust for the online shops covered by that web site. In their study of electronic word-of-mouth, Kjerstin and Shelly (2006) stated that the audience's attitude towards web sites, candidates' attitude, and voting intention are strengthened during perceived interactions.

According to the above literature, the influence of word-of-mouth on purchase attitude may vary during the process of making buying decisions. Word-of-mouth also promotes or reduces purchase intention. Therefore, positive and negative word-of-mouth will increase or decrease consumers' purchase intention. We visited travel agency and some of their customers before setting out the research, we found that word-of-mouth play an important moderating role during making purchase decision. As a result, word-of-mouth has a moderating effect while considering the influence of trust on purchase intention. Based on the above literature, the fourth hypothesis for this paper is developed as follows:

H4. Word-of-mouth has a moderating effect between the influences of trust on consumer purchase intention.

H4-1. Under positive word-of-mouth, the influence of trust on purchase intention will be strengthened.

H4-2. Under negative word-of-mouth, the influence of trust on purchase intention will be weakened.

3. Methodology

1. Conceptual structure

Smeltzer (1997) demonstrated that suppliers and buyers mutually influence each other regarding trust through psychological identification, image, and feelings about reputation. This paper refers to Walters' (1978) classification of the three aspects of corporate image, namely, institution image, functional image, and commodity image to explore the influence of the corporate image on trust. The service industry faces intense competition and values human interactions. It has become a trend for companies to develop and stabilize their relationships effectively with customers through relationship marketing. Lin *et al.* (2003) found that relationship marketing consisting of financial, social, and structural bonds presents positive impact on trust and commitment when the banking industry intends to establish long-term business relationships with customers. This study refers to that of Berry and Parasuraman (1991), which classifies relationship marketing bond into financial, social, and structural bonds to examine the influence of relationship marketing on trust.

In existing studies, trust is a very important factor influencing consumer attitude and behavior. Such influence becomes even more obvious under an uncertain business environment, for example, e-commerce. Schurr and Ozanne (1985) found that trust could influence consumers' attitude and behavior towards suppliers. Trust is a crucial factor in business relationship. Trust arising from business relationship can help minimize business risks (Anderson and Narus, 1990). Therefore, this paper chooses trust as a variable to study how it influences consumer purchase intention.

Moutinho (1987) found that buying decisions is particularly dominated by external and other forces. In recent years, the study of word-of-mouth has become a popular issue relating to consumer behavior. Owing to the different influences of word-of-mouth, purchase behavior may vary. The influence of word-of-mouth on consumer purchase intention can be positive and negative. In today's business environment, word-of-mouth is a very important factor for making final purchase decisions.

In order to know what consumer purchase intention will be influenced when they buy tourism product, we visited travel agency and some of their customers before setting out the research. We found that word-of-mouth often play an important moderating role during making purchase decisions. Therefore, this study chooses word-of-mouth as a moderating variable while considering the influence of trust on purchase intention.

By referring to the above literature and practical interview, this study has developed a conceptual structure as shown in Figure 1.

2. Definition and measurement of variables

In this paper, the measurement of questions designed according to the variables and their operational definitions were modified by referring to some scholars and the practices of tour agencies. A seven-point Likert scale was used to measure respondents' degree of agreement with those questions. The degree ranges from 1, "completely disagree" to 7, "completely agree."

(1) Corporate image. This paper refers to Walters (1978) for the definition of corporate image. According to Walters, corporate image is defined in three aspects:

1. Institution image is defined as such if the corporate identity of tour agencies impresses consumers, tour agencies have higher popularity and enjoy good word-of-mouth, and tour agencies value consumers' interests and consumers' preferences for tour agencies.

Figure 1 Conceptual structure

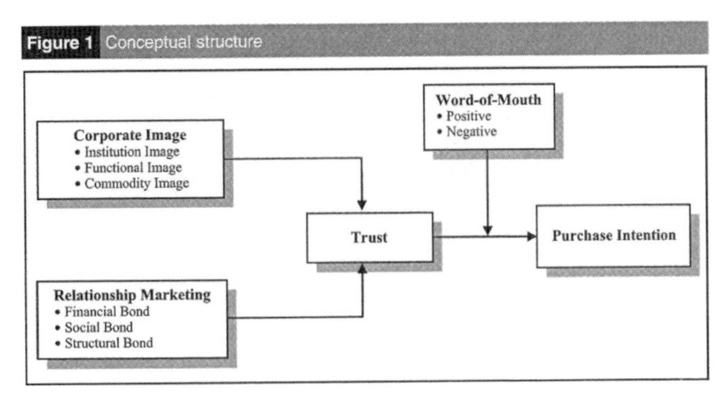

2. Functional image is defined as the attitude preferences shown by consumers on the operational activities presented by tour agencies.
3. Commodity is defined as attitude preferences shown by consumers on the commodities offered by tour agencies.

This paper refers to Walters (1978) and Chen *et al.* (2007) in establishing three aspects, namely, institution image, functional image, and commodity image using ten questions to measure corporate image.

(2) Relationship marketing. This study refers to Berry and Parasuraman (1991) and Gronroos (1994) for the definition of relationship marketing. The details are described as follows:

- Financial relationship marketing is defined as the degree of the relationship with customers established by tour agencies through price strategy.
- Social relationship marketing is defined as the establishment of friendship and affection of human relationship by tour agencies through interactions and communications to enhance long-term relationship with customers.
- Structural relationship marketing is defined as the enhancement of the tour agencies' relationship with customers through value-added services and information.

This paper refers to Berry and Parasuraman (1991), Lin *et al.* (2003), and Hsieh *et al.* (2005) in classifying relationship marketing bond into financial, social, and structural bonds using 12 questions to measure relationship marketing.

(3) Trust. This paper refers to Morgan and Hunt (1994), Mayer *et al.* (1995), as well as Garbarino and Johnson (1999) for the definition of trust. Trust was defined as the relationship between an enterprise and customers shown by customers' trust in the professional ability reflected in the products or services offered by tour agencies. Trust was a representation of the degree of customers' confidence lying in tour agencies' honesty, reliability, integrity, and kindness. Mayer *et al.* (1995) stated that the properties of trust were professional ability, good will, and integrity. This paper refers to Mayer *et al.* (1995) and Singh and Sirdeshmukh (2000) for developing a related questionnaire. After being modified and selected, a total of five questions were used to measure trust.

(4) Word-of-mouth. This paper refers to Buttle (1997) and Singh and Pandya (1991) for the definition of word-of-mouth. Word-of-mouth is defined as the consumers' informal passing of their feedback on a tour agency and the products or services offered by it to other consumers. Positive word-of-mouth occurs when customers hold positive feedback towards products offered by a tour agency to the extent that they will positively and actively propagate their positive feedback towards such tour agency via media. Negative word-of-mouth is what happens when customers hold negative feedback towards products offered by a tour agency to the extent that they will positively and actively propagate their negative feedback towards such tour agency via media. This paper refers to Crosby *et al.* (1990) and Hennig-Thurau *et al.* (2002) for measuring the questions related to online word-of-mouth. The measuring questions concerning positive and negative word-of-mouth were modified, and two aspects with a total of six questions were proposed to measure word-of-mouth.

(5) Purchase intention. This paper refers to Dodds *et al.* (1991) and Zeithaml (1988) for the definition of purchase intention. Purchase intention is defined as the possibility for consumers to buy a product offered by a tour agency, the possibility for consumers to consider buying a product offered by a tour agency, the possibility for consumers to recommend this tour agency and its products to others, and the possibility for consumers to buy such product. This paper refers to Dodds *et al.* (1991) and Zeithaml (1988) for the related measurements. Three measuring questions were developed after modification.

3. Questionnaire design

Questionnaire used in this study was divided into six parts. The first part was designed for the measurement of customers' perception level about the corporate image of travel agencies. Questions developed by Walters and Paul (1970) were referred. Second part was designed to measure consumers' perception level about the relationship marketing of travel agencies. Questions developed by Berry and Parasuraman (1991) and Lin *et al.* (2003) were referred. The third part was designed for the measurement of customers' perception level about the trust of travel agencies. Questions developed by Mayer *et al.* (1995) and Singh and Sirdeshmukh (2000) were referred. The fourth part was designed to measure the customers' perception level about word-of-mouth of travel agencies. Questions developed by Crosby *et al.* (1990) and Hennig-Thurau *et al.* (2002) were referred. The fifth part was designed for the measurement of customers' purchase intention. Questions developed by Zeithaml (1988) and Dodds *et al.* (1991) were referred. The sixth part was consumers' general information.

4. Data collection and analysis methods

This paper covered consumers aged over 18 who use domestic online tour agencies in Taiwan as research objects. The sampling work was made according to the 2008 consumption behavior survey on the tourism industry published by The Association of Online Consumption of ROC. The top eight online tour agencies preferred by consumers were selected as our research objects. Convenience sampling was adopted for conducting the questionnaire survey. Online questionnaire was used to collect the primary data. This study posted online questionnaire on online forums, BBS, and group discussions related to tourism, among others, to promote the survey through such questionnaires and to collect related data.

This study used the statistical package software SPSS version 12.0 as a tool to analyze and compare the collected data. First, descriptive statistics were used to analyze and understand the basic information of the samples and then test their reliability and validity. Furthermore, correlation analysis was used to understand the correlations between variables. Finally, regression analysis was used to test the hypotheses.

To make the questions proposed in the questionnaire representative, a pre-test was conducted before the formal survey to review if there were any semantically unclear words or sentences. A total of 50 questionnaires for the pre-test were distributed to investigate consumers who have online experience in buying tour products. The results obtained from the pre-test showed that the Cronbach's α value in each dimension was greater than 0.70. The reliability of the questionnaire reached 0.958, which indicates high reliability. Such figures indicate that the dimensions of the questionnaires were highly consistent with each other.

4. Results

1. Sample description

A total of 473 persons responded to the online questionnaire. After canceling 15 incomplete questionnaires, 458 effective questionnaires were collected. According to the results of the questionnaire analysis, most of the respondents (76.4 percent) lived in Northern Taiwan. There were more female respondents (63.5 percent) than male respondents (36.5 percent). The respondents' ages were mainly below 30 years old (53.1 percent). Those who were single accounted for 61.8 percent of the total. The respondents mostly had educational background of college/university and graduate school, accounting for 94.1 percent. As to occupation, most respondents were engaged in military service, public affairs, and educational business (31.4 percent). The average number of travel was 2-4 (59.6 percent) per year. Most respondents had an annual average travel expenditure reaching up to NTD 10,001-50,000 (47.6 percent). The online respondents mostly chose Lion Travel (30.3 percent) as their travel agency.

2. Reliability and validity analysis

This study adopted Cronbach's α value as a tool for reliability examination. Based on the suggestion proposed by Guielford (1965), the higher the Cronbach's α value, the higher the internal consistency is. If α value was higher than 0.70, then it showed that the reliability of measurement was high. The examination result of this study showed that whether during pre-test or formal investigation, Cronbach's α value in each variable was higher than 0.7, as shown in Table I, which indicates high reliability.

Validity means that the measuring tool can measure the level of the intended-to-measure object. Content validity and construct validity were used in this paper to examine the validity of the questionnaire. Content validity was performed based on the researcher's professional ability to judge objectively if the selected scale can measure the researcher's intended-to-measure feature correctly. The dimensions and items explored in this study were based on relevant theory from the literature review. This inventory or measuring item has been used by many scholars both locally and globally. In addition, this study conducted a pre-test and made some revisions before setting out the questionnaire. Therefore, the questionnaire used as a measuring tool in this study met the requirement of content validity.

This study applied further confirmatory factor analysis to examine the construct validity of this questionnaire. Chiou (2003) pointed out that when the factor loadings of the measuring questions in a research study are all higher than 0.4, it means the overall questionnaire quality is good and has a better construct validity. In this paper, the factor loading for each question was greater than 0.4, while the eigenvalue for each dimension was above 2. The explanatory variables were over 60 percent, which was greater than 40 percent. Therefore, the questionnaire was designed with excellent structural validity.

3. Correlation analysis

To examine the correlation of each variable, Pearson's correlation coefficient analysis was adopted, the results of which are shown in Table II. According to the figures shown in Table II, the highest correlation between variables was found in corporate image and trust. The correlation coefficient was 0.735 followed by 0.672 presented between relationship marketing and trust. Obviously, the relationship between variables in this study shows a positive correlation.

Table I Results of the reliability analysis

Variables	*Dimensions*	*Questions*	*Cronbach's value* *Dimensions*	*Variables*	*Total questionnaire*
Corporate image	Institution	2-5	0.855	0.928	0.949
	Functional	6-8	0.806		
	Commodity	9-11	0.867		
Relationship marketing	Financial	12-14	0.808	0.906	
	Social	15-18	0.864		
	Structural	19-22	0.869		
	Trust	23-27	0.900		
Word-of-mouth	Positive	28-30	0.880	0.852	
	Negative	31-33	0.756		
Purchase intention		34-36	0.899		

Table II Result of Pearson's correlation analysis

	Corporate image	*Relationship marketing*	*Trust*	*Word-of-mouth*	*Purchase intention*
Corporate image	1				
Relationship marketing	0.529*	1			
Trust	0.735*	0.672*	1		
Word-of-mouth	0.407*	0.223*	0.391*	1	
Purchase intention	0.527*	0.351*	0.507*	0.337*	1

Note: * $p < 0.001$

4. Hypothesis testing

In this paper, regression analysis was adopted to test the hypotheses. The results of the test show that the D-W values for Models 1-4 were 2.138, 2.187, 1.939, and 1.925 respectively, which were within the range of 1.5 and 2.5. This shows that no autocorrelation existed within the 1 percent significance level between the residual items.

(1) The influence of corporate image on trust. The results of the regression analysis for the influence of the corporate image on trust are shown in Table III. The testing results indicate that corporate image could interpret 56.4 percent of variance towards trust, showing that model 1 was equipped with explanatory capacity, where $F = 198.380$, $p = 0.000 < 0.001$, which shows that it reached statistical significance. With the result of $\beta = 0.106$, $t = 2.205$, and $p = 0.028 < 0.05$, the influence of the institution image on trust reached statistical significance, which means that institution image has a significantly positive influence on trust. Thus, *H1-1* was supported.

With the result of $\beta = 0.159$, $t = 2.981$, and $p = 0.003 < 0.01$, the influence of the functional image on trust reached statistical significance, which means that functional image has a significantly positive influence on trust. Thus, *H1-2* was supported. With the result of $\beta = 0.535$, $t = 9.207$, and $p = 0.000 < 0.001$, the influence of commodity image on trust reached statistical significance, which means that commodity image has a significantly positive influence on trust. Thus, *H1-3* was supported. *H1-1*, *H1-2*, and *H1-3* were supported; therefore, *H1* was supported.

Furthermore, we compared the degree of the influence of different types of corporate image on trust. According to β coefficient, we found that commodity image has the most significant influence on trust (0.535), followed by functional image (0.159) and institution image (0.106).

(2) The influence of relationship marketing on trust. The results of the regression analysis for the influence of relationship marketing on trust are shown on Table IV. The testing results revealed that relationship marketing could interpret 49.2 percent of variance towards trust. It represents that model 2 was equipped with explanatory capacity, where $F = 148.775$, $p = 0.000 < 0.001$, which shows that it has reached statistical significance. With the result of $\beta = 0.274$, $t = 6.931$, and $p = 0.000 < 0.001$, the influence of financial relationship marketing on trust reached statistical significance, which represents that the financial relationship marketing has a significantly positive influence on trust. Thus, *H2-1* was supported.

With the result of $\beta = 0.035$, $t = 0.720$, and $p = 0.472 > 0.1$, the influence of social relationship marketing on trust was shown to be without statistical significance, which

Table III Regression analysis on the influence of corporate image on trust

Model 1 Dependent variables	Independent variables	Regression coefficient (β)		*t*	*p*	*VIF*
Trust	Corporate image	Institution image	0.106	2.205	0.028*	2.418
		Functional image	0.159	2.981	0.003**	2.982
		Commodity image	0.535	9.207	0.000***	3.539

Notes: * $p < 0.05$; * $p < 0.01$; *** $p < 0.001$; $\overline{R}^2 = 0.567$; $\overline{R}^2 = 0.564$; D-W = 2.138; $F = 198.380$ $p = 0.000$*** $n = 458$

Table IV Regression analysis for the influence of relationship marketing on trust

Model 2 Dependent variables	Independent variables	Regression coefficient (β)		*t*	*p*	*VIF*
Trust	Relationship marketing	Financial	0.274	6.931	0.000*	1.405
		Social	0.035	0.720	0.472	2.109
		Structural	0.492	9.470	0.000*	2.433

Notes: * $p < 0.001$; $\overline{R}^2 = 0.496$; $\overline{R}^2 = 0.492$; D-W = 2.187; $F = 148.775$; $p = 0.000$* $n = 458$

represents that social relationship marketing does not have a significantly positive influence on trust. Thus, *H2-2* was not supported. With the result of $\beta = 0.492$, $t = 9.470$, and $p = 0.000 < 0.001$, the influence of structural relationship marketing on trust reached statistical significance, which represents that structural relationship marketing has a significantly positive influence on trust. Thus, *H2-3* was supported. *H2-1* and *H2-3* was supported, but not *H2-2*, therefore *H2* was partially supported.

Furthermore, we compared the degree of the influence of different types of relationship marketing on trust. According to β coefficient, structural relationship marketing brings the most significant influence on trust (0.492), followed by financial relationship marketing (0.274). This means, structural relationship marketing has greater influence on trust than that of financial relationship marketing.

(3) The influence of trust on purchase intention. The results of the regression analysis for the influence of trust on purchase intention were shown on Table V. The testing results indicated that trust could interpret 25.5 percent of variance towards purchase intention. It represents that the model 3 was equipped with explanatory capacity, where $F = 157.459$, $p = 0.000 < 0.001$, which shows it has reached statistical significance. With the result of $\beta = 0.507$, $t = 12.548$ and $p = 0.000 < 0.001$, the influence of trust on purchase intention reached statistical significance, which represents that trust has a significantly positive influence on purchase intention. Thus, *H3* was supported.

(4) The moderating effects of word-of-mouth between the influences of trust on purchase intention. It is expected to further test the moderating effects of word-of-mouth between the influences of trust on purchase intention. Therefore, multiple regression analysis was conducted. The test result was shown in Table VI. In Table VI, the model 4 could interpret the variance of 28.7 percent against purchase intention. Such result shows that the model 4 was equipped with explanatory capacity, where $F = 62.2$, $p = 0.000 < 0.001$, which shows it has reached statistical significance.

With $\beta = 0.180$, $t = 2.167$ and $p = 0.031 < 0.05$, which shows it has reached statistical significance. The moderating effect of positive word-of-mouth between the influence of the trust on purchase intention was as follows: $\beta = 0.370$, $t = 4.006$ and $p = 0.000 < 0.001$, which shows it has reached statistical significance. Which shown that the influence of trust on purchase intention was strengthened with positive word-of-mouth. Therefore, *H4-1* was supported. The moderating effect of negative word-of-mouth in the influence of trust on purchase intention was as follows: $\beta = 0.007$, $t = 0.090$ and $p = 0.928 >> 0.1$, without statistical significance. Which shown that the influence of trust on purchase intention was weakened with negative word-of-mouth was not supported. Therefore *H4-2* was not supported. Based on the test results, *H4* was partially supported.

Table V Regression analysis for the influence of trust on purchase intention

Model 3					
Dependent variables	*Independent variables*	*Regression coefficient (β)*	*t*	*p*	*VIF*
Purchase intention	Trust	0.507	12.548	0.000*	1.00

Notes: * $p < 0.001$; $\overline{R}^2 = 0.257$; $\overline{R}^2 = 0.255$ D – W = 1.939; $F = 157.459$; $p = 0.000^*$ $n = 458$

Table VI Regression analysis on the influence of word-of-mouth and trust on purchase intention

Model 4					
Dependent variables	*Independent variables*	*Regression coefficient (β)*	*t*	*p*	*VIF*
Purchase intention	Trust	0.180	2.167	0.031*	4.409
	Trust × Positive WOM	0.370	4.006	0.000**	5.464
	Trust × Negative WOM	0.007	0.090	0.928	4.022

Notes: * $p < 0.05$; ** $p < 0.001$; $\overline{R}^2 = 0.291$; $\overline{R}^2 = 0.287$ D – W = 1.925; $F = 62.200$; $p = 0.000^{**}$; $n = 458$

5. Conclusions and suggestions

1. Conclusions

The main findings in this study are listed as follow. First, corporate image has a significantly positive influence on trust. It has been found that corporate image has a positively significant influence on trust. Commodity image has the most significant influence on trust, followed by functional image and institution image. Second, relationship marketing has a significantly positive influence on trust. It has been found the influence level of structural relationship marketing is greater than that of financial relationship marketing on trust. Third, trust has a significantly positive influence on consumer purchase intention. Fourth, Positive word-of-mouth has a moderating effect between the influence of trust on purchase intention.

People use internet day by day. The internet became more and more important for modern business to establish and sustain competitive advantage. Base on the findings in this study the increased online purchase behavior in travel is not just seen in Taiwan but worldwide.

2. Theory implications

1. Different types of corporate image will have different levels of influence on consumer trust. The significantly positive influence of corporate image on consumer trust was examined by this study using empirical evidence from the tourism industry. The results of this study are consistent with those of Flavian *et al.*'s (2005) work in the banking industry. We also found that different types of corporate image have different levels of influence on consumer trust, and commodity image has the most influential effect, followed by functional and institution images. This result implies that tour agencies can use these three types of corporate image to enhance consumer trust.

2. There is a need to support the previous study that relationship marketing has a significantly positive influence on consumer trust. Relationship marketing is beneficial in increasing consumer trust, and quite a few studies have discussed which type of relationship marketing is suitable for tourism industries to develop relationships with and trust by consumers. In this study we found that only structural and financial relationship marketing has a positive influence on consumer trust. The effect of structural relationship marketing on consumer trust is greater than that of financial relationship marketing. This finding is quite different from Berry and Parasuraman (1991) and Lin *et al.*'s (2003) study on the banking industry.

3. The moderating effects of positive word-of-mouth between the influence of trust on consumer purchase intention must be examined. Each step in purchase decision-making is influenced by word-of-mouth (Price and Feick, 1984). This study proves that positive word-of-mouth will have a moderating effect between the influences of trust on purchase intention. This finding is similar to the result of Park and Lee (2008), but it is quite different from the conclusion of Smith and Vogt (1995).

4. The influence of trust on purchase intention must be considered. This study revealed that trust can help increase consumer purchase intention. Corporate image and relationship marketing both have a positive influence on trust. Furthermore, we found that positive word-of-mouth has a moderating effect between the influences of trust on purchase intention. This finding is consistent with the conclusion made by Yakov *et al.* (2005), and it also complements the conclusion in the study of internet interaction experience by Koufaris and Hampton-Sosa (2004).

3. Practical implications

1. The study findings reveal the need and importance for a company to improve corporate image continuously. Consumers can realize different levels of trust from different types of corporate image, which influence their purchase intention. This finding reveals the necessity and importance for a tour agency to improve its corporate image continuously. The corporate image of a tour agency plays a critical role in the development of competitive strategy.

2. The study indicates the need to emphasize the use of critical relationship marketing. Consumers trust a company, and obtaining the benefits of customized service from relationship marketing will help encourage their purchase intention. The practical implications of this study reveal that correct use of critical relationship marketing will help a tour agency increase its opportunities for higher profit.

3. Realize the nature and importance of the moderating effect of word-of-mouth. When products and related messages from the market become excessive and noisy, they will confuse consumers, and making choices becomes difficult. Thus, word-of-mouth plays an important role in making purchase decision. It is important for tour agencies to realize the nature and importance of the moderating effects of word-of-mouth.

4. Limitations

This paper adopted the cross-sectional research methodology. The data obtained in this study only reflected the correlations and cause and effect among the variables studied during a specific period of time. The data also only explored the consumption behavior of customers during the surveyed period but not their behavior outside this period.

In addition, this paper only focused on tour agencies. Different industries have their own characteristics, and the results of this study cannot be applied to other industries. Furthermore, the respondents interviewed by this study were consumers of online tour agencies. The adoption of online questionnaires combined with convenience sampling might have concentrated the samples on youngsters and those who usually go online. In addition, consumers who used only the most popular online tour agencies were selected. Therefore, the samples might involve some bias.

5. Suggestions

(1) Suggestions to tour agencies. We would like to develop three suggestions as a reference for tour agencies based on the findings of this study. First, pay more attention to the influence of corporate image on the tourism industry. Good image and excellent reputation will positively influence consumers' trust and attitude. In this paper, institution, functional, and commodity images were used for analysis. It was found that commodity image had the most significant influence on consumer trust as this item could substantially make consumers relate to the image of a tour agency. Commodity image was closely associated with practical experience. Therefore, it is suggested that tour agents should make more efforts to establish excellent commodity image.

Second, select and apply an effective type of relationship marketing. It was found in this paper that structural relationship marketing had the most significant effect on trust. Therefore, tour agencies must provide customized and core services to fulfill customer needs. With financial relationship marketing and reasonable price marketing, consumers can obtain the best and the most appropriate commodities while establishing long-term trust and willingness to purchase as a result.

Third, consider the added value of word-of-mouth marketing. Word-of-mouth can enhance the popularity of an enterprise. The influence of the Internet is far reaching. Information can be quickly spread out. To draw up a marketing strategy effectively, marketing managers have to consider which type of strategy should be used in addition to making good use of word-of-mouth. It is suggested that tour agents should make efforts to establish more positive word-of-mouth to attract more customers for higher profits and to achieve a win-win result.

(2) Future research suggestions. Although online tour agencies were the objects surveyed in this study, it does not imply that the same phenomenon would hold true in other industries. It is suggested that a similar study be executed in other industries for a wider and deeper research on this thesis. Moreover, only domestic consumers were surveyed and interviewed, and it does not imply that the same results would appear in other countries. It is suggested that subsequent studies be extended to the consumers from other countries at different development levels to determine if foreign consumers have the same consumption behavior and purchase intention. Moreover, the dimensions concerning variables proposed by different scholars vary from each other. It is suggested that researchers should make

follow-up studies that are more comprehensive by combining qualitative approaches towards different aspects or structures of models.

Note

1. "Innovative Information Application Project" developed by FIND of Institution for Information Industry/Dept. of Industrial Technology, MOEA

References

Anderson, J.C. and Narus, J.A. (1990), "A model of distributor firm and manufacturer firm working partnerships?", *Journal of Marketing*, Vol. 54, pp. 42-58.

Arndt, J. (1967), *Word of Mouth Advertising: A Review of the Literature*, Advertising Research Federation, New York, NY.

Berry, L.L. and Parasuraman, A. (1991), *Marketing Service – Competing through Quality*, The Free Press, New York, NY.

Berry, L.L. (2002), "Relationship marketing of services-perspectives from 1983 and 2000", *Journal of Relationship Marketing*, Vol. 1 No. 1, pp. 59-77.

Bickart, B. and Schindler, R.M. (2001), "Internet forums as influential sources of consumer information", *Journal of Interactive Marketing*, Vol. 15 No. 3, pp. 31-40.

Burke, P.J. and Stets, J.E. (1999), "Trust and commitment through self-verification", *Social Psychology Quarterly*, Vol. 62 No. 4, pp. 347-60.

Buttle, F.A. (1997), "I heard it through the grapevine: issues in referral marketing", *Proceedings of the 5th International Colloquium School of Management, Cranfield University.*

Buttle, F.A. (1998), "Word-of-mouth: understanding and managing referral marketing", *Journal of Strategic Marketing*, Vol. 6 No. 3, pp. 241-54.

Chen, S.C. (2003), "The factors affecting insurance customer repurchase will – relationship marketing view", Master's degree thesis, Institute of Department of Business Administration, Chaoyang University of Technology, Wufong Township.

Chen, Y.S., Wu, H.P. and Chiou, W.J. (2007), "The effect of trust in the relationships between business images and purchase intentions", *Journal of St John's University*, Vol. 24, pp. 111-26.

Chiou, H. (2003), *Social and Behavioral Science Quantification Research and Statistical Analysis*, 2nd ed., Wu-Nan Press, Taipei.

Chueh, K.J. (2004), "The impact of internet anonymity, corporate image, and relationship quality on electronic word-of-mouth: the online game as the example", Master's degree thesis, Institute of Department of Business Administration, National Chung Hsing University, Taichung.

Crosby, L.A., Evans, K.R. and Cowles, D. (1990), "Relationship quality in services selling: an interpersonal influence perspective", *Journal of Marketing*, Vol. 54, pp. 68-81.

Day, G.S. (2000), "Management market relationships", *Journal of the Academy of Marketing Science*, Vol. 28 No. 1, p. 24.

Derbaix, C. and Vanhamme, J. (2003), "Inducing word-of-mouth by eliciting surprise: a pilot investigation", *Journal of Economic Psychology*, Vol. 24, pp. 99-116.

Dodds, B.W., Monroe, K.B. and Grewal, D. (1991), "Effect of price, brand, and store information on buyers product evaluation", *Journal of Marketing Research*, Vol. 28 No. 3, pp. 307-19.

Dowling, G.R. (1986), "Managing your corporate image", *Industrial Marketing Management*, Vol. 15, pp. 109-15.

Duhan, D.F., Johnson, S.D., Wilcox, J.B. and Harrell, G.D. (1997), "Influences on consumer use of word-of-mouth recommendation sources", *Journal of Academy of Marketing Science*, Vol. 25 No. 4, pp. 283-95.

Engel, J.F., Blackwell, R.D. and Miniard, P.W. (2001), *Consumer Behavior*, South-Western, Division of Thomson Learning, Cincinatti, OH.

Flavián, C., Guinalíu, M. and Torres, E. (2005), "The influence of corporate image on consumer trust: a comparative analysis in traditional versus internet banking", *Internet Research*, Vol. 15 No. 4, pp. 447-71.

Garbarino, E. and Johnson, M.S. (1999), "The different roles of satisfaction, trust, and commitment in customer relationships", *Journal of Marketing*, Vol. 63 2, April, pp. 70-87.

Geiger, S. and Martin, S. (1999), "The internet as a relationship marketing tool – some evidence from Irish companies", *Irish Marketing Review*, Vol. 12 No. 2, pp. 24-36.

Gelb, B. and Johnson, M. (1995), "Word-of-mouth communication: causes and consequences", *Journal of Health Care Marketing*, Vol. 15 No. 3, pp. 54-8.

Gray, G. (1986), "Interaction of learner control and prior understanding in computer-assisted video instruction", *Journal of Educational Psychology*, Vol. 78 No. 3, pp. 325-7.

Grazioli, S. and Jarvenpaa, S.L. (2000), "Perils of internet fraud: an empirical investigation of deception and trust with experienced internet consumers", *IEEE Transactions on Systems, Man, and Cybernetics*, Vol. 30 No. 4, pp. 395-410.

Grewal, D., Monroe, K.B. and Krishnan, R. (1998), "The effects of price-comparison advertising on buyers' perceptions of acquisition value, transaction value, and behavioral intentions", *Journal of Marketing*, Vol. 62 No. 2, pp. 46-59.

Gronroos, C. (1994), "From marketing mix to relationship marketing: towards a paradigm shift in marketing", *Management Decision*, Vol. 32 No. 2, pp. 4-15.

Guielford, J.P. (1965), *Fundamental Statistics in Psychology and Education*, McGraw-Hill, New York, NY.

Hennig-Thurau, T., Gwinner, K.P. and Gremler, D.D. (2002), "Understanding relationship marketing outcomes-an integration of relational benefits and relationship quality", *Journal of Service Research*, Vol. 4 No. 3, pp. 230-47.

Hennig-Thurau, T., Gwinner, K.P., Walsh, G. and Gremler, D.D. (2004), "Gremler electronic word-of-mouth via consumer-opinion platform: what motivates consumers to articulate themselves on the internet?", *Journal of Interactive Marketing*, Vol. 18, pp. 38-52.

Hsieh, Y.C. (2000), "The relationship between bonding strategy and relationship performance: a study of financial service companies", Master's degree thesis, Institute of Management, National Taiwan University, Taipei.

Hsieh, Y.C., Chiu, H.C. and Chiang, M.Y. (2005), "Maintaining a committed online customer: a study across search-experience-credence products", *Journal of Retailing*, Vol. 81 No. 1, pp. 75-82.

Hsu, S.C. (1987), *English of Management*, Tunghua Publishing, Taiwan.

Hsu, Y.J. (2003), "The relationship between service quality and customer trust: a study in different relationship phase", Master's degree thesis, Institute of Department of and Graduate Program in International Business, Ming Chuan University, Taipei.

Kim, K. and Prabhakar, B. (2000), "Initial trust, perceived risk and the adoption of internet banking", *Proceedings of ICIS 2000*.

Kjerstin, S.T. and Shelly, R. (2006), "Relationship between blogs as EWOM and interactivity, perceived interactivity, and parasocial interaction", *Journal of Interactive Advertising*, Vol. 6 No. 2, pp. 39-50.

Koufaris, M. and Hampton-Sosa, W. (2004), "The development of initial trust in an online company by new customers", *Information and Management*, Vol. 41 No. 3, pp. 377-97.

Landry, L. (1998), "Relationship marketing: hype or here to stay", *Marketing News*, Vol. 32 No. 14, p. 4.

Leuthesser, L., Kohli, C.S. and Harich, K.R. (1995), "Brand equity: the halo effect measure", *European Journal of Marketing*, Vol. 29 No. 4, pp. 57-66.

Lewis, J.D. and Weigert, A. (1985), "Trust as a social reality", *Social Forces*, Vol. 63 No. 3, pp. 967-85.

Lin, N.P., Weng, C.M. and Hsieh, Y.C. (2003), "Relational bonds and customer's trust and commitment – a study on the moderating effects of web site usage", *The Service Industries Journal*, Vol. 23 No. 3, pp. 103-24.

Lin, L.-Y. and Chen, Y.-F. (2005), "The effects of price promotion, perceived value and store image on consumers' purchase intention: a case of 3C chain home appliances in Taipei area", *Journal of Management and Information*, Vol. 10, pp. 51-85.

Lin, L.-Y. and Tseng, H.-C. (2008), "The influence of brand strategy and corporate image on consumer purchase intention:The moderating effects of involvement", *Journal of Economics and Business*, Vol. 19, pp. 79-122.

Luo, X. (2002), "Trust production and privacy concerns on the internet: a framework based on relationship marketing and social exchange theory", *Industrial Marketing Management*, Vol. 31, pp. 111-8.

MacInnis, D.J. and Price, L.L. (1987), "The role of imagery in information processing: review and extensions", *Journal of Consumer Research*, Vol. 13, pp. 473-91.

Martineau, P. (1958), "The personality of the retail store", *Harvard Business Reviews*, Vol. 36 No. 4, pp. 47-55.

Mayer, R.C., Davis, J.H. and Schoorman, F.D. (1995), "An integrative model of organizational trust", *Academy of Management Review*, Vol. 20 No. 3, pp. 709-34.

Morgan, R.M. and Hunt, S.D. (1994), "The commitment-trust theory of relationship marketing", *Journal of Marketing*, Vol. 58 No. 3, pp. 20-38.

Moutinho, L. (1987), "Consumer behaviour in tourism", *European Journal of Marketing*, Vol. 21 No. 10, pp. 5-9.

Nguyen, N. and Leblanc, G. (2001), "Corporate image and corporate reputation in customers' retention decisions in services", *Journal of Retailing and Consumer Services*, Vol. 8, pp. 227-36.

Park, D.-H. and Lee, J. (2008), "eWOM Overload and its effect on consumer behavioral intention depending on consumer involvement", *Electronic Commerce Research and Applications*, Vol. 7, pp. 386-98.

Pressey, A.D. and Mathews, B.P. (2000), "Barriers to relationship marketing in consumer retailing", *Journal of Services Marketing*, Vol. 14 No. 3, pp. 274-80.

Price, L. and Feick, L. (1984), "The role of interpersonal sources in external search: an informational perspective", *Advances in Consumer Research*, Vol. 10, pp. 250-5.

Reichheld, F.F. and Sasser, W.E. Jr (1990), "Zero defections: quality comes to services", *Harvard Business Review*, Vol. 68 No. 5, pp. 105-11.

Robertson, T.S. and Gatignon, H. (1986), "Competitive effects on technology diffusion", *Journal of Marketing*, Vol. 50 No. 3, pp. 1-12.

Schurr, P.H. and Ozanne, J.L. (1985), "Influences on exchange process: buyers preconceptions of a seller trustworthiness and bargaining toughness", *Journal of Consumer Research*, Vol. 11 No. 4, pp. 939-53.

Selnes, F. (1998), "Antecedents and consequences of trust and satisfaction in buyer-seller relationships", *European Journal of Marketing*, Vol. 32 Nos 3/4, pp. 305-22.

Shao, C.Y., Baker, J. and Wagner, J.A. (2004), "The effects of appropriateness of services contact personnel dress on customer expectations of involvement and gender", *Journal of Business Research*, Vol. 57, pp. 1164-76.

Silverman, D. (2001), *Interpreting Qualitative Data*, 2nd ed., Sage, Thousand Oaks, CA.

Silverman, G. (1997), "How to harness the awesome power of word of mouth", *Direct Marketing*, Vol. 60 No. 7, pp. 32-7.

Sin, L.Y.M., Tse, A.C.B., Yau, O.H.M., Lee, J.S.Y. and Chow, R. (2002), "The effect of relationship marketing orientation on business performance in a service-oriented economy", *Journal of Services Marketing*, Vol. 16 No. 7, pp. 658-70.

Singh, J. and Pandya, S. (1991), "Exploring the effect of consumers' dissatisfaction level on complaint behaviors", *European Journal of Marketing*, Vol. 25 No. 90, pp. 7-21.

Singh, J. and Sirdeshmukh, D. (2000), "Agency and trust mechanisms in consumer satisfaction and loyalty judgments", *Journal of Academy of Marketing Science*, Vol. 28 No. 1, pp. 150-67.

Smeltzer, L.R. (1997), "The meaning and origin of trust in buyer-supplier relationships", *International Journal of Purchasing and Materials Management*, Vol. 33 No. 1, pp. 40-8.

Smith, J.B. and Barclay, D.W. (1997), "The effects of organizational differences and trust on the effectiveness of selling partner relationships", *Journal of Marketing*, Vol. 61, pp. 3-21.

Smith, R.E. and Vogt, C.A. (1995), "the effects of integrating advertising and negative word-of-mouth communications on message processing and response", *Journal of Consumer Psychology*, Vol. 4 No. 2, pp. 133-51.

Solomon, M. (1999), *Consumer Behavior: Buying, Having, and Being*, Prentice-Hall, Englewood Cliffs, NJ.

Swan, J.E., Bowers, M.R. and Richardson, L.D. (1999), "Customer trust in the salesperson: an integrative review and meta-analysis of the empirical literature", *Journal of Business Research*, Vol. 44, pp. 93-107.

Turban, E., Lee, J., King, D. and Chung, H.M. (2000), *Electronic Commerce: A Managerial Perspective*, Prentice-Hall, Englewood Cliffs, NJ.

Walters, C.G. (1978), *Consumer Behavior: An Integrated Framework*, Richard D. Irwin, New York, NY.

Walters, C.G. and Paul, G.W. (1970), *Consumer Behavior: An Intergated Frame Work*, Richard D. Irwin, New York, NY.

Yakov, B., Venkatesh, S., Fareena, S. and Glen, L.U. (2005), "Are the drivers and role of online trust the same for all web sites and consumers? A large-scale exploratory empirical study", *Journal of Marketing*, Vol. 69, pp. 133-52.

Yuille, J.C. and Catchpole, M.J. (1977), "The role of imagery in models of cognition", *Journal of Mental Imagery*, Vol. 1, pp. 171-80.

Zeithaml, V.A. (1988), "Consumer perceptions of price, quality and value: a means-end model and synthesis of evidence", *Journal of Marketing*, Vol. 52 No. 3, pp. 2-22.

Further reading

Christopher, M., Payne, A. and Ballantyne, D. (1991), *Relationship Marketing: Bringing Quality, Customer Service and Marketing Together*, Butterworth-Heinemann, Oxford.

Corresponding author

Long-Yi Lin can be contacted at: longyi@ms12.url.com.tw

Author guidelines

Tourism Review

Copyright

Articles submitted to the journal should not have been published before in their current or substantially similar form, or be under consideration for publication with another journal. Please see Emerald's "Originality Guidelines" at http://info.emeraldinsight.com/authors/writing/originality.htm Use them in conjunction with the points below about references, before submission, i.e. always attribute clearly using either indented text or quote marks as well as making use of the preferred Harvard style of formatting. Authors submitting articles for publication warrant that the work is not an infringement of any existing copyright and will indemnify the publisher against any breach of such warranty. Please see Emerald's "Permissions for Your Manuscript" at http://info.emeraldinsight.com/authors/writing/permissions.htm For ease of dissemination and to ensure proper policing of use, papers and contributions become the legal copyright of the publisher unless otherwise agreed. The Editor may make use of iThenticate software for checking the originality of submissions received. Submissions should be sent in Word format, preferably via e-mail to:

The Co-Editor

Prof Dr Christian Laesser, AIEST, Dufourstrasse 40a, 9000 St Gallen, Switzerland. E-mail: christian.laesser@unisg.ch

Editorial objectives

The objective of *Tourism Review* is to contribute to a deeper understanding of tourism as an interdisciplinary phenomenon and to provide insights into developments, issues and methods in tourism research. The methodical orientation thus leans towards system theory.

The journal is targeted at scientists as well as policymakers and managers.

The reviewing process

Each paper has to pass an initial screening and, if it is judged suitable for this publication, is then sent to two referees for double blind peer review. Manuscripts may also be subject to additional review by editorial board members.

Manuscript requirements

Three copies of the manuscript should be submitted in **single line** spacing to conserve paper during the review and production processes. The author(s) should be shown and their details must be printed on a separate cover sheet. The author(s) should not be identified anywhere else in the article.

As a guide, articles should be between 3,000 and 5,000 words in **length**. A **title** of not more than eight words should be provided. A brief **autobiographical note** should be supplied including full name, affiliation, e-mail address and full international contact details.

Authors must supply a **structured abstract** set out under 4-7 sub-headings: Purpose; Methodology/approach; Findings; Implications/limitations either for further research, for practice, or for society; and the Originality/value of the paper. Maximum is 250 words in total. In addition provide up to six **keywords** which encapsulate the principal topics of the paper and categorise your paper under one of these **classifications**: Research paper, Viewpoint, Technical paper, Conceptual paper, Case study, Literature review or General review. For more information and guidance on structured abstracts visit: www.emeraldinsight.com/structuredabstracts

Where there is a **methodology**, it should be clearly described under a separate heading. **Headings** must be short, clearly defined and not numbered. **Notes** or **Endnotes** should be used only if absolutely necessary and must be identified in the text by consecutive numbers, enclosed in square brackets and listed at the end of the article.

All **Figures** (charts, diagrams and line drawings) and **Plates** (photographic images) should be submitted in both electronic form and hard copy originals. Figures should be of clear quality, in black and white and numbered consecutively with arabic numerals. Graphics may be supplied in colour to facilitate their appearance in colour on the online database.

Figures created in MS Word, MS PowerPoint, MS Excel, Illustrator and Freehand should be saved in their native formats.

Electronic figures created in other applications should be copied from the origination software and pasted into a blank MS Word document or saved and imported into an MS Word document by choosing "Insert" from the menu bar, "Picture" from the drop-down menu and selecting "From File ..." to select the graphic to be imported.

For figures which cannot be supplied in MS Word, acceptable standard image formats are: .pdf, .ai, .wmf and .eps. If you are unable to supply graphics in these formats then please ensure they are .tif, .jpeg, or .bmp at a resolution of at least 300dpi and at least 10cm wide.

To prepare screenshots, simultaneously press the "Alt" and "Print screen" keys on the keyboard, open a blank Microsoft Word document and simultaneously press "Ctrl" and "V" to paste the image. (Capture all the contents/windows on the computer screen to paste into MS Word, by simultaneously pressing "Ctrl" and "Print screen".)

For photographic images (plates) good quality original photographs should be submitted. If supplied electronically they should be saved as .tif or .jpeg files at a resolution of at least 300dpi and at least 10cm wide. Digital camera settings should be set at the highest resolution/quality possible.

In the text of the paper the preferred position of all tables, figures and plates should be indicated by typing on a separate line the words "Take in Figure (No.)" or "Take in Plate (No.)". Tables should be typed and included as part of the manuscript. They should not be submitted as graphic elements. Supply succinct and clear captions for all tables, figures and plates. Ensure that tables and figures are complete with necessary superscripts shown, both next to the relevant items and with the corresponding explanations or levels of significance shown as footnotes in the tables and figures.

References to other publications must be in Harvard style and carefully checked for completeness, accuracy and consistency. This is very important in an electronic environment because it enables your readers to exploit the Reference Linking facility on the database and link back to the works you have cited through CrossRef. You should include all author names and initials and give any journal title in full.

You should cite publications in the text as follows: using the author's name, e.g. (Adams, 2006); citing both names if there are two authors, e.g. (Adams and Brown, 2006), or (Adams *et al.*, 2006) when there are three or more authors. At the end of the paper a reference list in alphabetical order should be supplied:

- *For books*: surname, initials (year), *title of book*, publisher, place of publication.
  Harrow, R. (2005), *No Place to Hide*, Simon & Schuster, New York, NY.
- *For book chapters*: surname, initials (year), "chapter title", editor's surname, initials (Ed.), *title of book*, publisher, place of publication, pages.
  Calabrese, F.A. (2005), "The early pathways: theory to practice – a continuum", in Stankosky, M. (Ed.), *Creating the Discipline of Knowledge Management*, Elsevier, New York, NY, pp. 15-20.
- *For journals*: surname, initials (year), "title of article", *journal name*, volume, number, pages.
  Capizzi, M.T. and Ferguson, R. (2005) "Loyalty trends for the twenty-first century", *Journal of Consumer Marketing*, Vol. 22 No. 2, pp. 72-80.
- *For published conference proceedings*: surname, initials (year of publication), "title of paper", in surname, initials (Ed.), *Title of published proceeding which may include place and date(s) held*, publisher, place of publication, page numbers.
  Jakkilinki, R., Georgievski, M. and Sharda, N. (2007), "Connecting destinations with an ontology-based e-tourism planner", *Information and Communication Technologies in Tourism 2007 Proceedings of the International Conference in Ljubljana, Slovenia, 2007*, Springer-Verlag, Vienna, pp. 12-32.
- *For unpublished conference proceedings*: surname, initials (year), "title of paper", paper presented at name of conference, place of conference, date of conference, available at: URL if freely available on the internet (accessed date).
  Aumueller, D. (2005), "Semantic authoring and retrieval within a wiki", paper presented at the European Semantic Web Conference (ESWC), Heraklion, Crete, 29 May-1 June, available at: http://dbs.unileipzig.de/file/aumueller05wiksar.pdf (accessed 20 February 2007).
- *For working papers*: surname, initials (year), "title of article", working paper [number if available], institution or organisation, place of organisation, date.
  Mozier, P. (2003), "How published academic research can inform policy decisions: the case of mandatory rotation of audit appointments", working paper, Leeds University Business School, University of Leeds, Leeds, 28 March.
- *For encyclopaedia entries (with no author or editor): title of encyclopaedia* (year), "title of entry", volume, edition, title of encyclopedia, publisher, place of publication, pages.
  Encyclopaedia Britannica (1926), "Psychology of culture contact", Vol. 1, 13th ed., Encyclopaedia Britannica, London and New York, NY, pp. 765-71.
  (For authored entries please refer to book chapter guidelines above.)
- *For newspaper articles (authored)*: surname, initials (year), "article title", newspaper, date, pages.
  Smith, A. (2008), "Money for old rope", *Daily News*, 21 January, pp. 1, 3-4.
- *For newspaper articles (non-authored): newspaper* (year), "article title", date, pages.
  Daily News (2008), "Small change", 2 February, p. 7.
- *For electronic sources*: if available online the full URL should be supplied at the end of the reference, as well as a date when the resource was accessed.
  Castle, B. (2005), "Introduction to web services for remote portlets", available at: www.128.ibm.com/developerworks/library/ws-wsrp (accessed 12 November 2007).
  Standalone URLs, i.e. without an author or date, should be included either within parentheses within the main text, or preferably set as a note (arabic numeral within square brackets within text followed by the full URL address at the end of the paper).

Final submission of the article

Once accepted for publication, the Editor may request the final version as an attached file to an e-mail or to be supplied on a **CD-ROM** labelled with author name(s); title of article; journal title; file name.

Each article must be accompanied by a completed and signed **Journal Article Record Form** available from the Editor or on www.emeraldinsight.com/jarform

The manuscript will be considered to be the definitive version of the article. The author must ensure that it is complete, grammatically correct and without spelling or typographical errors.

The preferred file format is Word. Another acceptable format for technical/maths content is Rich text format.

Technical assistance is available by contacting Mike Massey at Emerald. E-mail: mmassey@emeraldinsight.com

Authors' Charter

This highlights some of the main points of our Authors' Charter. For the full version visit: **www.emeraldinsight.com/charter**

Your rights as an author

Emerald believes that as an author you have the right to expect your publisher to deliver:

- An efficient and courteous publishing service at all times
- Prompt acknowledgement of correspondence and manuscripts received at Emerald
- Prompt notification of publication details
- A high professional standard of accuracy and clarity of presentation
- A complimentary journal issue in which your article appeared
- Article reprints
- A premium service for permission and reprint requests
- Your moral rights as an author.

Emerald represents and protects moral rights as follows:

- To be acknowledged as the author of your work and receive due respect and credit for it
- To be able to object to derogatory treatment of your work
- Not to have your work plagiarized by others.

The Emerald Literati Network

The Emerald Literati Network is a unique service for authors which provides an international network of scholars and practitioners who write for our publications. Membership is a free and unique service for authors. It provides:

- A dedicated area of the Emerald web site for authors
- Resources and support in publishing your research
- Free registration of yourself and your work, and access to the details of potential research partners in Emerald Research Connections
- The opportunity to post and receive relevant Calls for Papers
- Information on publishing developments
- Awards for outstanding scholarship
- Usage information on authors, themes, titles and regions
- Access to tips and tools on how to further promote your work
- Awards for Excellence.

To discuss any aspect of this Charter please contact:

Emerald Literati Network, Emerald Group Publishing Limited, Howard House, Wagon Lane, Bingley BD16 1WA, United Kingdom
Telephone +44 (0)1274 777700
E-mail: **literatinetwork@emeraldinsight.com**

Research you can use

附錄二　常用統計表

1. 亂數表

12651	61646	11769	75109	86996	97669	25757	32535	07122	76763
81769	74436	02630	72310	45049	18029	07469	42341	98173	79260
36737	98863	77240	76251	00654	64688	09343	70278	67331	98729
82861	54371	76610	94934	72748	44124	05610	53750	95938	01485
21325	15732	24127	37433	09723	63529	73977	95218	96074	42138
74146	47887	62463	23045	41490	07954	22597	60012	98866	90959
90759	64410	54179	66075	61051	75385	51378	08360	95946	95547
55683	98078	02238	91540	21219	17720	87817	41705	95785	12563
79686	17969	76061	83748	55920	83612	41540	86492	06447	60568
70333	00201	86201	69716	78185	62154	77930	67663	29529	75116
14042	53536	07779	04157	41172	36473	42123	43929	50533	33437
59911	08256	06596	48416	69770	68797	56080	14223	59199	30162
62368	62623	62742	14891	39247	52242	98832	69533	91174	57979
57529	97751	54976	48957	74599	08759	78494	52785	68526	64618
15469	90574	78033	66885	13936	42117	71831	22961	94225	31816
18625	23674	53850	32827	81647	80820	00420	63555	74489	80141
74626	68394	88562	70745	23701	45630	65891	58220	35442	60141
11119	16519	27384	90199	79210	76965	99546	30323	31664	22845
41101	17336	48951	53674	17880	45260	08575	49321	36191	17095
32123	91576	84221	78902	82010	30847	62329	63898	23268	74283
26091	68409	69704	82267	14751	13151	93115	01437	56945	89661
67680	79790	48462	59278	44185	29616	76531	19589	83139	28454
15184	19260	14073	07026	25264	08388	27182	22557	61501	67481
58010	45039	57181	10238	36874	28546	37444	80824	63981	39942
56425	53996	86245	32623	78858	08143	60377	42925	42815	11159
82630	84066	13592	60642	17904	99718	63432	88642	37858	25431
14927	40909	23900	48761	44860	92467	31742	87142	03607	32059
23740	22505	07489	85986	74420	21744	97711	36648	35620	97949
32990	97446	03711	63824	07953	85965	87089	11687	92414	67257
05310	24058	91946	78437	34365	82469	12430	84754	19354	72745
21839	39937	27534	88913	49055	19218	47712	67677	51889	70926
08833	42549	93981	94051	28382	83725	72643	64233	97252	17133

58336	11139	47479	00931	91560	95372	97642	33856	54825	55680
62032	91144	75478	47431	52726	30289	42411	91886	51818	78292
45171	30557	53116	04118	58301	24375	65609	85810	18620	49198
91611	62656	60128	35609	63698	78356	50682	22505	01692	36291
55472	63819	86314	49174	93582	73604	78614	78849	23069	72825
18573	09729	74091	53994	10970	86557	65661	41854	26037	53296
60866	02955	90288	82136	83644	94455	06560	78029	98768	71296
45043	55608	82767	60890	74646	79485	13619	98868	40857	16415
17831	09737	79473	75945	28394	79334	70577	38048	03607	06932
40137	03981	07585	18128	11178	32601	27994	05641	22600	86064
77776	31343	14576	97706	16039	47517	43300	59080	80392	63189
69605	44104	40103	95635	05635	81673	68657	09559	23510	95875
19916	52934	26499	09821	97331	80993	61299	36979	73599	35055
02606	58552	07678	56619	65325	30705	99582	53390	46357	13244
65183	73160	87131	35530	47946	09854	18080	02321	05809	04893
10740	98914	44916	11322	89717	88089	30143	52687	19420	60061
98642	89822	71691	51573	83666	61642	46683	33761	47542	23551
60139	25601	93663	25547	02654	94829	48672	28736	84994	13071

2. 標準常態機率表（z表）

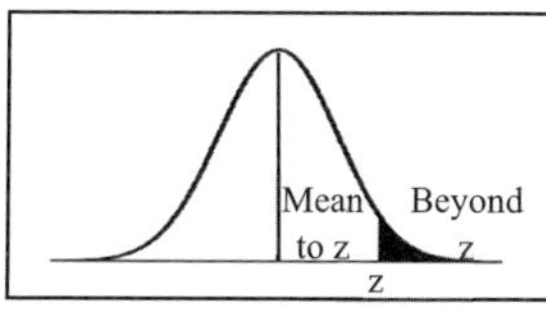

z	Mean to z	Beyond z	z	Mean to z	Beyond z	z	Mean to z	Beyond z
.00	.0000	.5000	.50	.1915	.3085	1.00	.3413	.1587
.01	.0040	.4960	.51	.1950	.3050	1.01	.3438	.1562
.02	.0080	.4920	.52	.1985	.3015	1.02	.3461	.1539
.03	.0120	.4880	.53	.2019	.2981	1.03	.3485	.1515
.04	.0160	.4840	.54	.2054	.2946	1.04	.3508	.1492
.05	.0199	.4801	.55	.2088	.2912	1.05	.3531	.1469
.06	.0239	.4761	.56	.2123	.2877	1.06	.3554	.1446
.07	.0279	.4721	.57	.2157	.2843	1.07	.3577	.1423
.08	.0319	.4681	.58	.2190	.2810	1.08	.3599	.1401
.09	.0359	.4641	.59	.2224	.2776	1.09	.3621	.1379
.10	.0398	.4602	.60	.2257	.2743	1.10	.3643	.1357
.11	.0438	.4562	.61	.2291	.2709	1.11	.3665	.1335
.12	.0478	.4522	.62	.2324	.2676	1.12	.3686	.1314
.13	.0517	.4483	.63	.2357	.2643	1.13	.3708	.1292
.14	.0557	.4443	.64	.2389	.2611	1.14	.3729	.1271
.15	.0596	.4404	.65	.2422	.2578	1.15	.3749	.1251
.16	.0636	.4364	.66	.2454	.2546	1.16	.3770	.1230
.17	.0675	.4325	.67	.2486	.2514	1.17	.3790	.1210
.18	.0714	.4286	.68	.2517	.2483	1.18	.3810	.1190
.19	.0753	.4247	.69	.2549	.2451	1.19	.3830	.1170
.20	.0793	.4207	.70	.2580	.2420	1.20	.3849	.1151
.21	.0832	.4168	.71	.2611	.2389	1.21	.3869	.1131
.22	.0871	.4129	.72	.2642	.2358	1.22	.3888	.1112
.23	.0910	.4090	.73	.2673	.2327	1.23	.3907	.1093
.24	.0948	.4052	.74	.2704	.2296	1.24	.3925	.1075
.25	.0987	.4013	.75	.2734	.2266	1.25	.3944	.1056
.26	.1026	.3974	.76	.2764	.2236	1.26	.3962	.1038
.27	.1064	.3936	.77	.2794	.2206	1.27	.3980	.1020
.28	.1103	.3897	.78	.2823	.2177	1.28	.3997	.1003
.29	.1141	.3859	.79	.2852	.2148	1.29	.4015	.0985
.30	.1179	.3821	.80	.2881	.2119	1.30	.4032	.0968
.31	.1217	.3783	.81	.2910	.2090	1.31	.4049	.0951
.32	.1255	.3745	.82	.2939	.2061	1.32	.4066	.0934
.33	.1293	.3707	.83	.2967	.2033	1.33	.4082	.0918
.34	.1331	.3669	.84	.2995	.2005	1.34	.4099	.0901
.35	.1368	.3632	.85	.3023	.1977	1.35	.4115	.0885
.36	.1406	.3594	.86	.3051	.1949	1.36	.4131	.0869
.37	.1443	.3557	.87	.3078	.1922	1.37	.4147	.0853
.38	.1480	.3520	.88	.3106	.1894	1.38	.4162	.0838
.39	.1517	.3483	.89	.3133	.1867	1.39	.4177	.0823
.40	.1554	.3446	.90	.3159	.1841	1.40	.4192	.0808
.41	.1591	.3409	.91	.3186	.1814	1.41	.4207	.0793
.42	.1628	.3372	.92	.3212	.1788	1.42	.4222	.0778
.43	.1664	.3336	.93	.3238	.1762	1.43	.4236	.0764
.44	.1700	.3300	.94	.3264	.1736	1.44	.4251	.0749
.45	.1736	.3264	.95	.3289	.1711	1.45	.4265	.0735
.46	.1772	.3228	.96	.3315	.1685	1.46	.4279	.0721
.47	.1808	.3192	.97	.3340	.1660	1.47	.4292	.0708
.48	.1844	.3156	.98	.3365	.1635	1.48	.4306	.0694
.49	.1879	.3121	.99	.3389	.1611	1.49	.4319	.0681
.50	.1915	.3085	1.00	.3413	.1587	1.50	.4332	.0668

z	Mean to z	Beyond z	z	Mean to z	Beyond z	z	Mean to z	Beyond d z
1.50	**.4332**	**.0668**	**2.00**	**.4772**	**.0228**	**2.50**	**.4938**	**.0062**
1.51	.4345	.0655	2.01	.4778	.0222	2.51	.4940	.0060
1.52	.4357	.0643	2.02	.4783	.0217	2.52	.4941	.0059
1.53	.4370	.0630	2.03	.4788	.0212	2.53	.4943	.0057
1.54	.4382	.0618	2.04	.4793	.0207	2.54	.4945	.0055
1.55	.4394	.0606	2.05	.4798	.0202	2.55	.4946	.0054
1.56	.4406	.0594	2.06	.4803	.0197	2.56	.4948	.0052
1.57	.4418	.0582	2.07	.4808	.0192	2.57	.4949	.0051
1.58	.4429	.0571	2.08	.4812	.0188	2.58	.4951	.0049
1.59	.4441	.0559	2.09	.4817	.0183	2.59	.4952	.0048
1.60	**.4452**	**.0548**	**2.10**	**.4821**	**.0179**	**2.60**	**.4953**	**.0047**
1.61	.4463	.0537	2.11	.4826	.0174	2.61	.4955	.0045
1.62	.4474	.0526	2.12	.4830	.0170	2.62	.4956	.0044
1.63	.4484	.0516	2.13	.4834	.0166	2.63	.4957	.0043
1.64	.4495	.0505	2.14	.4838	.0162	2.64	.4959	.0041
1.65	.4505	.0495	2.15	.4842	.0158	2.65	.4960	.0040
1.66	.4515	.0485	2.16	.4846	.0154	2.66	.4961	.0039
1.67	.4525	.0475	2.17	.4850	.0150	2.67	.4962	.0038
1.68	.4535	.0465	2.18	.4854	.0146	2.68	.4963	.0037
1.69	.4545	.0455	2.19	.4857	.0143	2.69	.4964	.0036
1.70	**.4554**	**.0446**	**2.20**	**.4861**	**.0139**	**2.70**	**.4965**	**.0035**
1.71	.4564	.0436	2.21	.4864	.0136	2.72	.4967	.0033
1.72	.4573	.0427	2.22	.4868	.0132	2.74	.4969	.0031
1.73	.4582	.0418	2.23	.4871	.0129	2.76	.4971	.0029
1.74	.4591	.0409	2.24	.4875	.0125	2.78	.4973	.0027
1.75	.4599	.0401	2.25	.4878	.0122	2.80	.4974	.0026
1.76	.4608	.0392	2.26	.4881	.0119	2.82	.4976	.0024
1.77	.4616	.0384	2.27	.4884	.0116	2.84	.4977	.0023
1.78	.4625	.0375	2.28	.4887	.0113	2.86	.4979	.0021
1.79	.4633	.0367	2.29	.4890	.0110	2.88	.4980	.0020
1.80	**.4641**	**.0359**	**2.30**	**.4893**	**.0107**	**2.90**	**.4981**	**.0019**
1.81	.4649	.0351	2.31	.4896	.0104	2.91	.4982	.0018
1.82	.4656	.0344	2.32	.4898	.0102	2.92	.4982	.0018
1.83	.4664	.0336	2.33	.4901	.0099	2.93	.4983	.0017
1.84	.4671	.0329	2.34	.4904	.0096	2.94	.4984	.0016
1.85	.4678	.0322	2.35	.4906	.0094	2.95	.4984	.0016
1.86	.4686	.0314	2.36	.4909	.0091	2.96	.4985	.0015
1.87	.4693	.0307	2.37	.4911	.0089	2.97	.4985	.0015
1.88	.4699	.0301	2.38	.4913	.0087	2.98	.4986	.0014
1.89	.4706	.0294	2.39	.4916	.0084	2.99	.4986	.0014
1.90	**.4713**	**.0287**	**2.40**	**.4918**	**.0082**	**3.00**	**.4987**	**.0013**
1.91	.4719	.0281	2.41	.4920	.0080	3.10	.4990	.0010
1.92	.4726	.0274	2.42	.4922	.0078	3.20	.4993	.0007
1.93	.4732	.0268	2.43	.4925	.0075	3.30	.4995	.0005
1.94	.4738	.0262	2.44	.4927	.0073	3.40	.4997	.0003
1.95	.4744	.0256	2.45	.4929	.0071	3.50	.4998	.0002
1.96	.4750	.0250	2.46	.4931	.0069	3.60	.4998	.0002
1.97	.4756	.0244	2.47	.4932	.0068	3.70	.4999	.0001
1.98	.4761	.0239	2.48	.4934	.0066	3.80	.4999	.0001
1.99	.4767	.0233	2.49	.4936	.0064	3.90	.5000	.0000
2.00	**.4772**	**.0228**	**2.50**	**.4938**	**.0062**	**4.00**	**.5000**	**.0000**

3. 卡方分配（χ^2）機率表

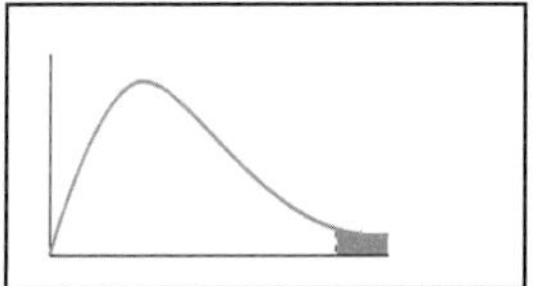

	右側 α					
df	.1	.05	.025	.01	.005	.001
1	2.71	3.84	5.02	6.63	7.88	10.83
2	4.61	5.99	7.38	9.21	10.60	13.82
3	6.25	7.81	9.35	11.34	12.84	16.27
4	7.78	9.49	11.14	13.28	14.86	18.47
5	9.24	11.07	12.83	15.09	16.75	20.52
6	10.64	12.59	14.45	16.81	18.55	22.46
7	12.02	14.07	16.01	18.48	20.28	24.32
8	13.36	15.51	17.53	20.09	21.95	26.12
9	14.68	16.92	19.02	21.67	23.59	27.88
10	15.99	18.31	20.48	23.21	25.19	29.59
11	17.28	19.68	21.92	24.72	26.76	31.26
12	18.55	21.03	23.34	26.22	28.30	32.91
13	19.81	22.36	24.74	27.69	29.82	34.53
14	21.06	23.68	26.12	29.14	31.32	36.12
15	22.31	25.00	27.49	30.58	32.80	37.70
16	23.54	26.30	28.85	32.00	34.27	39.25
17	24.77	27.59	30.19	33.41	35.72	40.79
18	25.99	28.87	31.53	34.81	37.16	42.31
19	27.20	30.14	32.85	36.19	38.58	43.82
20	28.41	31.41	34.17	37.57	40.00	45.31
21	29.62	32.67	35.48	38.93	41.40	46.80
22	30.81	33.92	36.78	40.29	42.80	48.27
23	32.01	35.17	38.08	41.64	44.18	49.73
24	33.20	36.42	39.36	42.98	45.56	51.18
25	34.38	37.65	40.65	44.31	46.93	52.62
26	35.56	38.89	41.92	45.64	48.29	54.05
27	36.74	40.11	43.19	46.96	49.64	55.48
28	37.92	41.34	44.46	48.28	50.99	56.89
29	39.09	42.56	45.72	49.59	52.34	58.30
30	40.26	43.77	46.98	50.89	53.67	59.70
35	46.06	49.80	53.20	57.34	60.27	66.62
40	51.81	55.76	59.34	63.69	66.77	73.40
50	63.17	67.50	71.42	76.15	79.49	86.66
60	74.40	79.08	83.30	88.38	91.95	99.61
70	85.53	90.53	95.02	100.43	104.21	112.32
80	96.58	101.88	106.63	112.33	116.32	124.84
90	107.57	113.15	118.14	124.12	128.30	137.21
100	118.50	124.34	129.56	135.81	140.17	149.45
200	226.02	233.99	241.06	249.45	255.26	267.54
500	540.93	553.13	563.85	576.49	585.21	603.45
1,000	1,057.72	1,074.68	1,089.53	1,106.97	1,118.95	1,143.92

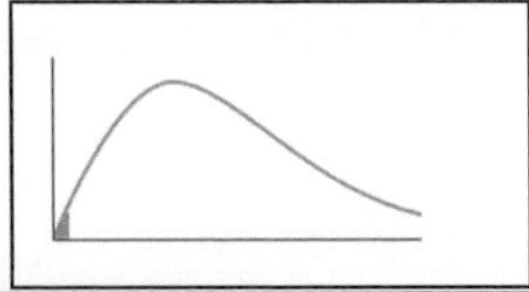

df	左側 α .1	.05	.025	.01	.005	.001
1	.02	.00	.00	.00	.00	.00
2	.21	.10	.05	.02	.01	.00
3	.58	.35	.22	.11	.07	.02
4	1.06	.71	.48	.30	.21	.09
5	1.61	1.15	.83	.55	.41	.21
6	2.20	1.64	1.24	.87	.68	.38
7	2.83	2.17	1.69	1.24	.99	.60
8	3.49	2.73	2.18	1.65	1.34	.86
9	4.17	3.33	2.70	2.09	1.73	1.15
10	4.87	3.94	3.25	2.56	2.16	1.48
11	5.58	4.57	3.82	3.05	2.60	1.83
12	6.30	5.23	4.40	3.57	3.07	2.21
13	7.04	5.89	5.01	4.11	3.57	2.62
14	7.79	6.57	5.63	4.66	4.07	3.04
15	8.55	7.26	6.26	5.23	4.60	3.48
16	9.31	7.96	6.91	5.81	5.14	3.94
17	10.09	8.67	7.56	6.41	5.70	4.42
18	10.86	9.39	8.23	7.01	6.26	4.90
19	11.65	10.12	8.91	7.63	6.84	5.41
20	12.44	10.85	9.59	8.26	7.43	5.92
21	13.24	11.59	10.28	8.90	8.03	6.45
22	14.04	12.34	10.98	9.54	8.64	6.98
23	14.85	13.09	11.69	10.20	9.26	7.53
24	15.66	13.85	12.40	10.86	9.89	8.08
25	16.47	14.61	13.12	11.52	10.52	8.65
26	17.29	15.38	13.84	12.20	11.16	9.22
27	18.11	16.15	14.57	12.88	11.81	9.80
28	18.94	16.93	15.31	13.56	12.46	10.39
29	19.77	17.71	16.05	14.26	13.12	10.99
30	20.60	18.49	16.79	14.95	13.79	11.59
35	24.80	22.47	20.57	18.51	17.19	14.69
40	29.05	26.51	24.43	22.16	20.71	17.92
50	37.69	34.76	32.36	29.71	27.99	24.67
60	46.46	43.19	40.48	37.48	35.53	31.74
70	55.33	51.74	48.76	45.44	43.28	39.04
80	64.28	60.39	57.15	53.54	51.17	46.52
90	73.29	69.13	65.65	61.75	59.20	54.16
100	82.36	77.93	74.22	70.06	67.33	61.92
200	174.84	168.28	162.73	156.43	152.24	143.84
500	459.93	449.15	439.94	429.39	422.30	407.95
1,000	943.13	927.59	914.26	898.91	888.56	867.48

4. t分配機率表

					α			
單尾	.1	.075	.05	.025	.01	.005	.001	.0005
雙尾	.2	.15	.10	.05	.02	.01	.002	.001
df								
1	3.078	4.165	6.314	12.706	31.821	63.657	318.309	636.619
2	1.886	2.282	2.920	4.303	6.965	9.925	22.327	31.599
3	1.638	1.924	2.353	3.182	4.541	5.841	10.215	12.924
4	1.533	1.778	2.132	2.776	3.747	4.604	7.173	8.610
5	1.476	1.699	2.015	2.571	3.365	4.032	5.893	6.869
6	1.440	1.650	1.943	2.447	3.143	3.707	5.208	5.959
7	1.415	1.617	1.895	2.365	2.998	3.499	4.785	5.408
8	1.397	1.592	1.860	2.306	2.896	3.355	4.501	5.041
9	1.383	1.574	1.833	2.262	2.821	3.250	4.297	4.781
10	1.372	1.559	1.812	2.228	2.764	3.169	4.144	4.587
11	1.363	1.548	1.796	2.201	2.718	3.106	4.025	4.437
12	1.356	1.538	1.782	2.179	2.681	3.055	3.930	4.318
13	1.350	1.530	1.771	2.160	2.650	3.012	3.852	4.221
14	1.345	1.523	1.761	2.145	2.624	2.977	3.787	4.140
15	1.341	1.517	1.753	2.131	2.602	2.947	3.733	4.073
16	1.337	1.512	1.746	2.120	2.583	2.921	3.686	4.015
17	1.333	1.508	1.740	2.110	2.567	2.898	3.646	3.965
18	1.330	1.504	1.734	2.101	2.552	2.878	3.610	3.922
19	1.328	1.500	1.729	2.093	2.539	2.861	3.579	3.883
20	1.325	1.497	1.725	2.086	2.528	2.845	3.552	3.850
21	1.323	1.494	1.721	2.080	2.518	2.831	3.527	3.819
22	1.321	1.492	1.717	2.074	2.508	2.819	3.505	3.792
23	1.319	1.489	1.714	2.069	2.500	2.807	3.485	3.768
24	1.318	1.487	1.711	2.064	2.492	2.797	3.467	3.745
25	1.316	1.485	1.708	2.060	2.485	2.787	3.450	3.725
26	1.315	1.483	1.706	2.056	2.479	2.779	3.435	3.707
27	1.314	1.482	1.703	2.052	2.473	2.771	3.421	3.690
28	1.313	1.480	1.701	2.048	2.467	2.763	3.408	3.674
29	1.311	1.479	1.699	2.045	2.462	2.756	3.396	3.659
30	1.310	1.477	1.697	2.042	2.457	2.750	3.385	3.646
35	1.306	1.475	1.670	2.030	2.438	2.724	3.365	3.591
40	1.303	1.473	1.684	2.021	2.423	2.704	3.348	3.551
50	1.299	1.471	1.676	2.009	2.403	2.678	3.333	3.496
60	1.296	1.469	1.671	2.000	2.390	2.660	3.319	3.460
70	1.294	1.468	1.667	1.994	2.381	2.648	3.307	3.435
80	1.292	1.465	1.664	1.990	2.374	2.639	3.281	3.416
90	1.291	1.462	1.662	1.987	2.368	2.632	3.261	3.402
100	1.290	1.460	1.660	1.984	2.364	2.626	3.245	3.390
120	1.289	1.458	1.658	1.980	2.358	2.617	3.232	3.373
150	1.287	1.456	1.655	1.976	2.351	2.609	3.211	3.357
200	1.286	1.453	1.653	1.972	2.345	2.601	3.195	3.340
∞	1.282	1.452	1.645	1.960	2.326	2.576	3.183	3.291

5. F分配機率表

分母 df₂	p	分子自由度（df₁） 1	2	3	4	5	6	7	8	9	10	11	12	15	20	30	60	120	∞
1	.05	161.45	199.50	215.71	224.58	230.16	233.99	236.77	238.88	240.54	241.88	242.98	243.91	245.95	248.01	250.10	252.20	253.25	254.41
	.01	4,052.2	4,999.5	5,403.4	5,624.6	5,763.6	5,859.0	5,928.4	5,981.1	6,022.5	6,055.8	6,083.4	6,106.4	6,157.3	6,208.7	6,260.7	6,313.0	6,339.4	71564
2	.05	18.51	19.00	19.16	19.25	19.30	19.33	19.35	19.37	19.38	19.40	19.40	19.41	19.43	19.45	19.46	19.48	19.49	19.50
	.01	98.50	99.00	99.17	99.25	99.30	99.33	99.36	99.37	99.39	99.40	99.41	99.42	99.43	99.45	99.47	99.48	99.49	99.50
	.001	998.50	999.00	999.17	999.25	999.30	999.33	999.36	999.37	999.39	999.40	999.41	999.42	999.43	999.45	999.47	999.48	999.49	999.50
3	.05	10.13	9.55	9.28	9.12	9.01	8.94	8.89	8.85	8.81	8.79	8.76	8.74	8.70	8.66	8.62	8.57	8.55	8.53
	.01	34.12	30.82	29.46	28.71	28.24	27.91	27.67	27.49	27.35	27.23	27.13	27.05	26.87	26.69	26.50	26.32	26.22	26.12
	.001	167.03	148.50	141.11	137.10	134.58	132.85	131.58	130.62	129.86	129.25	128.74	128.32	127.37	126.42	125.45	124.47	123.97	123.42
4	.05	7.71	6.94	6.59	6.39	6.26	6.16	6.09	6.04	6.00	5.96	5.94	5.91	5.86	5.80	5.75	5.69	5.66	5.63
	.01	21.20	18.00	16.69	15.98	15.52	15.21	14.98	14.80	14.66	14.55	14.45	14.37	14.20	14.02	13.84	13.65	13.56	13.46
	.001	74.14	61.25	56.18	53.44	51.71	50.53	49.66	49.00	48.47	48.05	47.70	47.41	46.76	46.10	45.43	44.75	44.40	44.05
5	.05	6.61	5.79	5.41	5.19	5.05	4.95	4.88	4.82	4.77	4.74	4.70	4.68	4.62	4.56	4.50	4.43	4.40	4.37
	.01	16.26	13.27	12.06	11.39	10.97	10.67	10.46	10.29	10.16	10.05	9.96	9.89	9.72	9.55	9.38	9.20	9.11	9.02
	.001	47.18	37.12	33.20	31.09	29.75	28.83	28.16	27.65	27.24	26.92	26.65	26.42	25.91	25.39	24.87	24.33	24.06	23.79
6	.05	5.99	5.14	4.76	4.53	4.39	4.28	4.21	4.15	4.10	4.06	4.03	4.00	3.94	3.87	3.81	3.74	3.70	3.67
	.01	13.75	10.92	9.78	9.15	8.75	8.47	8.26	8.10	7.98	7.87	7.79	7.72	7.56	7.40	7.23	7.06	6.97	6.88
	.001	35.51	27.00	23.70	21.92	20.80	20.03	19.46	19.03	18.69	18.41	18.18	17.99	17.56	17.12	16.67	16.21	15.98	15.75
7	.05	5.59	4.74	4.35	4.12	3.97	3.87	3.79	3.73	3.68	3.64	3.60	3.57	3.51	3.44	3.38	3.30	3.27	3.23
	.01	12.25	9.55	8.45	7.85	7.46	7.19	6.99	6.84	6.72	6.62	6.54	6.47	6.31	6.16	5.99	5.82	5.74	5.65
	.001	29.25	21.69	18.77	17.20	16.21	15.52	15.02	14.63	14.33	14.08	13.88	13.71	13.32	12.93	12.53	12.12	11.91	11.70
8	.05	5.32	4.46	4.07	3.84	3.69	3.58	3.50	3.44	3.39	3.35	3.31	3.28	3.22	3.15	3.08	3.01	2.97	2.93
	.01	11.26	8.65	7.59	7.01	6.63	6.37	6.18	6.03	5.91	5.81	5.73	5.67	5.52	5.36	5.20	5.03	4.95	4.86
	.001	25.41	18.49	15.83	14.39	13.48	12.86	12.40	12.05	11.77	11.54	11.35	11.19	10.84	10.48	10.11	9.73	9.53	9.33
9	.05	5.12	4.26	3.86	3.63	3.48	3.37	3.29	3.23	3.18	3.14	3.10	3.07	3.01	2.94	2.86	2.79	2.75	2.71
	.01	10.56	8.02	6.99	6.42	6.06	5.80	5.61	5.47	5.35	5.26	5.18	5.11	4.96	4.81	4.65	4.48	4.40	4.31
	.001	22.86	16.39	13.90	12.56	11.71	11.13	10.70	10.37	10.11	9.89	9.72	9.57	9.24	8.90	8.55	8.19	8.00	7.81
10	.05	4.96	4.10	3.71	3.48	3.33	3.22	3.14	3.07	3.02	2.98	2.94	2.91	2.85	2.77	2.70	2.62	2.58	2.54
	.01	10.04	7.56	6.55	5.99	5.64	5.39	5.20	5.06	4.94	4.85	4.77	4.71	4.56	4.41	4.25	4.08	4.00	3.91
	.001	21.04	14.91	12.55	11.28	10.48	9.93	9.52	9.20	8.96	8.75	8.59	8.45	8.13	7.80	7.47	7.12	6.94	6.76
11	.05	4.84	3.98	3.59	3.36	3.20	3.09	3.01	2.95	2.90	2.85	2.82	2.79	2.72	2.65	2.57	2.49	2.45	2.40
	.01	9.65	7.21	6.22	5.67	5.32	5.07	4.89	4.74	4.63	4.54	4.46	4.40	4.25	4.10	3.94	3.78	3.69	3.60
	.001	19.69	13.81	11.56	10.35	9.58	9.05	8.66	8.35	8.12	7.92	7.76	7.63	7.32	7.01	6.68	6.35	6.18	6.00
12	.05	4.75	3.89	3.49	3.26	3.11	3.00	2.91	2.85	2.80	2.75	2.72	2.69	2.62	2.54	2.47	2.38	2.34	2.30
	.01	9.33	6.93	5.95	5.41	5.06	4.82	4.64	4.50	4.39	4.30	4.22	4.16	4.01	3.86	3.70	3.54	3.45	3.36
	.001	18.64	12.97	10.80	9.63	8.89	8.38	8.00	7.71	7.48	7.29	7.14	7.00	6.71	6.40	6.09	5.76	5.59	5.42
13	.05	4.67	3.81	3.41	3.18	3.03	2.92	2.83	2.77	2.71	2.67	2.63	2.60	2.53	2.46	2.38	2.30	2.25	2.21
	.01	9.07	6.70	5.74	5.21	4.86	4.62	4.44	4.30	4.19	4.10	4.02	3.96	3.82	3.66	3.51	3.34	3.25	3.17
	.001	17.82	12.31	10.21	9.07	8.35	7.86	7.49	7.21	6.98	6.80	6.65	6.52	6.23	5.93	5.63	5.30	5.14	4.97
14	.05	4.60	3.74	3.34	3.11	2.96	2.85	2.76	2.70	2.65	2.60	2.57	2.53	2.46	2.39	2.31	2.22	2.18	2.13
	.01	8.86	6.51	5.56	5.04	4.69	4.46	4.28	4.14	4.03	3.94	3.86	3.80	3.66	3.51	3.35	3.18	3.09	3.00
	.001	17.14	11.78	9.73	8.62	7.92	7.44	7.08	6.80	6.58	6.40	6.26	6.13	5.85	5.56	5.25	4.94	4.77	4.60
15	.05	4.54	3.68	3.29	3.06	2.90	2.79	2.71	2.64	2.59	2.54	2.51	2.48	2.40	2.33	2.25	2.16	2.11	2.07
	.01	8.68	6.36	5.42	4.89	4.56	4.32	4.14	4.00	3.89	3.80	3.73	3.67	3.52	3.37	3.21	3.05	2.96	2.87
	.001	16.59	11.34	9.34	8.25	7.57	7.09	6.74	6.47	6.26	6.08	5.94	5.81	5.54	5.25	4.95	4.64	4.47	4.31
16	.05	4.49	3.63	3.24	3.01	2.85	2.74	2.66	2.59	2.54	2.49	2.46	2.42	2.35	2.28	2.19	2.11	2.06	2.01
	.01	8.53	6.23	5.29	4.77	4.44	4.20	4.03	3.89	3.78	3.69	3.62	3.55	3.41	3.26	3.10	2.93	2.84	2.75
	.001	16.12	10.97	9.01	7.94	7.27	6.80	6.46	6.19	5.98	5.81	5.67	5.55	5.27	4.99	4.70	4.39	4.23	4.06
17	.05	4.45	3.59	3.20	2.96	2.81	2.70	2.61	2.55	2.49	2.45	2.41	2.38	2.31	2.23	2.15	2.06	2.01	1.96
	.01	8.40	6.11	5.18	4.67	4.34	4.10	3.93	3.79	3.68	3.59	3.52	3.46	3.31	3.16	3.00	2.83	2.75	2.65
	.001	15.72	10.66	8.73	7.68	7.02	6.56	6.22	5.96	5.75	5.58	5.44	5.32	5.05	4.78	4.48	4.18	4.02	3.85
18	.05	4.41	3.55	3.16	2.93	2.77	2.66	2.58	2.51	2.46	2.41	2.37	2.34	2.27	2.19	2.11	2.02	1.97	1.92
	.01	8.29	6.01	5.09	4.58	4.25	4.01	3.84	3.71	3.60	3.51	3.43	3.37	3.23	3.08	2.92	2.75	2.66	2.57
	.001	15.38	10.39	8.49	7.46	6.81	6.35	6.02	5.76	5.56	5.39	5.25	5.13	4.87	4.59	4.30	4.00	3.84	3.67
19	.05	4.38	3.52	3.13	2.90	2.74	2.63	2.54	2.48	2.42	2.38	2.34	2.31	2.23	2.16	2.07	1.98	1.93	1.88
	.01	8.18	5.93	5.01	4.50	4.17	3.94	3.77	3.63	3.52	3.43	3.36	3.30	3.15	3.00	2.84	2.67	2.58	2.49
	.001	15.08	10.16	8.28	7.27	6.62	6.18	5.85	5.59	5.39	5.22	5.08	4.97	4.70	4.43	4.14	3.84	3.68	3.51
20	.05	4.35	3.49	3.10	2.87	2.71	2.60	2.51	2.45	2.39	2.35	2.31	2.28	2.20	2.12	2.04	1.95	1.90	1.84
	.01	8.10	5.85	4.94	4.43	4.10	3.87	3.70	3.56	3.46	3.37	3.29	3.23	3.09	2.94	2.78	2.61	2.52	2.42
	.001	14.82	9.95	8.10	7.10	6.46	6.02	5.69	5.44	5.24	5.08	4.94	4.82	4.56	4.29	4.00	3.70	3.54	3.38

分母		分子自由度（df_1）																	
df_2	p	1	2	3	4	5	6	7	8	9	10	11	12	15	20	30	60	120	∞
21	**.05**	**4.32**	**3.47**	**3.07**	**2.84**	**2.68**	**2.57**	**2.49**	**2.42**	**2.37**	**2.32**	**2.28**	**2.25**	**2.18**	**2.10**	**2.01**	**1.92**	**1.87**	**1.81**
	.01	8.02	5.78	4.87	4.37	4.04	3.81	3.64	3.51	3.40	3.31	3.24	3.17	3.03	2.88	2.72	2.55	2.46	2.36
	.001	14.59	9.77	7.94	6.95	6.32	5.88	5.56	5.31	5.11	4.95	4.81	4.70	4.44	4.17	3.88	3.58	3.42	3.26
22	**.05**	**4.30**	**3.44**	**3.05**	**2.82**	**2.66**	**2.55**	**2.46**	**2.40**	**2.34**	**2.30**	**2.26**	**2.23**	**2.15**	**2.07**	**1.98**	**1.89**	**1.84**	**1.78**
	.01	7.95	5.72	4.82	4.31	3.99	3.76	3.59	3.45	3.35	3.26	3.18	3.12	2.98	2.83	2.67	2.50	2.40	2.31
	.001	14.38	9.61	7.80	6.81	6.19	5.76	5.44	5.19	4.99	4.83	4.70	4.58	4.33	4.06	3.78	3.48	3.32	3.15
23	**.05**	**4.28**	**3.42**	**3.03**	**2.80**	**2.64**	**2.53**	**2.44**	**2.37**	**2.32**	**2.27**	**2.24**	**2.20**	**2.13**	**2.05**	**1.96**	**1.86**	**1.81**	**1.76**
	.01	7.88	5.66	4.76	4.26	3.94	3.71	3.54	3.41	3.30	3.21	3.14	3.07	2.93	2.78	2.62	2.45	2.35	2.26
	.001	14.20	9.47	7.67	6.70	6.08	5.65	5.33	5.09	4.89	4.73	4.60	4.48	4.23	3.96	3.68	3.38	3.22	3.05
24	**.05**	**4.26**	**3.40**	**3.01**	**2.78**	**2.62**	**2.51**	**2.42**	**2.36**	**2.30**	**2.25**	**2.22**	**2.18**	**2.11**	**2.03**	**1.94**	**1.84**	**1.79**	**1.73**
	.01	7.82	5.61	4.72	4.22	3.90	3.67	3.50	3.36	3.26	3.17	3.09	3.03	2.89	2.74	2.58	2.40	2.31	2.21
	.001	14.03	9.34	7.55	6.59	5.98	5.55	5.23	4.99	4.80	4.64	4.51	4.39	4.14	3.87	3.59	3.29	3.14	2.97
25	**.05**	**4.24**	**3.39**	**2.99**	**2.76**	**2.60**	**2.49**	**2.40**	**2.34**	**2.28**	**2.24**	**2.20**	**2.16**	**2.09**	**2.01**	**1.92**	**1.82**	**1.77**	**1.71**
	.01	7.77	5.57	4.68	4.18	3.85	3.63	3.46	3.32	3.22	3.13	3.06	2.99	2.85	2.70	2.54	2.36	2.27	2.17
	.001	13.88	9.22	7.45	6.49	5.89	5.46	5.15	4.91	4.71	4.56	4.42	4.31	4.06	3.79	3.52	3.22	3.06	2.89
26	**.05**	**4.23**	**3.37**	**2.98**	**2.74**	**2.59**	**2.47**	**2.39**	**2.32**	**2.27**	**2.22**	**2.18**	**2.15**	**2.07**	**1.99**	**1.90**	**1.80**	**1.75**	**1.69**
	.01	7.72	5.53	4.64	4.14	3.82	3.59	3.42	3.29	3.18	3.09	3.02	2.96	2.81	2.66	2.50	2.33	2.23	2.13
	.001	13.74	9.12	7.36	6.41	5.80	5.38	5.07	4.83	4.64	4.48	4.35	4.24	3.99	3.72	3.44	3.15	2.99	2.82
27	**.05**	**4.21**	**3.35**	**2.96**	**2.73**	**2.57**	**2.46**	**2.37**	**2.31**	**2.25**	**2.20**	**2.17**	**2.13**	**2.06**	**1.97**	**1.88**	**1.79**	**1.73**	**1.67**
	.01	7.68	5.49	4.60	4.11	3.78	3.56	3.39	3.26	3.15	3.06	2.99	2.93	2.78	2.63	2.47	2.29	2.20	2.10
	.001	13.61	9.02	7.27	6.33	5.73	5.31	5.00	4.76	4.57	4.41	4.28	4.17	3.92	3.66	3.38	3.08	2.92	2.75
28	**.05**	**4.20**	**3.34**	**2.95**	**2.71**	**2.56**	**2.45**	**2.36**	**2.29**	**2.24**	**2.19**	**2.15**	**2.12**	**2.04**	**1.96**	**1.87**	**1.77**	**1.71**	**1.65**
	.01	7.64	5.45	4.57	4.07	3.75	3.53	3.36	3.23	3.12	3.03	2.96	2.90	2.75	2.60	2.44	2.26	2.17	2.06
	.001	13.50	8.93	7.19	6.25	5.66	5.24	4.93	4.69	4.50	4.35	4.22	4.11	3.86	3.60	3.32	3.02	2.86	2.69
29	**.05**	**4.18**	**3.33**	**2.93**	**2.70**	**2.55**	**2.43**	**2.35**	**2.28**	**2.22**	**2.18**	**2.14**	**2.10**	**2.03**	**1.94**	**1.85**	**1.75**	**1.70**	**1.64**
	.01	7.60	5.42	4.54	4.04	3.73	3.50	3.33	3.20	3.09	3.00	2.93	2.87	2.73	2.57	2.41	2.23	2.14	2.04
	.001	13.39	8.85	7.12	6.19	5.59	5.18	4.87	4.64	4.45	4.29	4.16	4.05	3.80	3.54	3.27	2.97	2.81	2.64
30	**.05**	**4.17**	**3.32**	**2.92**	**2.69**	**2.53**	**2.42**	**2.33**	**2.27**	**2.21**	**2.16**	**2.13**	**2.09**	**2.01**	**1.93**	**1.84**	**1.74**	**1.68**	**1.62**
	.01	7.56	5.39	4.51	4.02	3.70	3.47	3.30	3.17	3.07	2.98	2.91	2.84	2.70	2.55	2.39	2.21	2.11	2.01
	.001	13.29	8.77	7.05	6.12	5.53	5.12	4.82	4.58	4.39	4.24	4.11	4.00	3.75	3.49	3.22	2.92	2.76	2.59
40	**.05**	**4.08**	**3.23**	**2.84**	**2.61**	**2.45**	**2.34**	**2.25**	**2.18**	**2.12**	**2.08**	**2.04**	**2.00**	**1.92**	**1.84**	**1.74**	**1.64**	**1.58**	**1.51**
	.01	7.31	5.18	4.31	3.83	3.51	3.29	3.12	2.99	2.89	2.80	2.73	2.66	2.52	2.37	2.20	2.02	1.92	1.80
	.001	12.61	8.25	6.59	5.70	5.13	4.73	4.44	4.21	4.02	3.87	3.75	3.64	3.40	3.14	2.87	2.57	2.41	2.23
60	**.05**	**4.00**	**3.15**	**2.76**	**2.53**	**2.37**	**2.25**	**2.17**	**2.10**	**2.04**	**1.99**	**1.95**	**1.92**	**1.84**	**1.75**	**1.65**	**1.53**	**1.47**	**1.39**
	.01	7.08	4.98	4.13	3.65	3.34	3.12	2.95	2.82	2.72	2.63	2.56	2.50	2.35	2.20	2.03	1.84	1.73	1.60
	.001	11.97	7.77	6.17	5.31	4.76	4.37	4.09	3.86	3.69	3.54	3.42	3.32	3.08	2.83	2.55	2.25	2.08	1.89
120	**.05**	**3.92**	**3.07**	**2.68**	**2.45**	**2.29**	**2.18**	**2.09**	**2.02**	**1.96**	**1.91**	**1.87**	**1.83**	**1.75**	**1.66**	**1.55**	**1.43**	**1.35**	**1.25**
	.01	6.85	4.79	3.95	3.48	3.17	2.96	2.79	2.66	2.56	2.47	2.40	2.34	2.19	2.03	1.86	1.66	1.53	1.38
	.001	11.38	7.32	5.78	4.95	4.42	4.04	3.77	3.55	3.38	3.24	3.12	3.02	2.78	2.53	2.26	1.95	1.77	1.54
∞	**.05**	**3.84**	**3.00**	**2.61**	**2.37**	**2.21**	**2.10**	**2.01**	**1.94**	**1.88**	**1.83**	**1.79**	**1.75**	**1.67**	**1.57**	**1.46**	**1.32**	**1.22**	**1.00**
	.01	6.64	4.61	3.78	3.32	3.02	2.80	2.64	2.51	2.41	2.32	2.25	2.19	2.04	1.88	1.70	1.48	1.33	1.00
	.001	10.83	6.91	5.43	4.62	4.11	3.75	3.48	3.27	3.10	2.96	2.85	2.75	2.52	2.27	1.99	1.66	1.45	1.00

職場專門店

書泉出版社

SHU-CHUAN PUBLISHING HOUSE

家圖書館出版品預行編目資料

行銷研究新論：原理與應用／林隆儀著. —
初版. — 臺北市：五南, 2016.07
面； 公分.
SBN 978-957-11-8627-6（平裝）

.行銷管理 2.研究方法 3.統計分析

96.031 105007828

1HA3

行銷研究新論：原理與應用

作 者— 林隆儀
發 行 人— 楊榮川
總 編 輯— 王翠華
主 編— 侯家嵐
責任編輯— 劉祐融
文字校對— 石曉蓉
封面設計— 盧盈良
出 版 者— 五南圖書出版股份有限公司
地 址：106台北市大安區和平東路二段339號4樓
電 話：(02)2705-5066 傳 真：(02)2706-6100
網 址：http://www.wunan.com.tw
電子郵件：wunan@wunan.com.tw
劃撥帳號：01068953
戶 名：五南圖書出版股份有限公司

法律顧問 林勝安律師事務所 林勝安律師

出版日期 2016年 7 月初版一刷
定 價 新臺幣420元

凝煉知識品味閱讀